CONTENTS

PATCHWORK 拼布教室

Spring Edition 2022

no.26

遠比往年都要更加嚴寒的冬天結束了，
令人引頸期盼的春天終於到來。
在溫暖宜人氣候的驅使之下，
要不要試著出門走走呢？
就算不是旅行或遠行，
光是到附近的公園或近處散步，也是不錯的心情轉換。
記得隨身攜帶最喜愛的手作包相伴！
本期內容從小肩包到大型手提袋，
介紹許許多多平常會使用的手提袋。
若搭配各種場合製作，使用樂趣將更為廣泛。
在迎來嶄新相遇的全新季節，不論是作為適合送人的贈禮，
或是有助於用來改造的居家擺飾也都精彩可期。
請以活潑鮮明配色的拼布盡情享受春天的氛圍吧！

隨書附贈
原寸紙型＆拼布圖案

攝影／腰塚良彥　藤田律子(作品)

新連載

花朵貼布縫的月刊拼布 ①

共分為4期連載，製作花朵的貼布縫拼布。
第1期至第3期，每期各製作3片，將傳統的花朵貼布縫進行配置的表布圖案。
第4期則是製作圖案間格狀長條與外框飾邊。
呈現給讀者們1片片精心製作的樂趣。　原 浩美

1

第1期介紹的表布圖案是由中心往外擴展的花朵設計，以及插在花瓶裡的插花。於使用先染布的優雅色調上，再添加了精緻細膩的刺繡。

設計・製作／原 浩美

＊完成如圖所示的壁飾＊

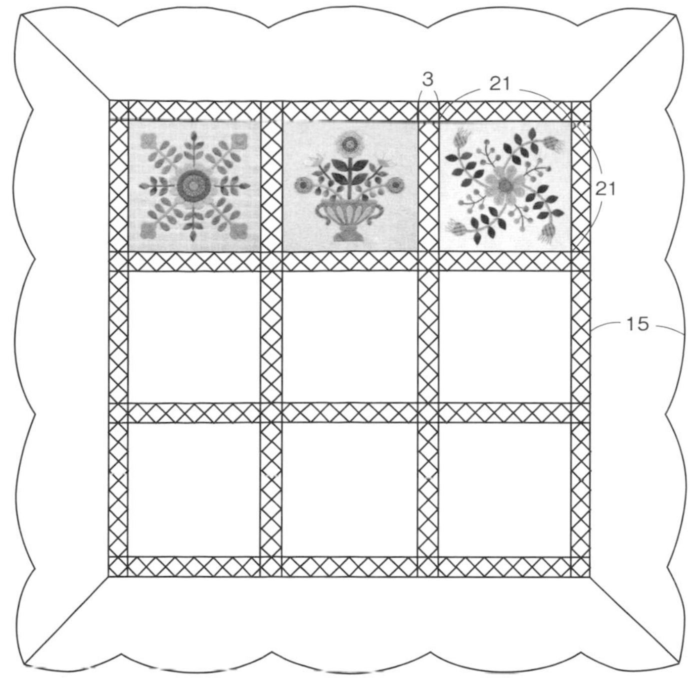

以格狀長條飾邊組合9片花朵的表布圖案，並於周圍接縫上扇形的飾邊。亦於飾邊上進行貼布縫。

3片表布圖案原寸紙型B面①

貼布縫作法

>>> 花莖

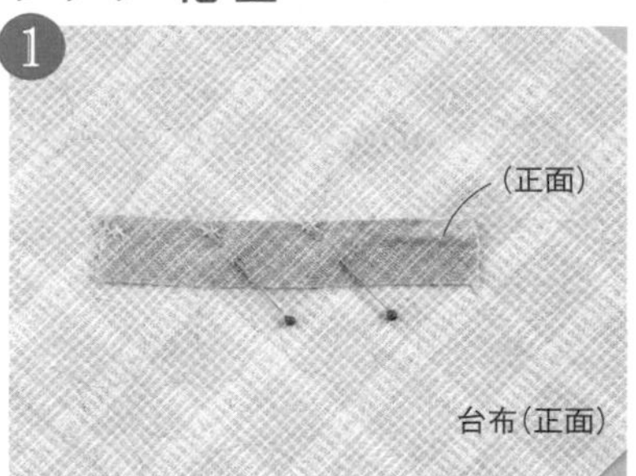

於寬0.5cm的花莖上，準備一條較長的寬1.3cm的斜布條，及已複寫圖案的台布，並將布條置放於花莖的中心上，以珠針固定。

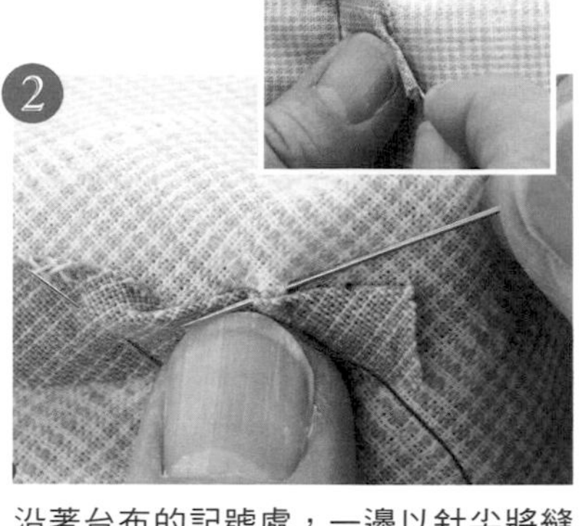

沿著台布的記號處，一邊以針尖將縫份摺入，一邊進行立針縫。於摺痕的邊端出針，並於正下方台布的記號處入針後，挑針。

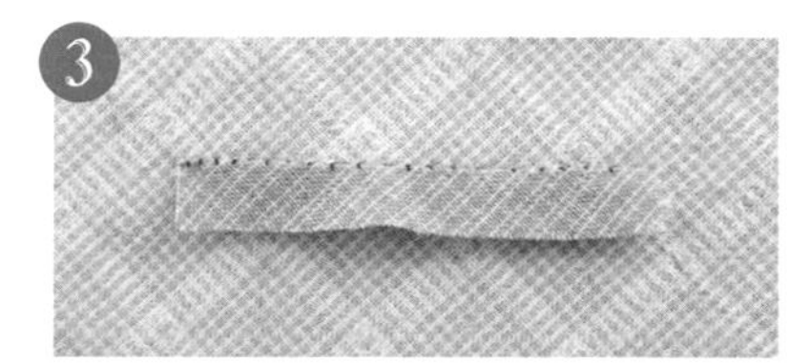

裁剪掉多餘的長度。

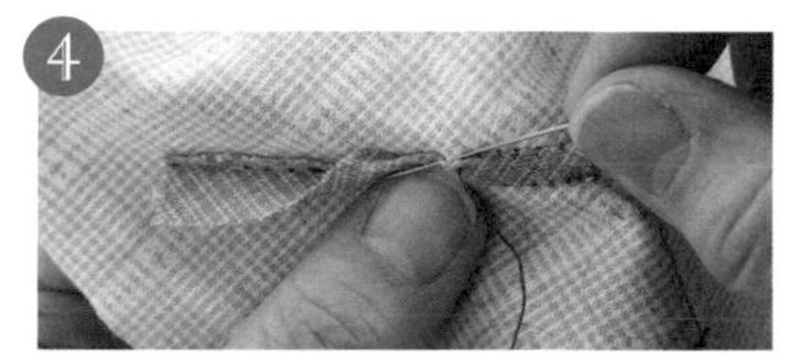

將已完成藏針縫的部分朝下，沿著台布的記號處摺入縫份，再進行藏針縫。

>>> 葉子與花朵

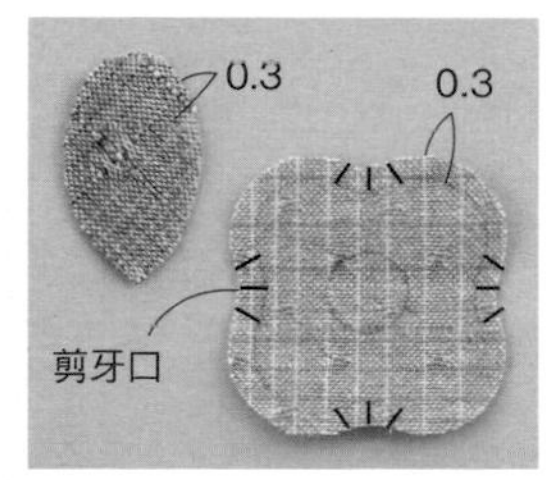

於布片的正面作記號，添加0.3cm的縫份後，裁剪。凹入部分的縫份處剪牙口。

於台布上將布用口紅膠大約塗抹，並將葉子的圖案布置放於記號的上方。

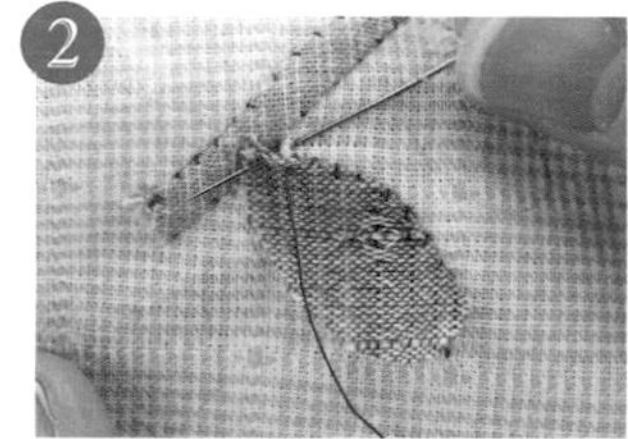

依照花莖的相同方式，一邊以針尖將縫份摺入，一邊以藏針縫縫至邊角處。

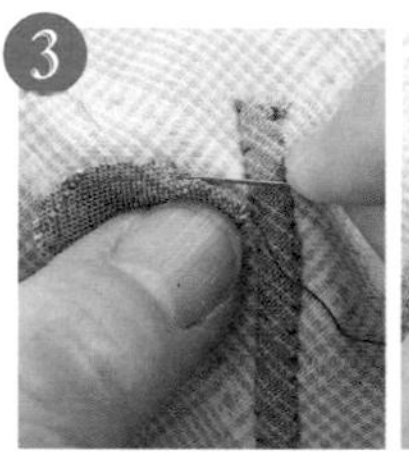

以針尖摺疊下一個邊的縫份，並以手指直接按住摺入的部分，拉住從邊角拉出的線，將邊角整理成尖銳狀。

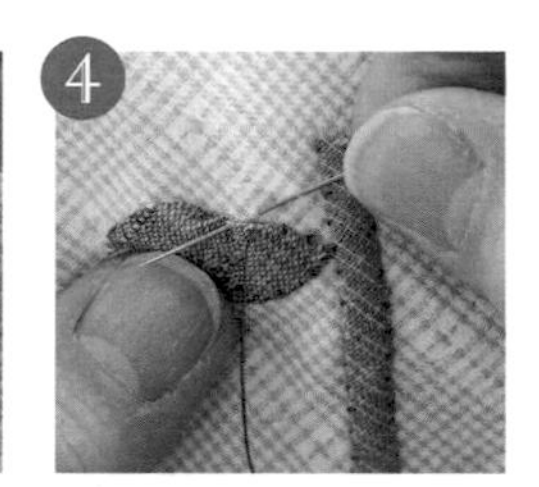

將下一個邊進行藏針縫。

刺繡的方法

※其他的刺繡請參照P.109。

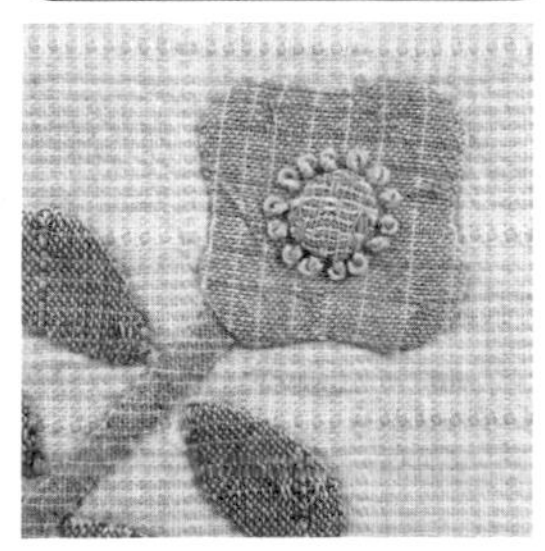

花蕊周圍的法國結粒繡

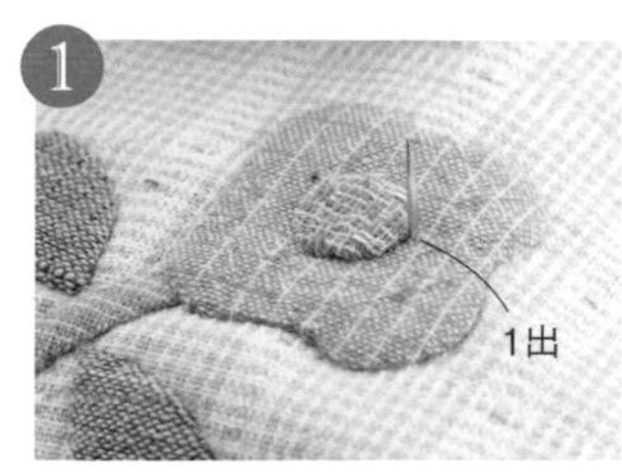

於花蕊的邊緣出針[※]（1出）。

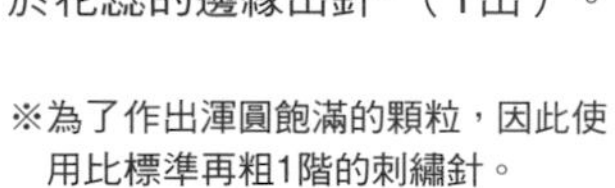

※為了作出渾圓飽滿的顆粒，因此使用比標準再粗1階的刺繡針。

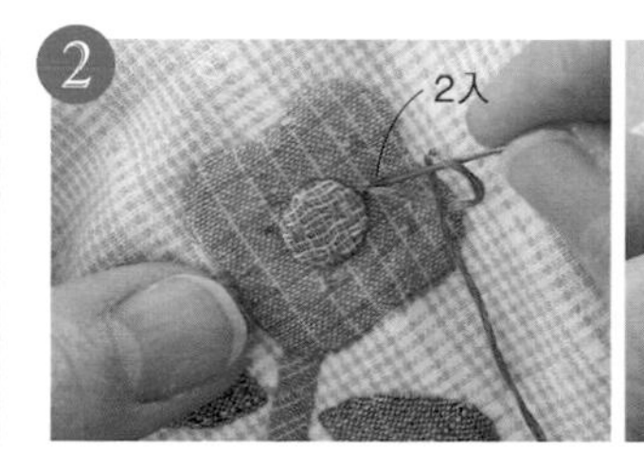

於針上纏繞繡線，並於偏離步驟1出針的位置稍微外側，刺入繡針（2入）。直接刺著針，將纏繞於針上的繡線於連接處拉緊後，往下抽出繡針（右圖）。

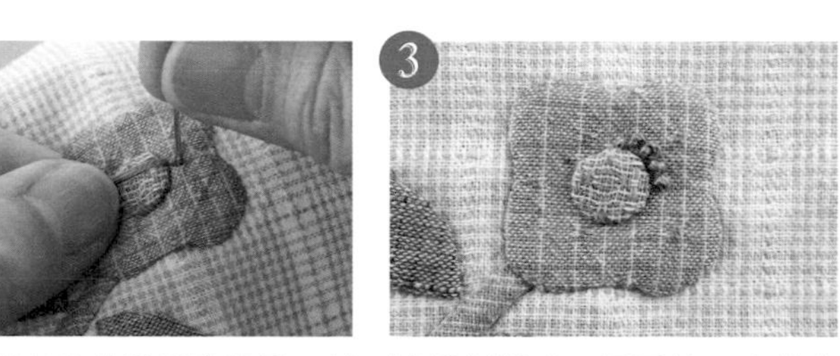

連續刺繡時，只要於一定的位置進行1出及2入，即可繡得整齊美觀。

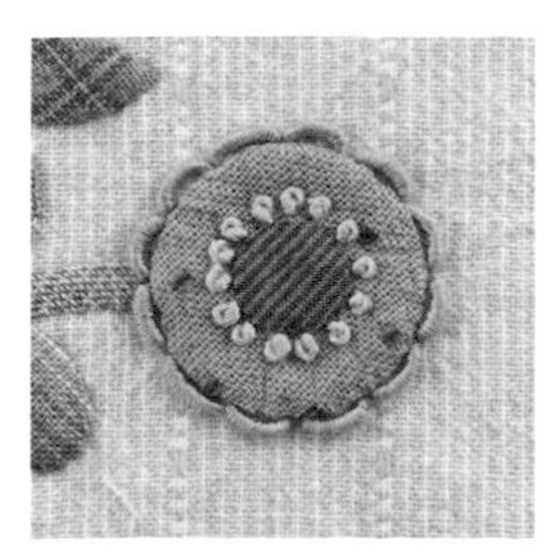

花朵周圍的捲線繡

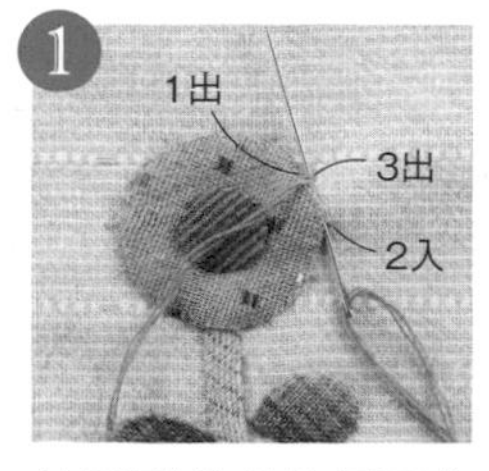

於圓形花朵的周圍作上12等分的記號，並於一個等分依照1出、2入、3出的順序進行刺繡。

3出時的針不抽出，纏繞18次繡線，並以手指按住已纏繞好的部分後，再抽出繡針。

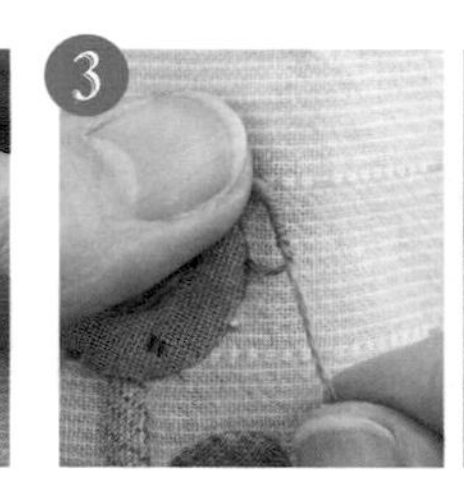

拉繡線，於2入的相同位置入針（4入）。

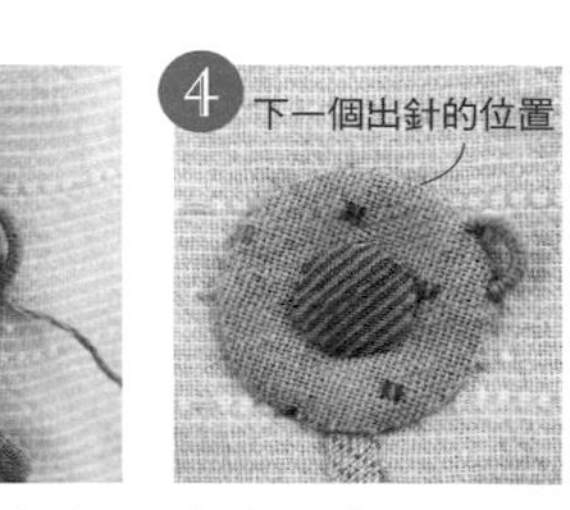

完成一針。依照逆時針方向進行刺繡。

攝影／腰塚良彥（流程解說） 山本和正（作品）
插圖／木村倫子

來一場春日小旅！
好想帶出門的拼布美包特集

春暖花開的季節，
不妨帶著心愛的手作包出門走走，讓心情變好吧！
想像著美妙的情境，
一針一線的縫製，都是令人感到開心的瞬間。

2

拼接4片「荷包牡丹（Bleeding heart）」的表布圖案，勾勒出花朵模樣。全體以粉紅色及綠色進行配色，是一款完全適合春天使用的手提袋。

設計・製作／西澤まり子
32×42㎝ 作法P.87

後片
是以漸層繡線繡上花朵。

於袋口的兩側脇邊上接縫D型環與附活動勾的長形織帶，控制袋口的展開幅度。

3

半圓形樣式的可愛手提袋，製成在接縫於脇邊的三角環上安裝肩帶的設計。前口袋是以「祖母花園」的表布圖案作華麗的配置，其餘則以淺駝色的素布統一色調。

設計・製作／湊元久子
(Quilt Studio Be you)
19.5×31㎝　作法P.86

將「鳳梨」的表布圖案進行有如玫瑰般配色的典雅波奇包。後片則是將玫塊的花朵及蓓蕾以刺繡點綴而成。

設計・製作／西澤まり子
14×25㎝　作法P.87

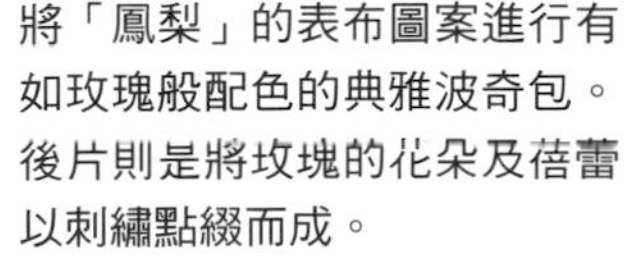

4

使用方格先染布組合而成的大尺寸手提袋，適用於學習與小旅行等各種場合。以醒目的橘色水滴型花瓣的花朵貼布縫為主角所進行的設計。

設計／吉川欣美琴
製作／星野裕子
38×46.5㎝　作法P.88

在淺駝色與灰色先染布本體的襯托下，讓黃色基底的六角形併接口袋更為耀眼。本體與口袋的圓弧線條則營造柔和的印象。

設計・製作／池田孝子
（Quilt Studio Be you）
30×36㎝　作法P.16

6

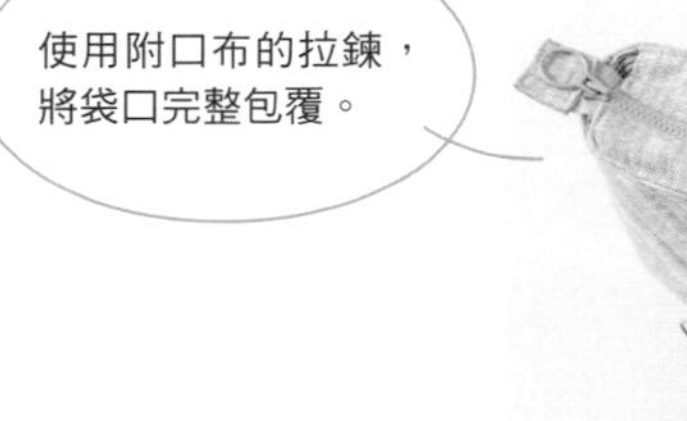

口袋包夾於前片的上下之間，使其懸浮於本體上。

7

大花樣的花朵圖案印花布與寬版的飾帶裝飾，縫製成典雅高尚的小肩包。後片上則接縫與前片相同設計的口袋。

設計・製作／山口泰代
27×20㎝　作法P.89

將「華盛頓拼圖」的表布圖案以2色進行配色，並交錯排列翻轉方向的表布圖案，作出帶有律動感的設計。

設計・製作／額田昌子
28×30㎝　作法P.90

可愛的動物造型波奇包

胖嘟嘟造型的可愛兔子、熊貓、熊熊的波奇包。上臂製作成宛如泰迪熊般可以轉動的設計。以接縫於頭部的花飾及蝴蝶結裝飾營造流行的裝扮。

設計・製作／古澤惠美子　高22至23cm　作法P.100至P.102

將身體部分縫成袋狀接縫拉鍊，製成能夠收納物品的設計。

因為縫有掛繩，所以可以直接穿在手提袋的提把上使用。
放入必備的消毒用品，也很實用。

將「堪薩斯州的麻煩」的表布圖案，以視覺效果的互補配色呈現文雅優美的印象。藍灰色×焦茶色的色調搭配服裝亦很實用。

設計・製作／藤田正江
（Quilt Studio Be you）
27×36㎝　作法P.98

12

後片接縫運用
單一區塊製成的
迷你口袋。

以鮮豔色彩及淺駝色印花布配置而成的「小木屋」表布圖案，營造摩登印象。帶有層次分明的配色更加引人注目。

設計・製作／後藤洋子
30×39cm

作法

材料
各式拼接用布片　K用布45×20cm
提把用布35×30cm　滾邊用布　4cm斜布條90cm　鋪棉100×45cm
胚布（包含襠布部分）75×50cm
※布片A至J原寸紙型A面③

1.進行拼接（表布圖案的縫合順序請參照P.80）**之後，進行壓線。**

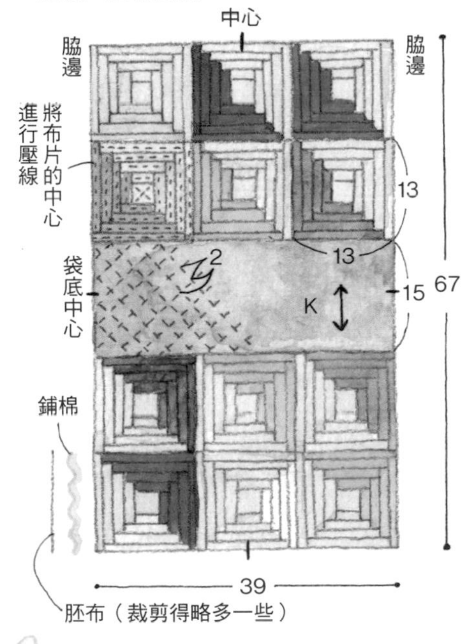

2.由袋底中心正面相對摺疊，縫合脇邊。

3.縫合側身

4.接縫提把

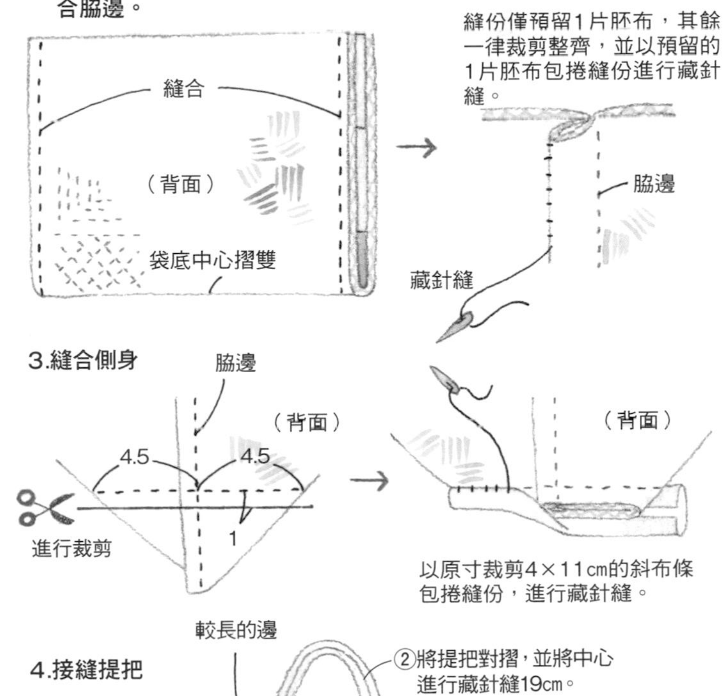

提把

30
（4片）
5.5
33

①
鋪棉
將2片正面相對疊合後，疊放上鋪棉縫合，並於針趾邊緣裁剪鋪棉。

②
（正面）
翻至正面，進行壓線。

以高貴典雅的紫色為基底，並以布片運用加以組合。上方的手提袋將圖案的底色部分配置蕾絲花樣，營造雅緻印象。下方的手提袋則將寬版蕾絲作為重點裝飾。

設計・製作／熊谷和子(うさぎのしっぽ)
No.14 28×28cm 作法P.99 No.15 25.5×28cm
作法P.98

16

為了以黑、白、灰色印花布將圖案部分帶出立體感進行配色，並使用黑色素布將上下部分整合成典雅風格。提把亦以黑色進行統一。

設計・製作／髙橋絹子
29×36㎝　作法P.P.96至P.97

後片製作成一片黑色素布，並接縫附拉鍊的口袋。

裡袋配置成單一色調的斑馬紋花樣，顯得格外時尚。內部接縫2種內口袋。

將簡單的四角形併接，以灰色印花布為主角，重點式的點綴紅色花朵圖案進行配色。只要搭配簡單的服裝，可使手提袋更顯出色。

設計・製作／村上美智子
24.5×36㎝　作法P.91

17

將「被切割的寶石」的表布圖案以黑白兩色進行配色，並添加了紅色作為強調色。以深色的先染布將其餘部分進行統一，更能凸顯表布圖案的美麗。

設計・製作／西澤まり子
21×29㎝　作法P.P.94至P.95

18

19

將黑色與白色印花布交錯進行排列，作出層次分明的感覺。運用裝飾於接縫處的壓線緞帶與接縫於袋口處的荷葉邊緞帶，營造成熟可愛的印象。

設計・製作／髙橋千春
30.5×30㎝　作法P.91

指導／東埜純子

P7 6 手提袋

材料

各式拼接用布片　側身表布110×50cm（包含口袋上布表布、口袋裡布㋡、口布表布、提把、拉鍊垂片部分）　單膠鋪棉90×70cm　胚布110×45cm　口袋上布裡布40×30cm（包含口袋下布裡布、口袋裡布㋢部分）　裡袋用布90×50cm（包含口布裡布）　創意拉鍊120cm　拉鍊頭2個

作法重點

○裡袋是以前片(一片布)、後片、側身的相同尺寸進行裁剪，正面相對疊合後縫合成袋狀。

※布片A至H'、口袋原寸紙型A面⑨

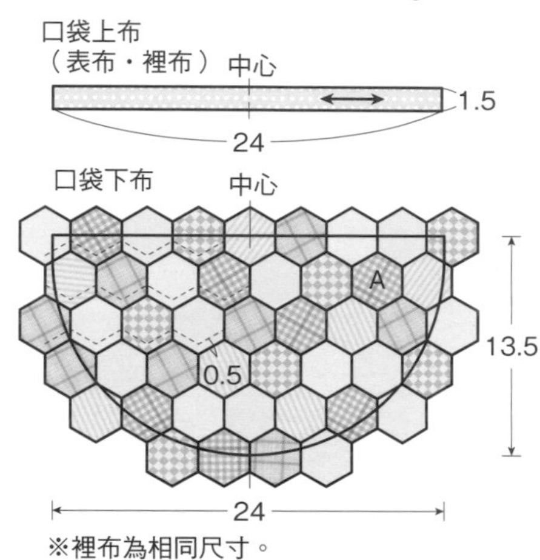

※裡布為相同尺寸。

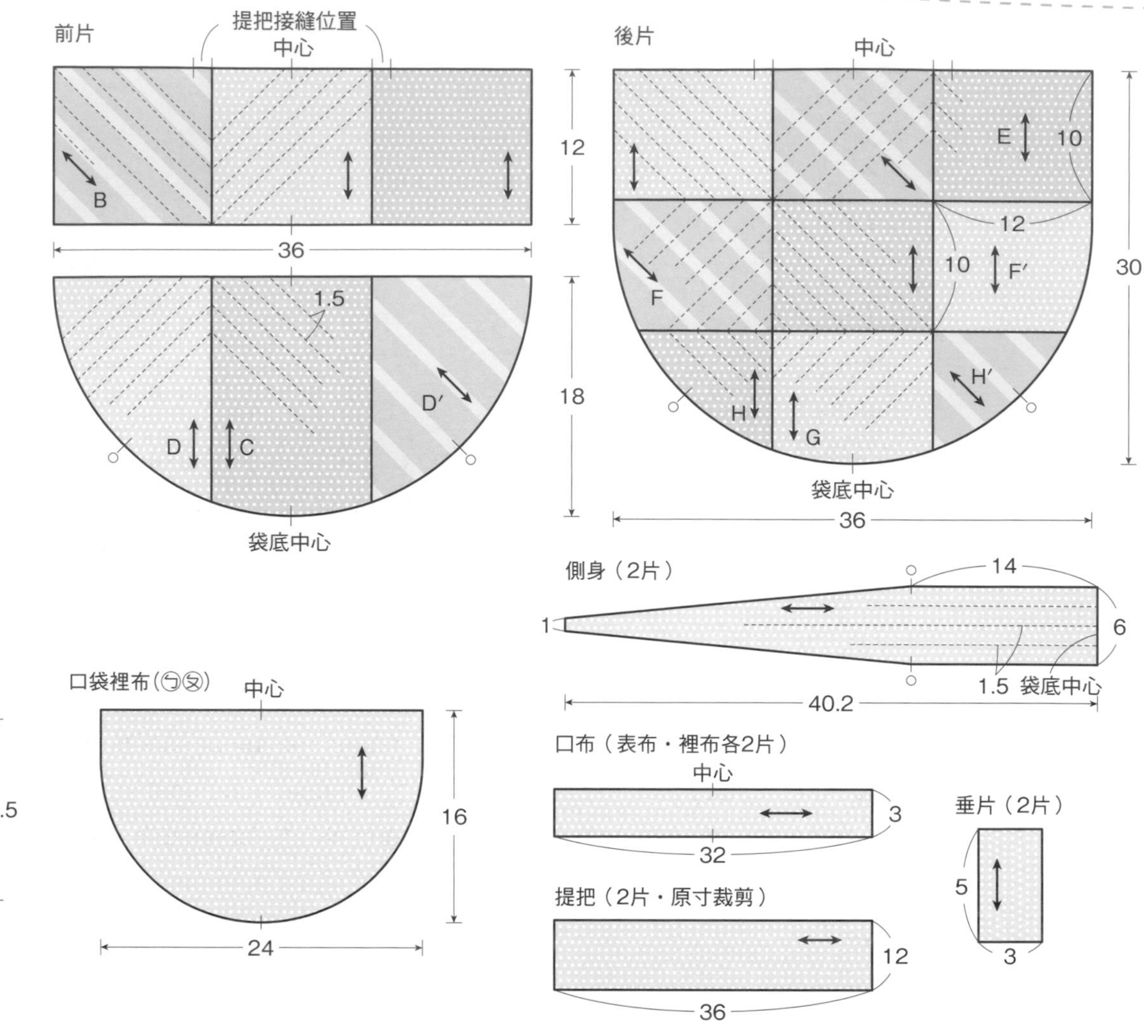

製作口袋

拼接布片A，製作口袋下布的表布。黏貼上背膠鋪棉，疊放上胚布之後，進行壓線。

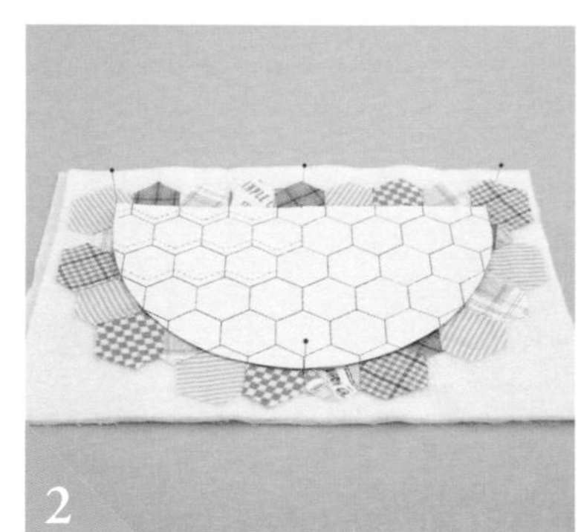

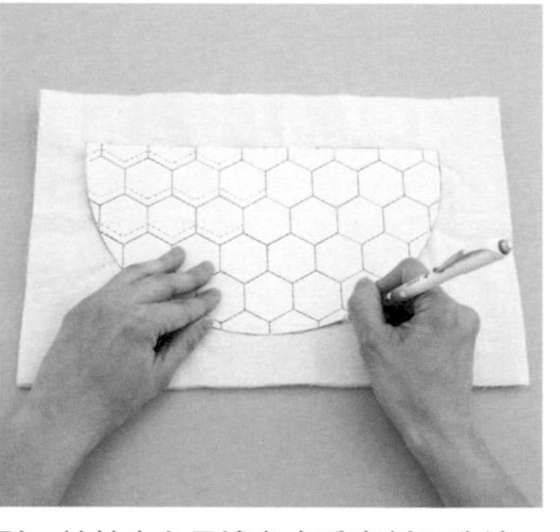

於背面描畫完成線。對齊中心，置放紙型，並於中心及邊角處垂直刺入珠針。翻至背面，以珠針為標準置放紙型，並描畫完成線。

準備拉鍊及拉鍊頭，將拉鍊頭穿入。

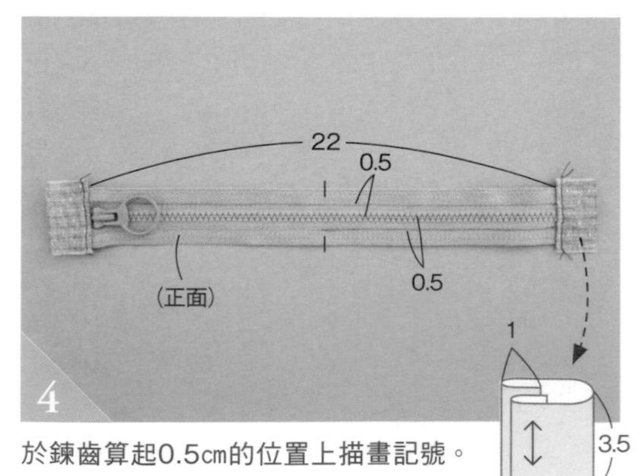

於鍊齒算起0.5cm的位置上描畫記號。並於拉鍊端包覆原寸裁剪3.5×6cm的布片，進行車縫。

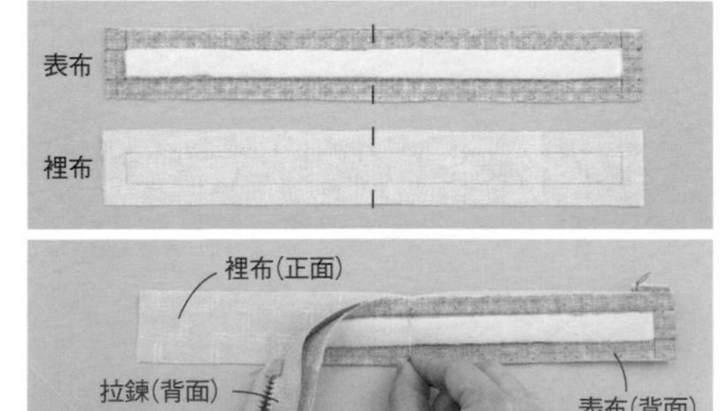

準備口袋上布的表布與裡布。於表布的背面黏貼上原寸裁剪的背膠鋪棉。首先，於裡布上疊放拉鍊，對齊中心及記號，以珠針固定。再於其上方，將表布正面相對疊合上，對齊記號，一邊將固定於裡布上的珠針取下，一邊重新固定。

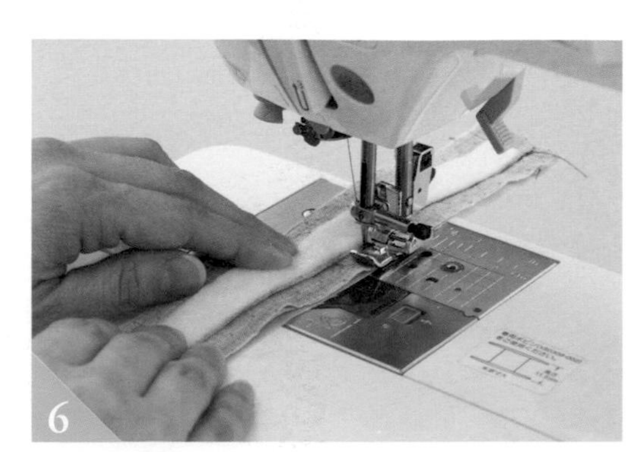

將鋪棉的邊緣進行疏縫，以縫紉機※由布端車縫至布端。

※壓布腳使用拉鍊壓布腳。

將表布翻至正面，從針趾邊緣摺疊，以珠針固定，將布端進行車縫。

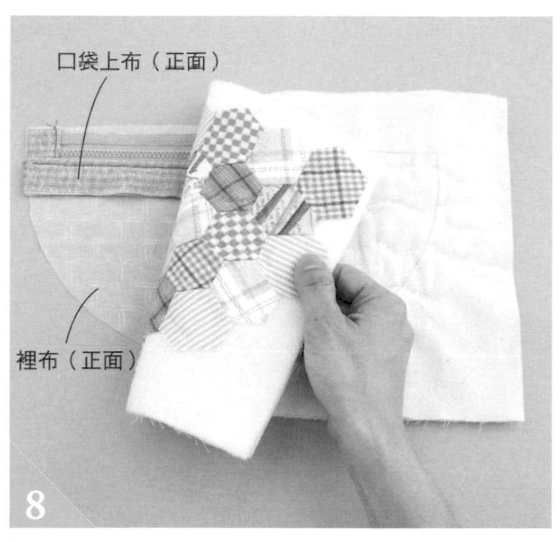

於口袋下布及相同尺寸的裡布，疊合已接縫拉鍊的口袋上布，並於其上方置放口袋下布，對齊直線的記號，以珠針固定，由布端車縫至布端。

將口袋下布翻至正面，於針趾邊緣摺疊，以珠針固定，將布端進行車縫。

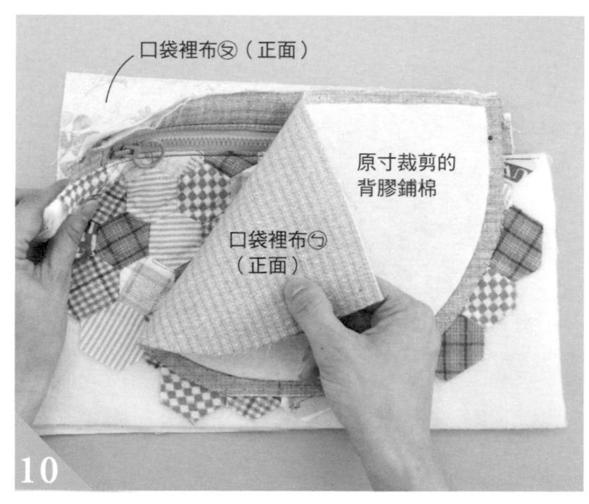

準備口袋裡布㊤㊦，於㊤上黏貼原寸裁剪的背膠鋪棉。如同圖順序疊放，對齊圓弧部分的記號，以珠針固定。

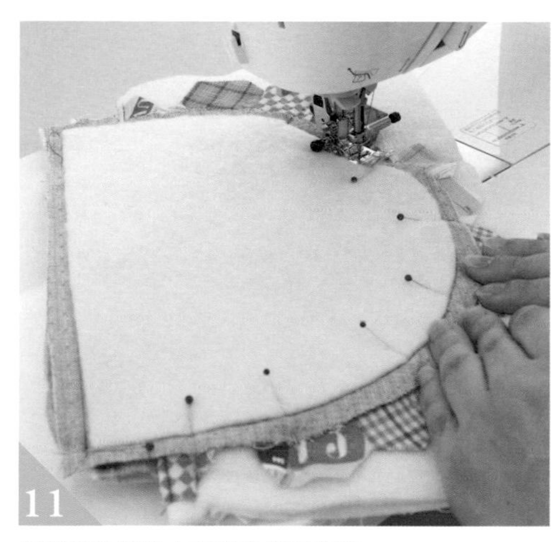

將鋪棉的邊緣由布端車縫至布端。

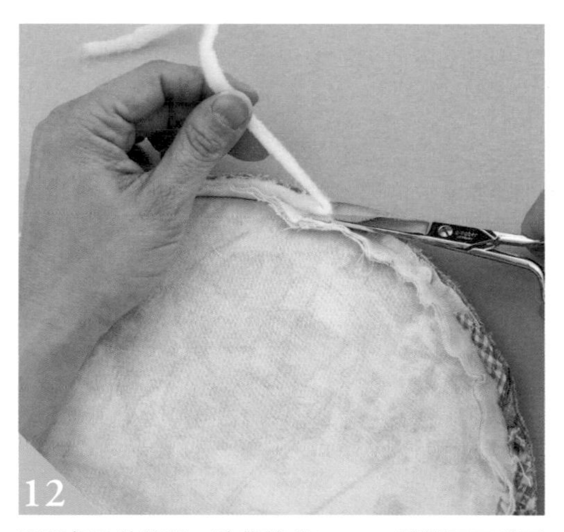

圓弧部分的縫份一致裁剪成1cm，一邊撕下口袋下布的鋪棉，一邊於針趾邊緣裁剪鋪棉。

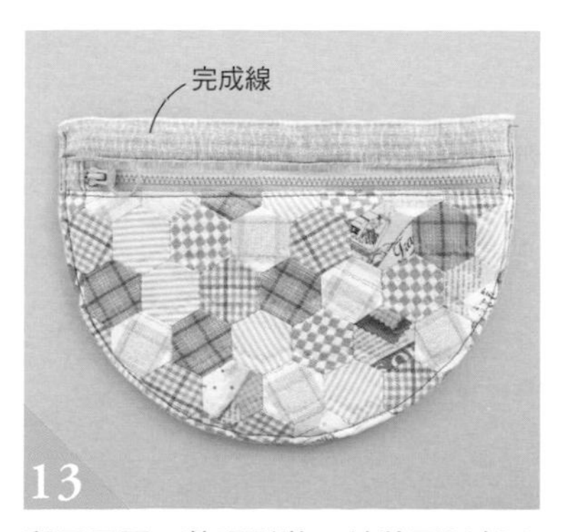

翻至正面，整理形狀，並將圓弧部分的布端進行車縫。於口袋上布描畫完成線及中心記號。

製作、縫合前片・後片・側身

14

將3片布片B、C至D'進行拼接，分別黏貼上鋪棉後，疊上胚布，進行疏縫之後，再行壓線。貼放上紙型及定規尺，於正面描畫完成線。

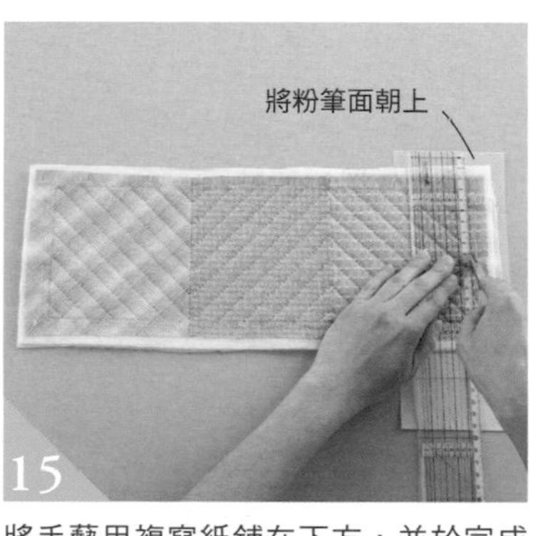

將手藝用複寫紙鋪在下方，並於完成線上貼放上定規尺後，以點線器用力描線，於背面側畫出完成線。圓弧則沿著記號處描畫。

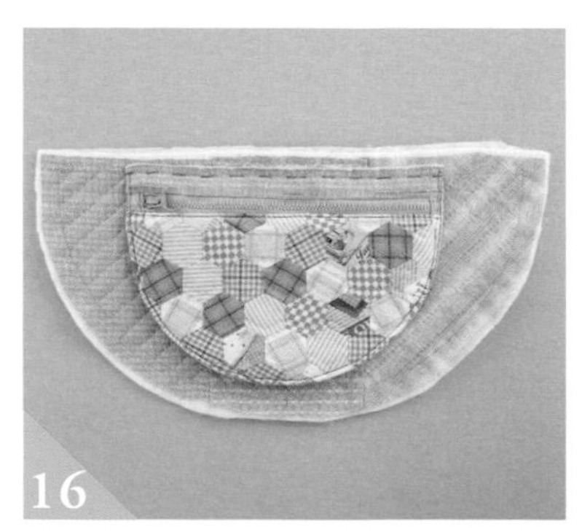

於前下部置放上口袋，將中心與記號對齊後，以珠針固定，進行疏縫。

17 將前上部正面相對疊合於前下部，對齊記號後，以珠針固定，僅限有厚度的口袋部分進行疏縫，由布端車縫至布端。

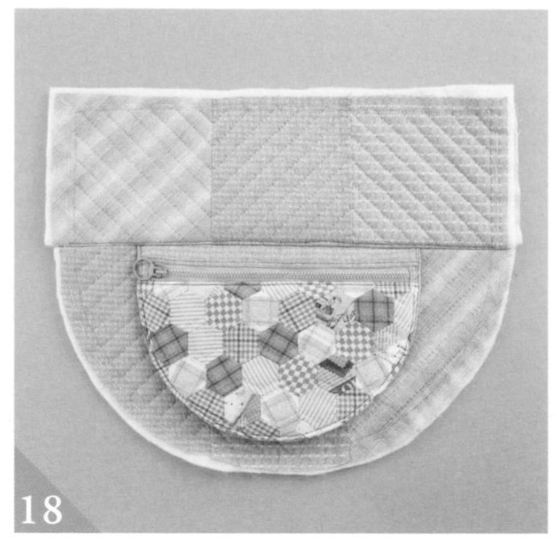

18 縫份一致裁剪成1cm，並將前上部翻至正面後，將縫份倒向上側，車縫布端。

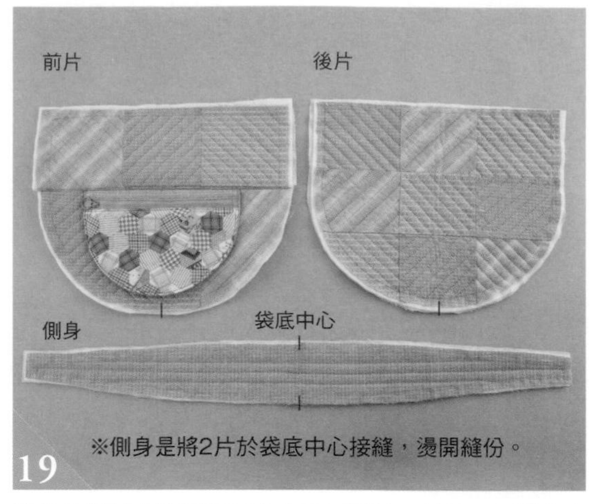

19 將後片與側身依照相同方式進行壓線，並於正面描畫完成線之後，依照步驟15的作法於背面描畫完成線。

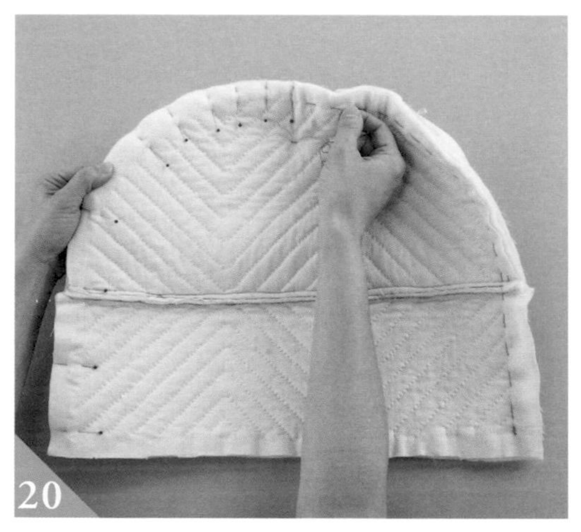

20 將前片與側身正面相對疊合，對齊記號後，以珠針固定。（依照兩邊角、袋底中心、合印記號，以及其間的順序固定）圓弧部分則密集地固定。將完成線上進行疏縫。

21 縫合記號處。後片亦以相同方式縫合，製作本體。

製作口布

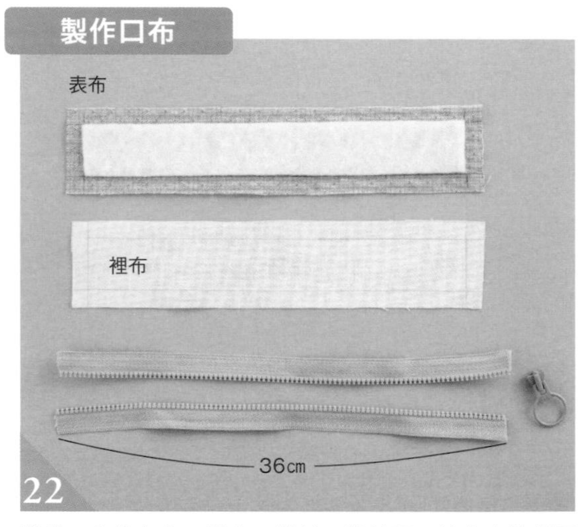

22 準備口布的表布、裡布、拉鍊、拉鍊頭。於表布的背面黏貼上原寸裁剪的背膠鋪棉。

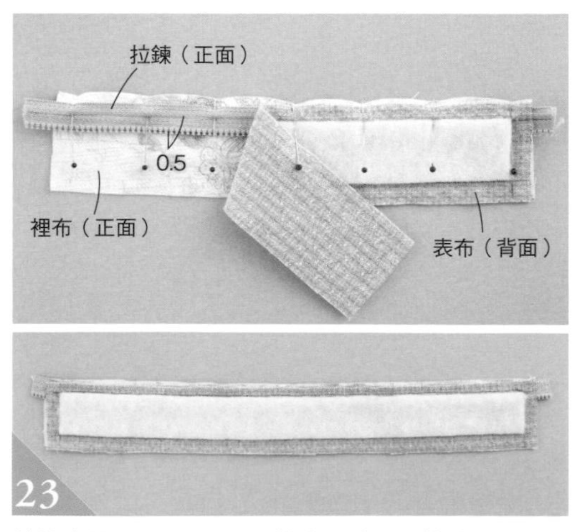

23 於鍊齒算起0.5cm的位置描畫記號，置放於裡布，對齊記號，以珠針固定，並將表布正面相對疊合，對齊記號，重新固定珠針。將鋪棉的邊緣由邊角車縫至邊角。

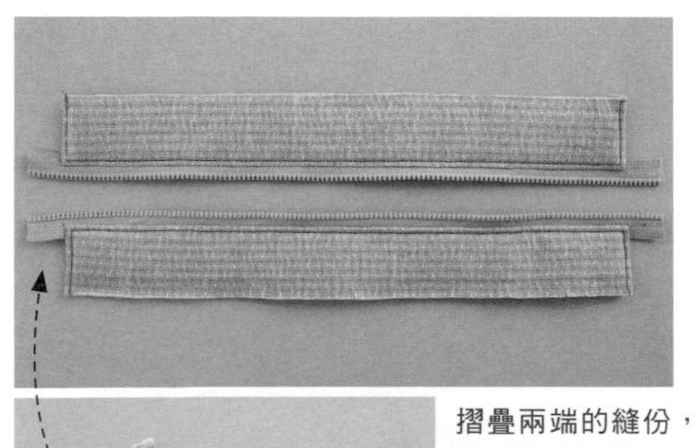

24 摺疊兩端的縫份，並將表布與裡布對齊後，以珠針固定，將布端車縫成倒ㄈ字形。製作2片。

製作提把

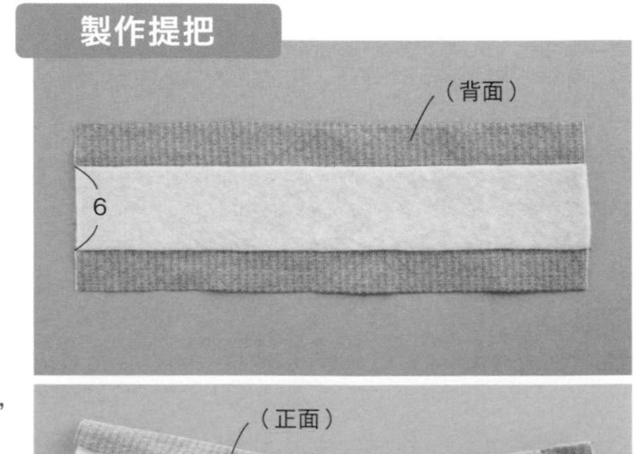

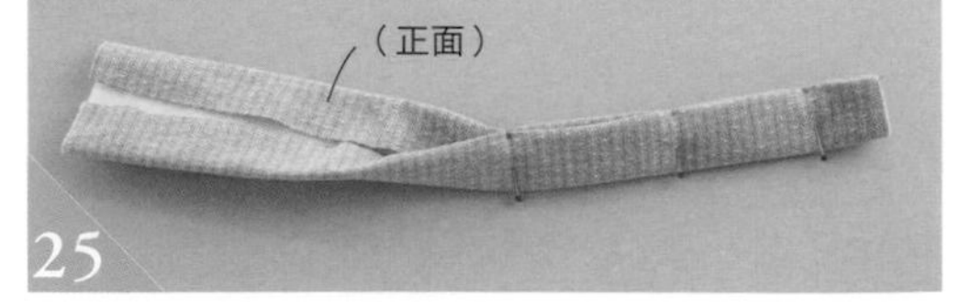

25 於提把布背面的中心黏貼上背膠鋪棉，並沿著鋪棉的邊緣摺疊布片，對摺成半，以珠針固定。

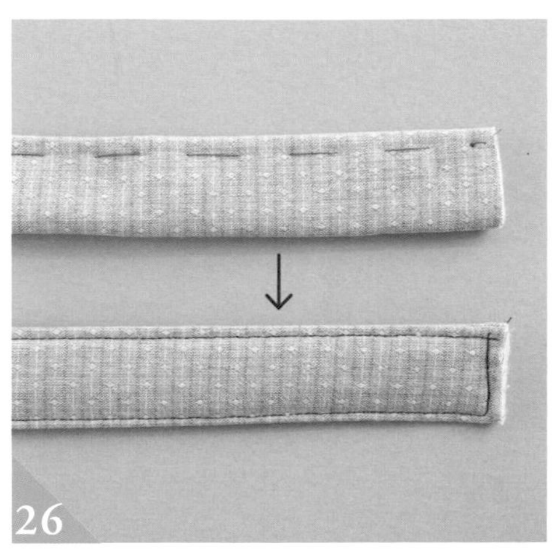

26 將布端進行疏縫，並將布端車縫一圈。製作2條。

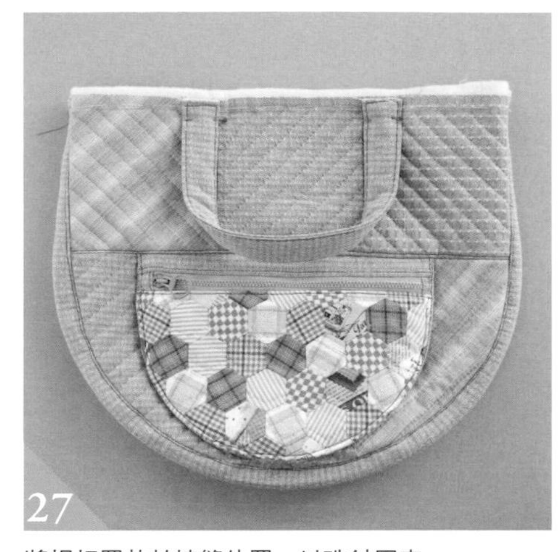

27 將提把置放於接縫位置，以珠針固定。

將口布進行疏縫

28 將口布與本體的袋口處正面相對疊合，對齊記號，以珠針固定，進行疏縫。另1片口布亦進行疏縫。

接縫裡袋

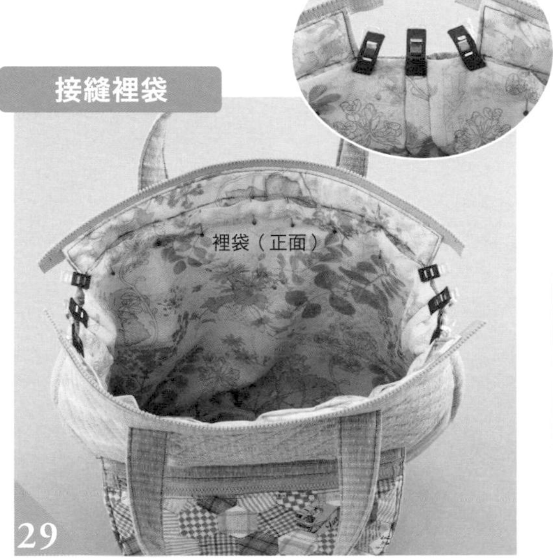

29 將口布翻起來，並將袋口縫份已摺往背面側的裡袋裝入內部。本體的側身是將縫份摺往內側，並將裡袋的側身與布端對齊後，以強力夾固定。裡袋的前片・後片則與口布的記號對齊後，以珠針固定。

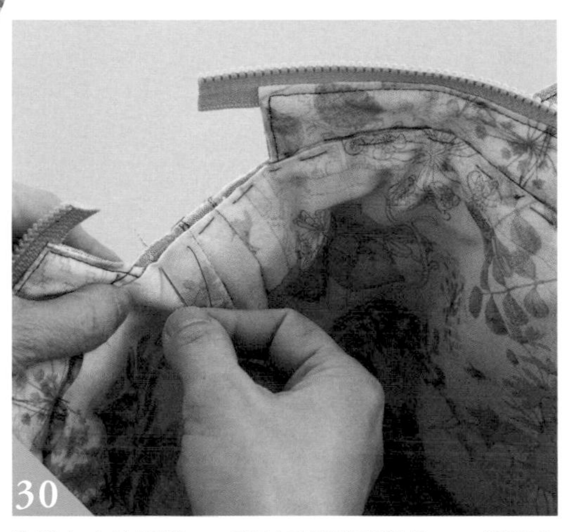

30 為避免布片偏移，一邊以手指確實按住，一邊將布端進行疏縫。

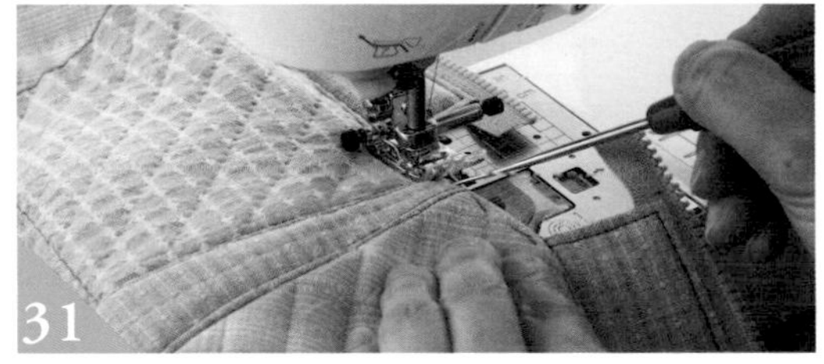

31 將本體側朝上，將布端內側0.2至0.3cm處車縫一圈。具有厚度的部分請一邊以錐子的尖端往前推送，一邊進行縫合。

32 將口布往內側摺疊，並以強力夾固定之後，僅限口布部分縫合步驟31的針趾上方。

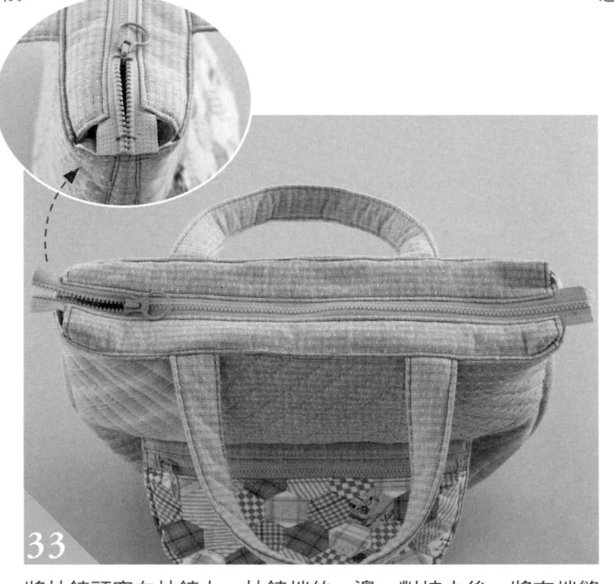

33 將拉鍊頭穿在拉鍊上。拉鍊端的一邊，對接之後，將布端縫合固定。

接縫拉鍊垂片

34 準備2片垂片，摺疊縫份後，對摺。覆蓋於拉鍊端上，以珠針固定之後，再將布端車縫一圈。另一側的拉鍊端亦以相同方式將垂片縫合固定。

攝影／藤田律子（流程） 山本和正（作品）

連載

專為拼布設計的刺繡

心形拼布（Quilt of heart）……鷲沢玲子

鷲沢玲子老師針對用來漂亮裝飾拼布的各種刺繡進行講解說明。
第2回單元為丹麥白線刺繡HEDEBO。

指導、作品設計・製作／有木律子

2. 丹麥白線刺繡 HEDEBO

本單元採用以繡線猶如織目般，填滿圓圈內部的鏤空花樣呈現的美麗丹麥傳統刺繡，運用於拼布設計。細膩精巧的刺繡最適合裝飾於白色拼布及白玉拼布。

20

白玉拼布裝飾墊

將點綴於扇形花邊角落區的白玉拼布花朵的花蕊，進行丹麥白線刺繡HEDEBO。在淺紫色×白色的條紋布上施作的白線刺繡，顯得格外高雅。
26×26cm
作法 P.92

扁平波奇包

於波奇包的掀蓋部分添加一朵白玉拼布及丹麥白線刺繡HEDEBO的花朵。每當打開掀蓋時，就能品味到美麗鏤空花樣的樂趣。將1片部件摺疊後，再縫合脇邊，縫製方法十分簡單。 14×17.5㎝

作法 P.92

圓圈內部依照釦眼繡的要領作成織目花樣。對初學者而言，也屬於較容易刺繡的設計。使用白色繡線或與布料相同色系的繡線進行刺繡，即可縫製出高雅的作品。

丹麥白線刺繡HEDEBO的繡法

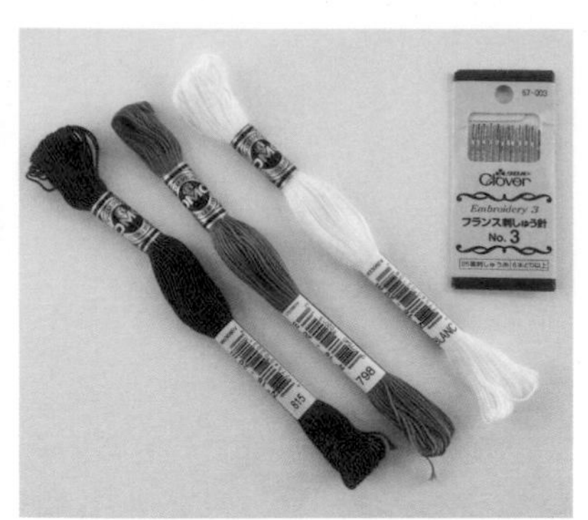

繡線與刺繡針

推薦使用的繡線為16號A BRODER繡線。鬆撚製成的柔軟線材，使用上不易起毛，完成的刺繡及織目成品美麗整齊。刺繡針使用法國刺繡針。

繡線／DMC株式會社

刺繡針／Clover可樂牌株式會社

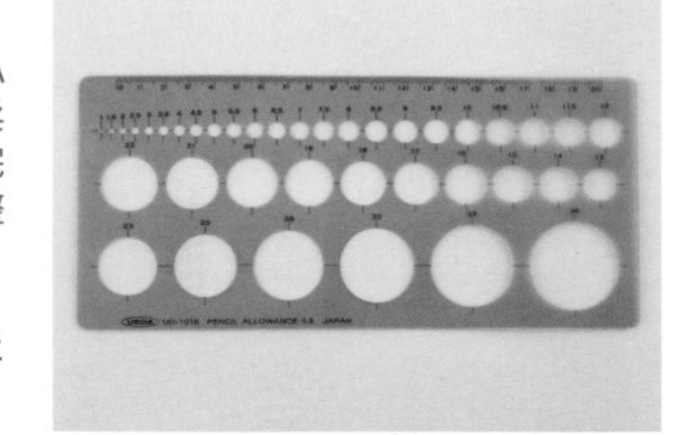

於布面上作圓形記號時，便利好用的圓圈版製圖定規尺。可正確地描畫出漂亮的圓形。

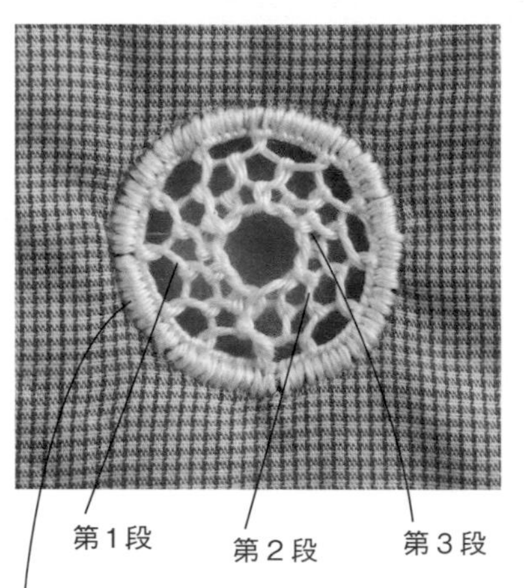

第1段　第2段　第3段

於布端進行釦眼繡

於布面上開個圓洞。

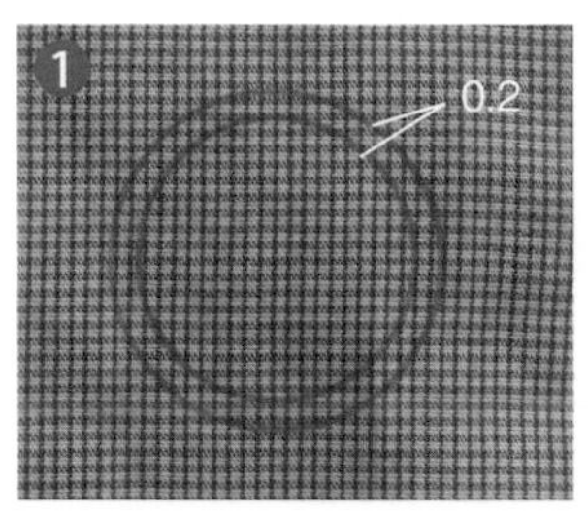

於已疊放鋪棉及胚布的表布上，使用水消型手藝用記號筆畫出雙重的圓形記號※。

※號時，添加圓形的記號。

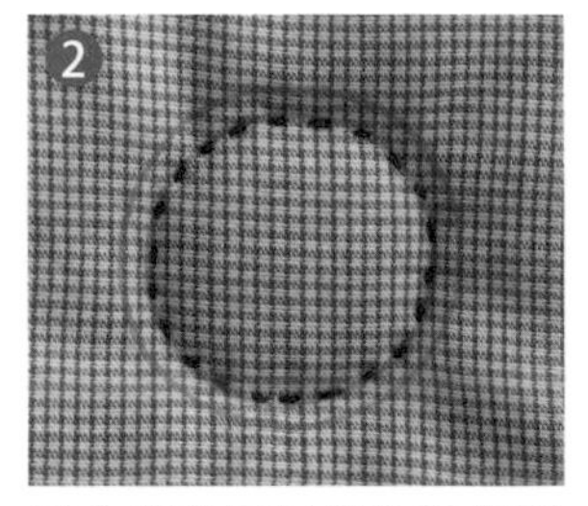

將內側的圓以縫線進行平針縫（實際上使用繡線與同色系的線）。

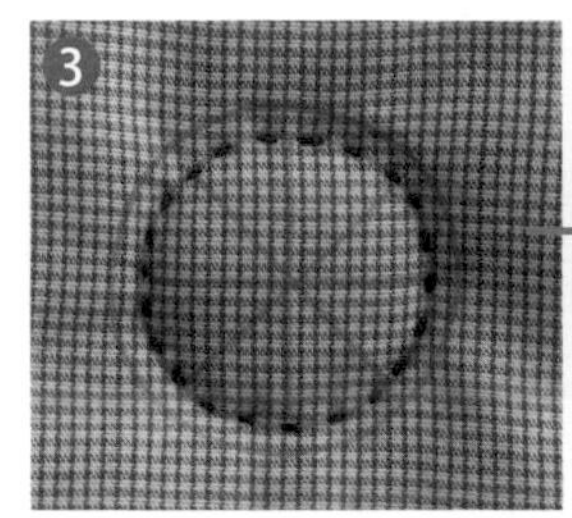

作上8等分的裁剪線記號，如右圖所示於中心處摺疊，剪牙口之後，再以剪刀於針趾邊緣進行裁剪。

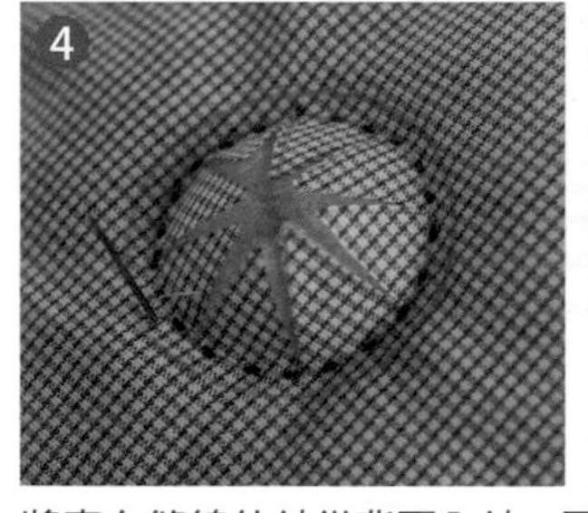

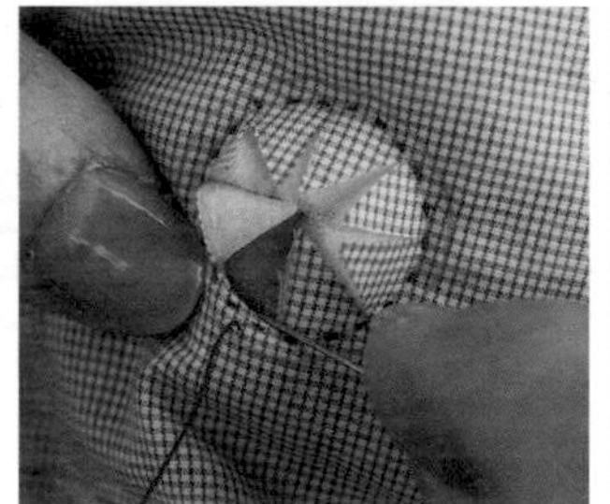

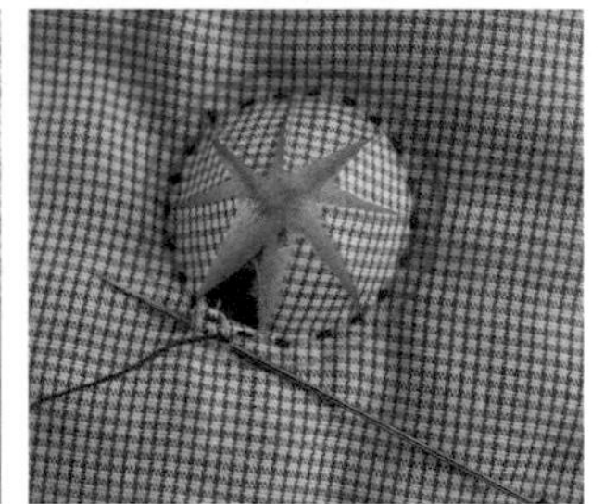

將穿有縫線的針從背面入針，再於雙重線的中央出針，一邊使用針尖將已剪開的布於步驟②的針趾處摺入，一邊以回針縫進行疏縫。

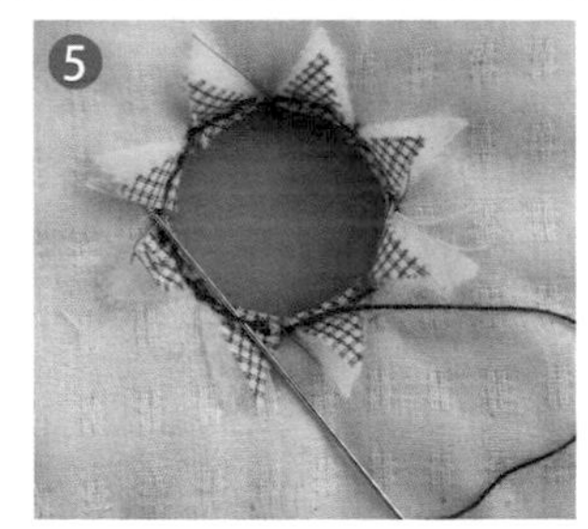

待將雙重線的中央進行一圈回針縫後，再於背面出針，並將線穿縫於針趾處，剪斷。

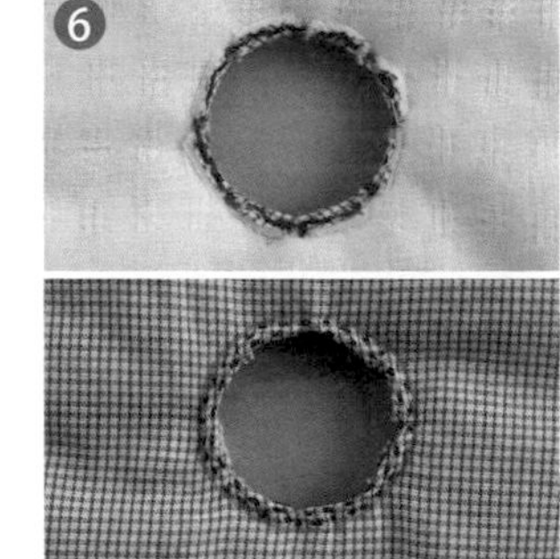

於疏縫的針趾邊緣裁剪掉已剪開的部分。於布面上開洞的模樣。

於布端處進行釦眼繡 …… 為了避免刺繡途中線不夠長，請準備較長的繡線。

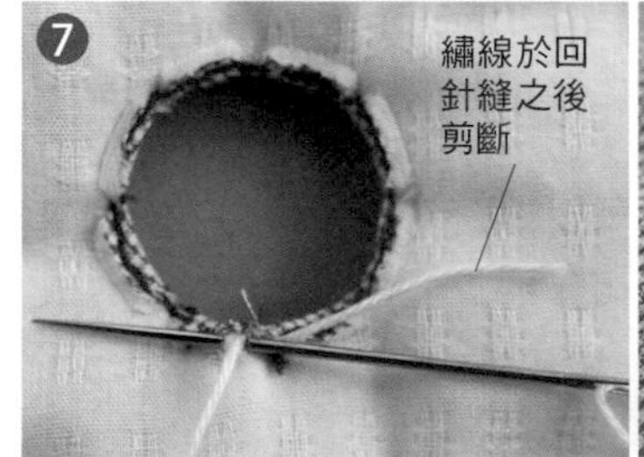

2出　1入　3入　4出

將穿有繡線的針刺入背面的布端處（不作始縫結），為了避免縫到正面影響美觀，請如左圖所示，進行一針回針縫之後，再於外側的記號處出針。

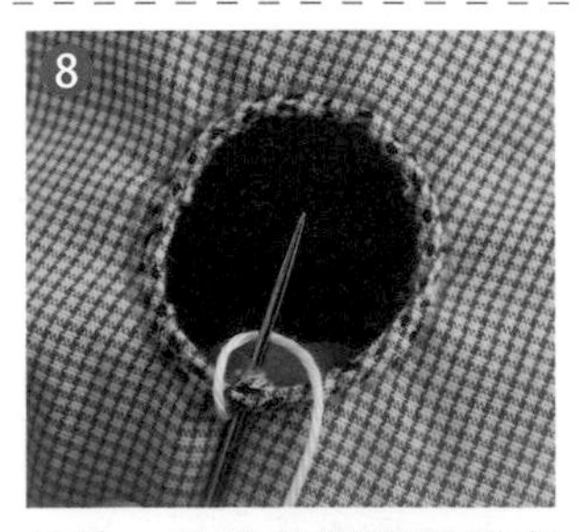

拉線，並於外側的記號處（於步驟⑦中出針位置的近右側）入針後，挑針布端，掛線。

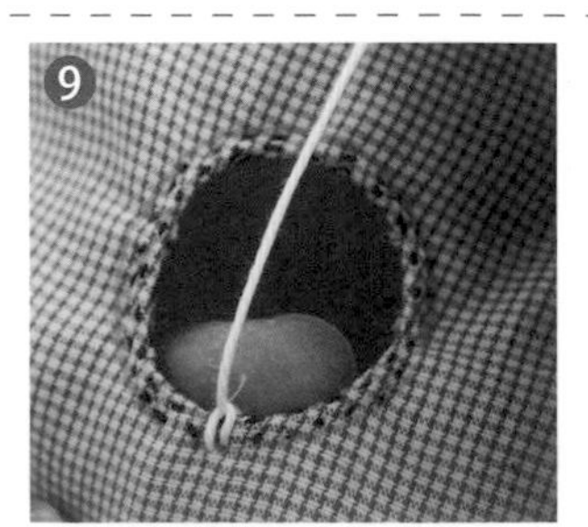

抽針後，拉線。

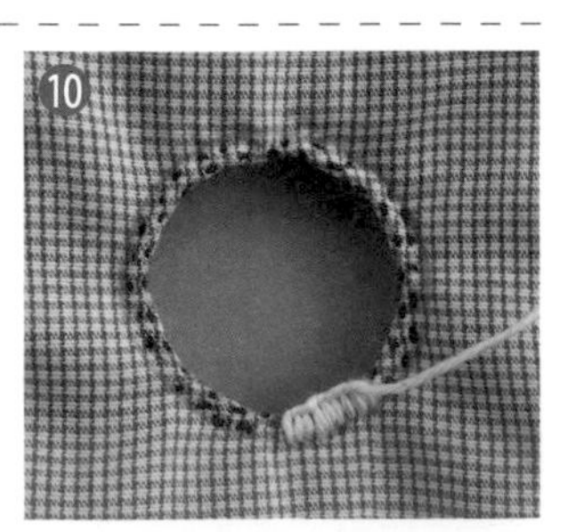

以逆時針方向，重複步驟⑧與⑨，將布端進行釦眼繡。

讓繡線穿於刺繡的針目之後，
進行3段釦眼繡。

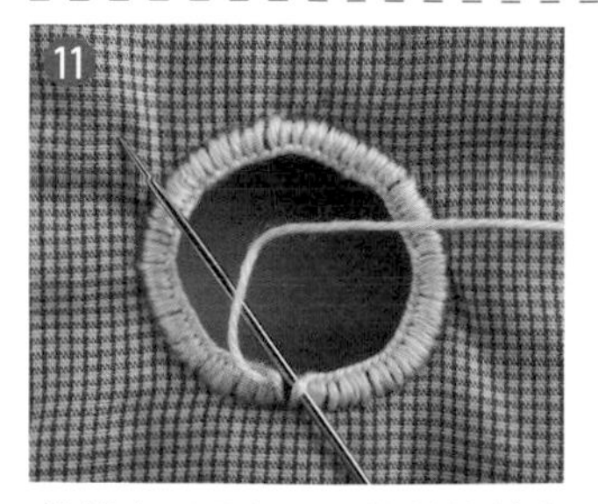

待繡完1圈之後，將刺繡針穿入起繡處的針目中。

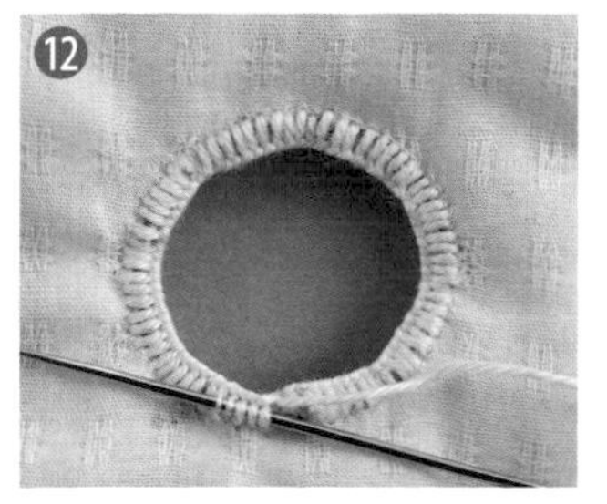

將刺繡針鑽縫於背面的刺繡中，剪斷繡線。

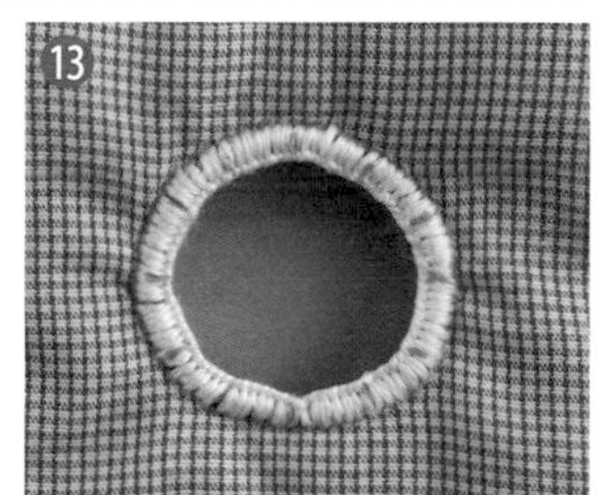

作上12等分的記號。

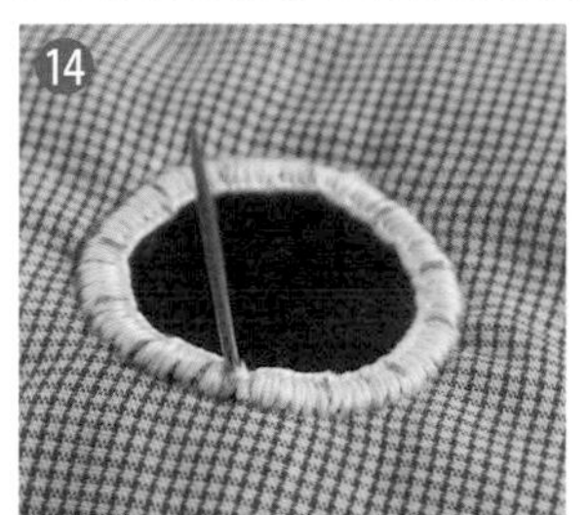

依照步驟⑦的相同作法，於背面進行一針回針縫之後，將刺繡針穿入正面的記號處，出針。拉線，挑針右側記號的針目，進行釦眼繡。

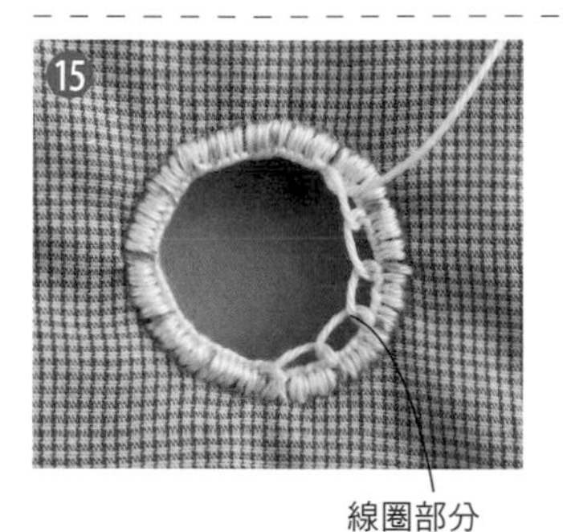

線圈部分

重複進行。最佳拉線狀態則調整至線圈部分看得見的程度。請注意不要過度拉線。

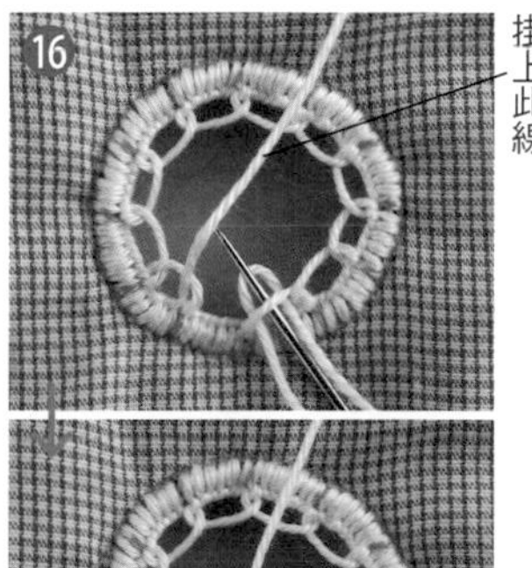

掛上此線

◀挑針至最後的記號處時，由下方將刺繡針鑽入最初的線圈之中（避免拉扯到線由針頭開始），掛線之後，拉線。

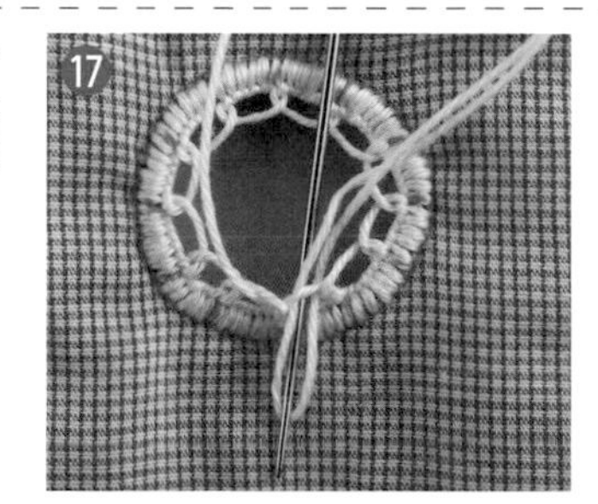

由上往下，將刺繡針朝針頭方向，使其再次鑽入第1段最初的線圈中。第1段完成的模樣。

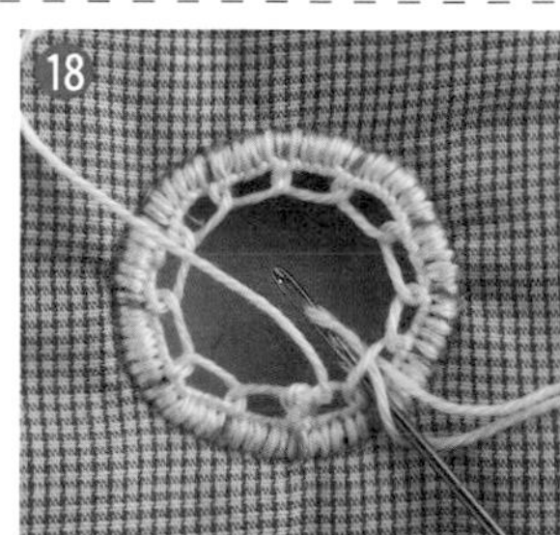

第2段之後，將刺繡針朝針頭方向，進行鑽縫。將刺繡針鑽入相鄰的線圈後，掛線，拉線。訣竅則如右圖所示，一邊以手指按住掛於針上的線，一邊進行。重複此一步驟。

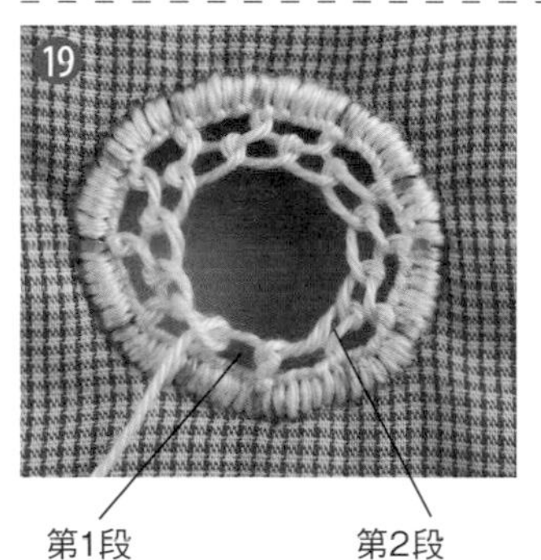

第1段
最後的線圈

第2段
最初的線圈

將刺繡針鑽縫至第1段最後的線圈中。

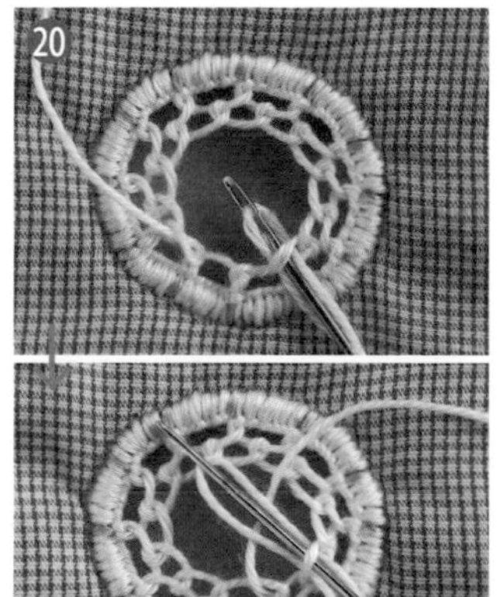

◀將刺繡針穿入第2段最初的線圈後，掛線，
第3段亦依照第2段的相同方式進行。

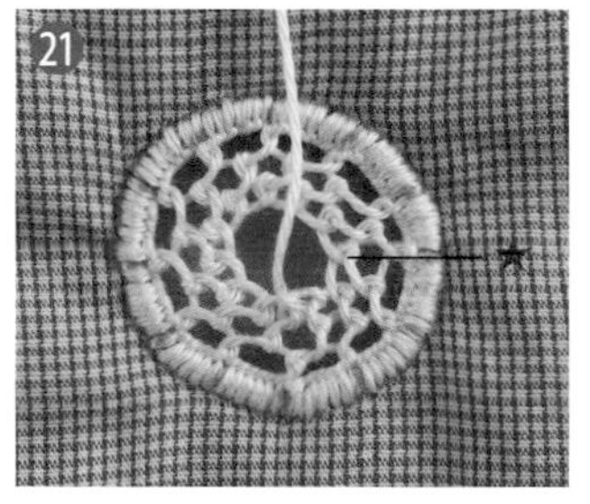

將繡線穿入第2段最後的線圈後，持續進行至第3段最後的模樣。

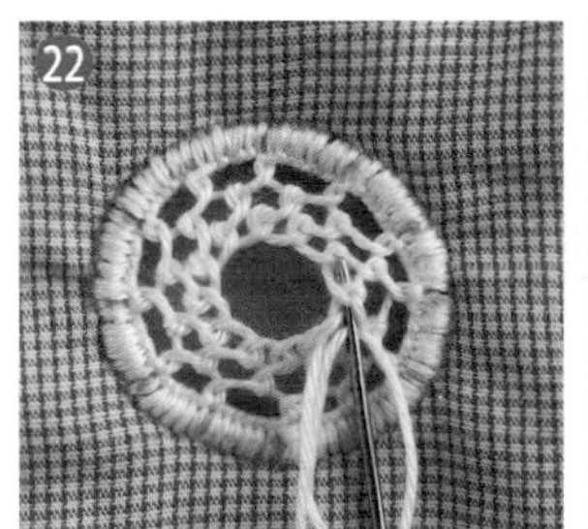

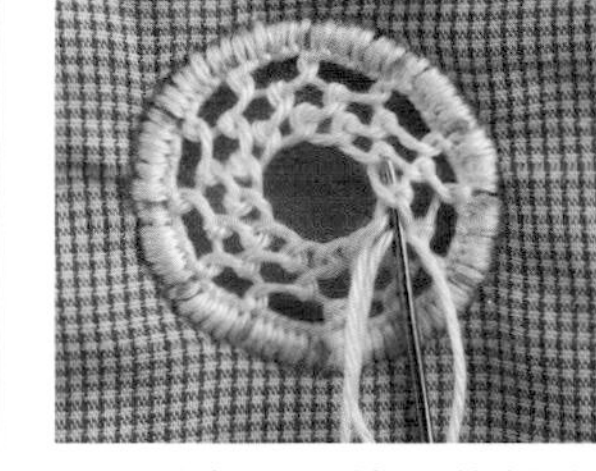

從★的部分開始，將刺繡針交替鑽縫於第3段中，拉線後，再適度地拉緊。

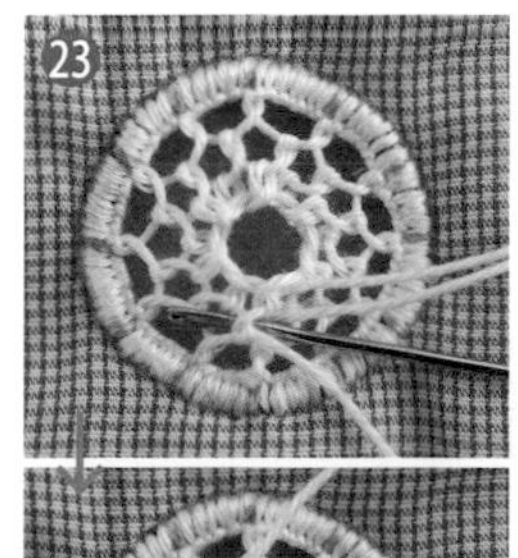

◀直接維持原狀，如左圖所示，讓刺繡針鑽縫於織目中。

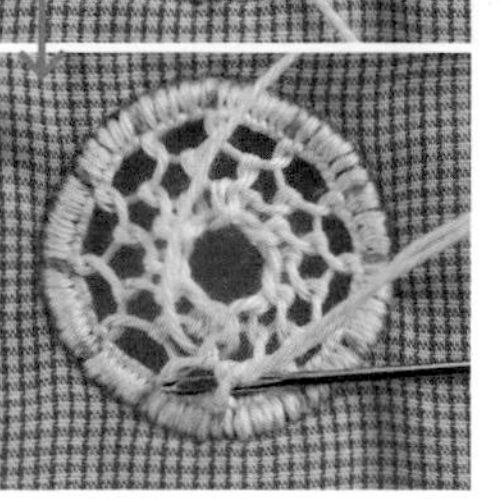

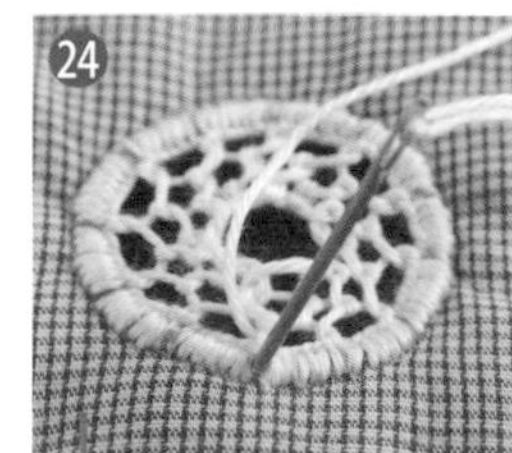

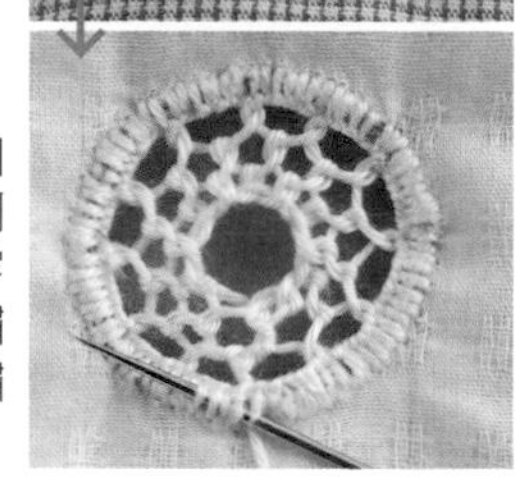

▶於最初的釦眼繡的中央刺入刺繡針，穿入背面的刺繡後，剪斷繡線。

刺繡的變化

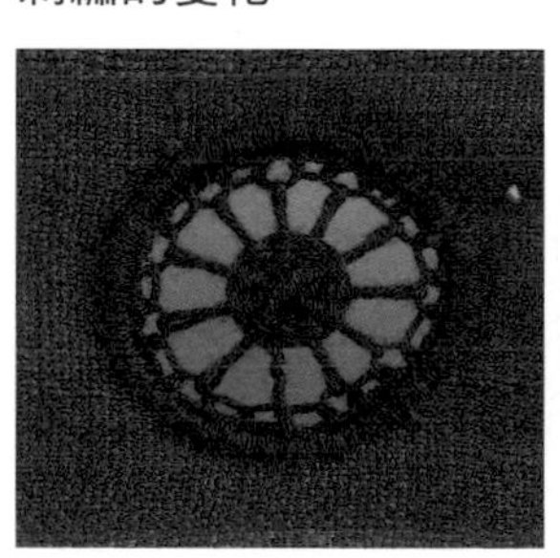

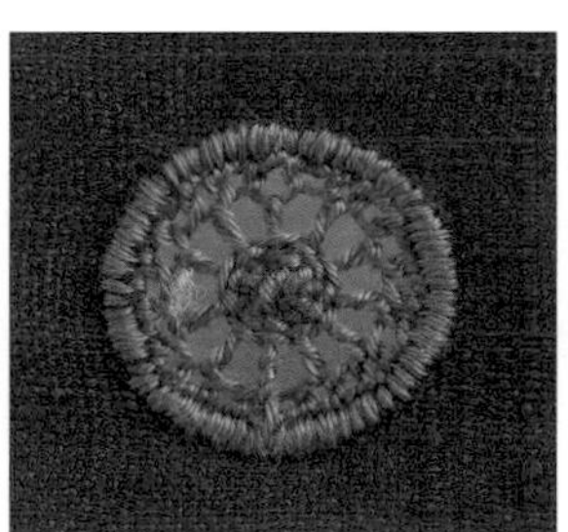

依照不同的掛線方式，形成各種相異的模樣。使用與布料同色系的繡線刺繡，成為高尚雅緻的作品。改變布料及繡線的顏色，將刺繡作為加強重點也相當出色。

親手製作的拼布禮物

作為祝賀及感謝的表示，不妨贈送自己手作的禮物。
試著製作送給難得見上一面的重要之人吧！

攝影／腰塚良彥 藤田律子 山本和正
插圖／三林よし子

22

櫻桃的壓線是以白玉拼布作出厚實圓滿的感覺。

以粉紅色與白色的繡線進行格紋棉布繡。

於胚布上使用紗布，縫製出觸感更佳的作品。

甜甜粉紅色的寶寶拼布

將動物及花朵圖案印花布以粉紅色的格紋棉布加以組合。飾邊上則點綴了格紋棉布繡的刺繡。請贈送給生女兒的母親。

設計・製作／早川朱美　89×89cm
作法P.102

刺繡參考「刺しゅうとキルトの組み合わせが しいギンガムステッチ（體驗刺繡與拼布組合的樂趣 格紋棉布繡）」一書（日本VOGUE社出版）。

「教堂之窗」婚禮戒枕

以白色素布製成的長方形台布上，搭配蕾絲裝飾布的高雅設計。沿著蕾絲的花樣，點綴縫上透明的珠子。不必壓線即可縫製，新娘本人也能試著親手製作婚禮小物喔！

設計／岩井たかこ
製作／西田良江　11.5×17cm

作法

● 材料

台布用白色素布100×30cm　飾布用蕾絲布2種各30×20cm 寬0.7cm　飾帶65cm　寬0.7cm緞帶2種各55cm 直徑0.4cm珍珠4顆　裝飾用透明珠子、手藝填充棉花各適量

● 作法重點

製作4片台布，併接之後，依照圖示進行縫製→於周圍接縫飾帶，於飾布上接縫珠子→於花樣的中心接縫珠子，並且縫上緞帶。

※台布與裝飾布原寸紙型B面⑫。

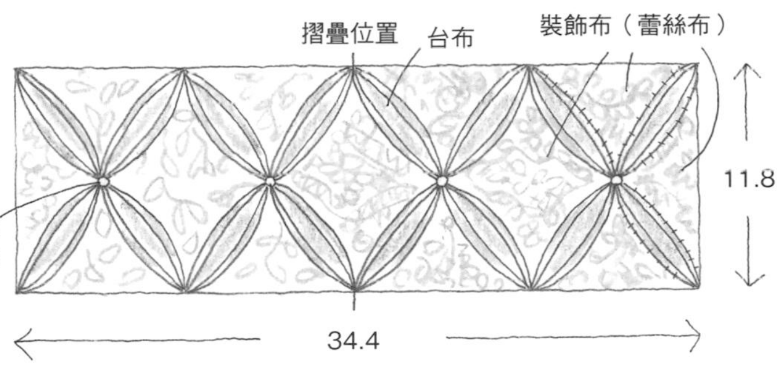

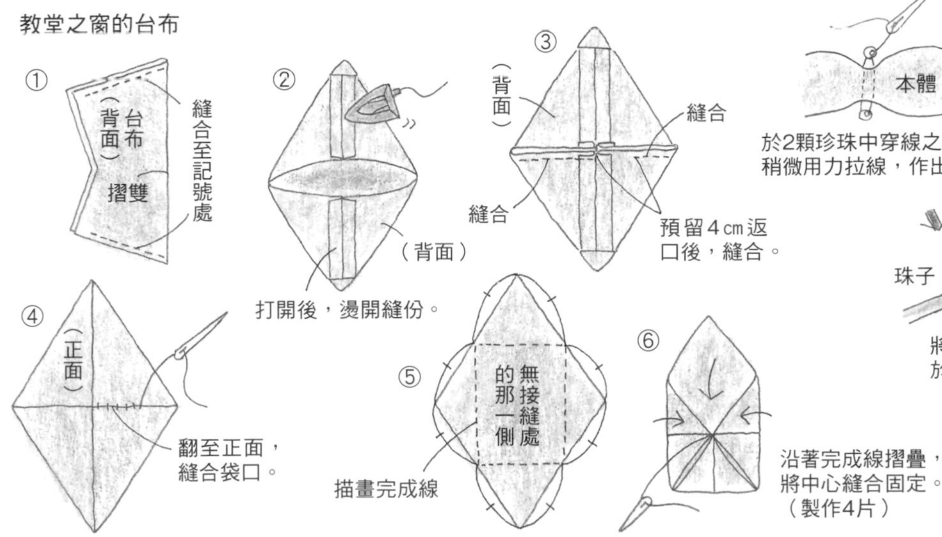

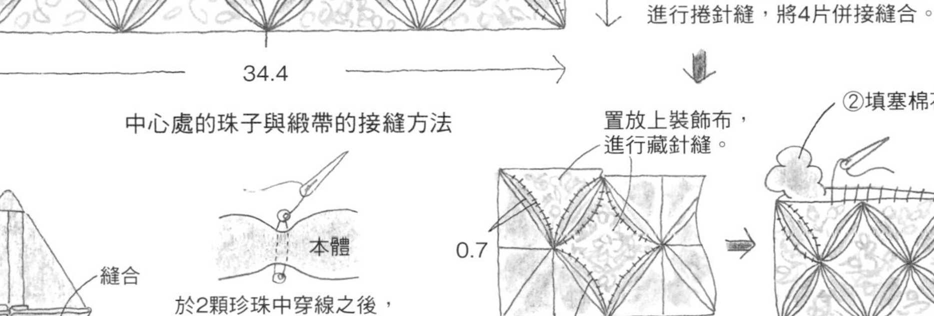

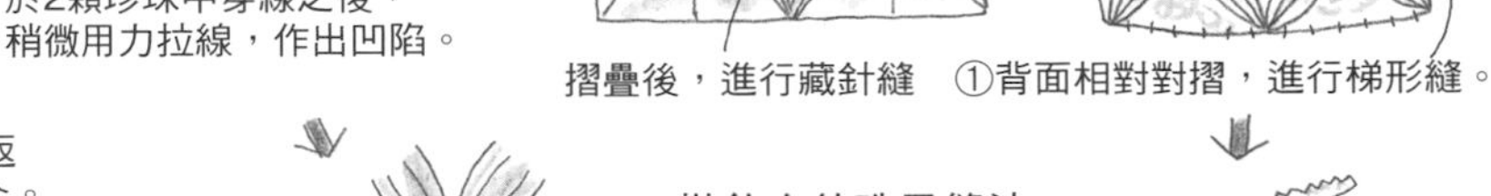

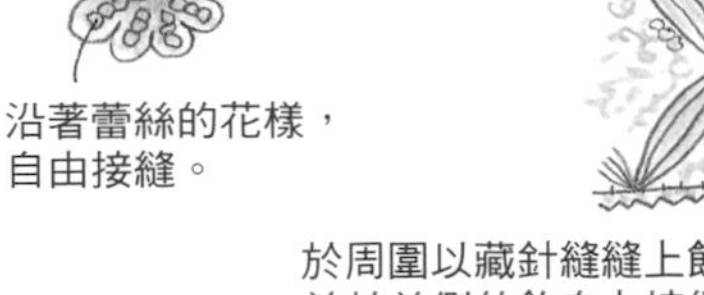

祝賀幼兒園入學贈禮
學習袋

女孩的提袋以扇形飾邊及蕾絲蝴蝶結作裝飾，顯得格外可愛。男孩的提袋則以足球為概念，並將六角形摺花以單一色調進行配色後，於提把裝飾如同足球般的包釦。兩件作品皆於基底的素布使用稍微帶有厚度的牛津布料，除了一部分以外，因為是以縫紉機進行壓線，可快速地完成製作。

設計・製作／菊地昌恵
30×40cm　作法P.27

男孩的學習袋上內附3個內口袋。

學習袋

● **材料**

No.24 粉紅色素布（牛津布）110×45cm（包含提把、裝飾布、緞帶部分） 裡袋用布110×40cm（包含裡布部分） 扇形飾邊用布55×25cm 薄型單膠鋪棉90×55cm 薄型接著襯90×40cm 寬2.5cm蕾絲160cm 寬1.3cm花樣蕾絲、直徑0.3cm珍珠各14顆

No.25 各式拼接用布片、各式貼布縫用布片 黑色素布（牛津布）85×20cm（包含提把部分） 裡袋用布85×50cm（包含裡布、內口袋部分） 薄型單膠鋪棉90×40cm 薄型接著襯90×45cm 直徑5cm包釦用芯釦2顆 25號原色繡線適量

● **作法重點**

No.24 拼於前片與後片的表布上黏貼背膠鋪棉，並於鋪棉上黏貼接著襯之後，進行壓線→製作口袋、扇形飾邊、提把、裡袋→將口袋接縫於前片上→依照圖示進行縫製。

No.25 將布片A至C進行拼接，依照圖示接縫上布片D之後，製作前片，進行壓線→於後片的表布上黏貼背膠鋪棉，並於鋪棉側上黏貼接著襯之後，進行壓線→製作提把、提把裝飾、裡袋→以下，依照圖示進行縫製。

※布片A至C、扇形飾邊、提把裝飾原寸紙型B面⑩。

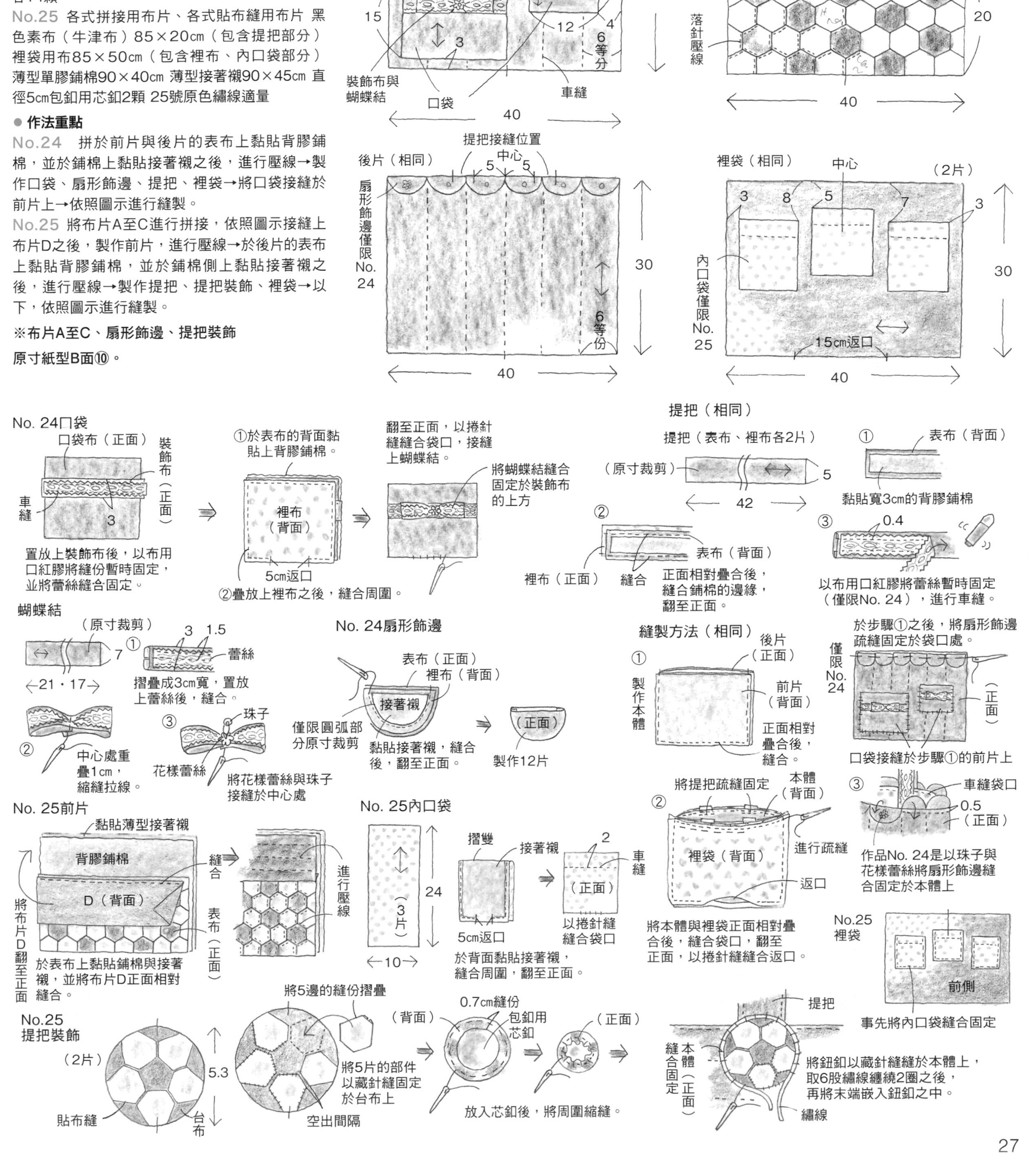

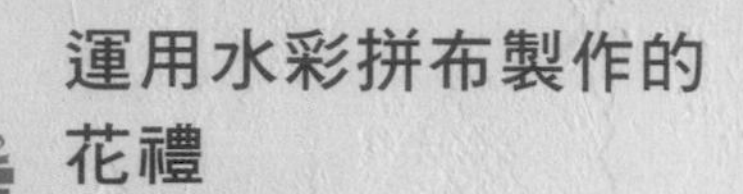

運用水彩拼布製作的花禮

26

將花朵圖案併接後，勾勒出花樣的華麗水彩拼布，相當適合用來作為禮物。以康乃馨與玫瑰的大花樣為主角配置成花藝的花籃，送給充滿活力又有個性的媽媽們作為母親節禮物吧！

設計・製作／平澤由美子
49×49cm　作法P.29

27

以粉彩色的玫瑰為主角，描繪出輕盈蓬鬆匯集的花束，包覆的部分則進行了貼布縫，再接縫上立體緞帶。適合贈送給內斂且溫和的對象。

設計・製作／平澤由美子
49×49cm　作法P.29

壁飾

● **材料**

相同 各式拼接用布片、各式貼布縫用布片C、D用布50×35cm 鋪棉、裡布各55×55cm 滾邊用寬4cm斜布條200cm

No.26 25號繡線適量

No.27 花束的貼布縫用布30×20cm 寬5cm緞帶50cm

● **作法順序**

No.26 拼接布片A與B之後，進行貼布縫與刺繡→於周圍接縫布片C與D之後，製作表布→疊放上鋪棉與胚布之後，進行壓線→將周圍進行滾邊（參照P.84）。

No.27 將布片A拼接成10×10列，並於周圍接縫布片C與D→進行貼布縫之後，製作表布→以下，依照作品No.26的相同作法，縫上蝴蝶結。

※布片A與B原寸紙型、貼布縫、壓線圖案A面⑤。

蝴蝶結的接縫方法

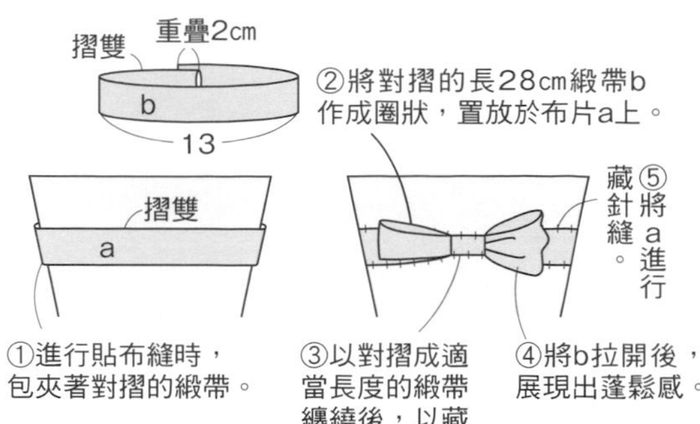

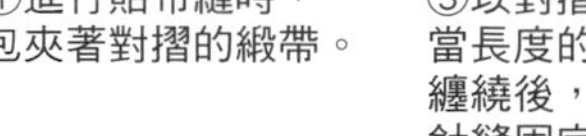

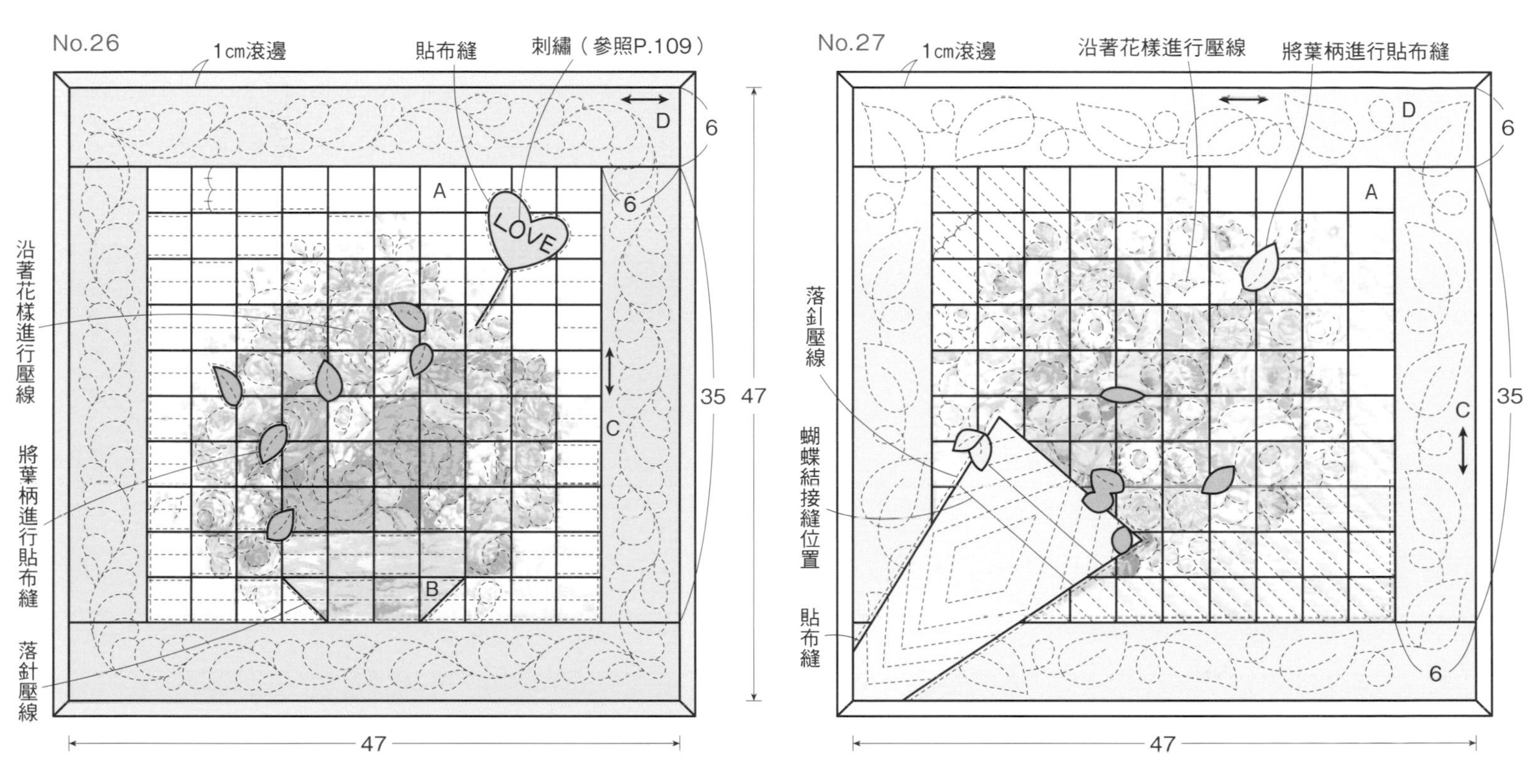

主角的花朵是以大花樣的花朵印花布製成

主角的康乃馨與玫瑰，是以4片布片作成大朵花。

用來襯托主角花朵的紫色玫瑰，則使用1片或2片的布片，配置成比主花小的區塊。

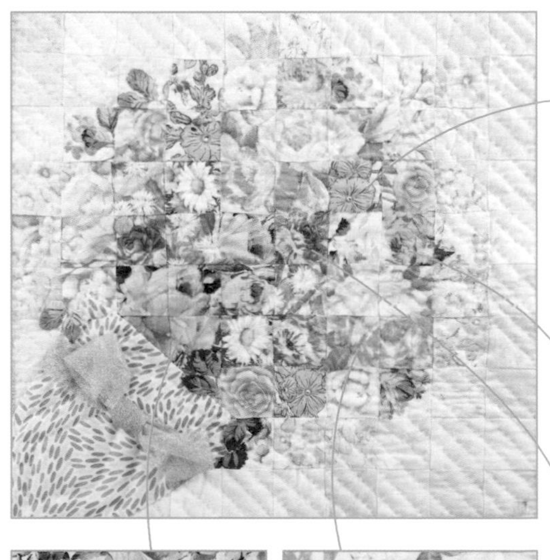

運用與主角同色的中型花，呈現輕盈感。

少量添加黃色及深粉紅色的玫瑰，作出適當的特色重點。

以淺粉紅色的大玫瑰花樣為主角，少量添加上綠色的玫瑰，更顯高貴氣息。

贈送花香的
迷你拼布香氛袋

將裝有香氛乾燥花的小袋子，裝入已壓線的表布與裡布之間，縫製而成。只要垂吊在屋內，就會散發出淡淡的香氣。不妨搭配花卉構思表布的設計也很不錯。

設計・製作／前田景子
16.5×16.5cm

放在內部的香氛乾燥花的袋子，是將布片對摺，車上4條壓線，並於口袋部分裝入香氛乾燥花後，縫合。

作法

● **材料**

各式拼接用布片、各式YOYO球用布片 薄型鋪棉、裡布各20×20cm 香氛乾燥花袋用布20×10cm 滾邊用寬3.5cm斜布條70cm 寬0.7cm緞帶15cm 喜愛的香氛乾燥花適量

● **作法順序**

拼接布片A至Q之後，製作表布→疊放上鋪棉之後，進行壓線→製作YOYO球，進行貼布縫→製作香氛乾燥花袋→依照圖示進行縫製。

※布片A至Q原寸紙型B面⑬。

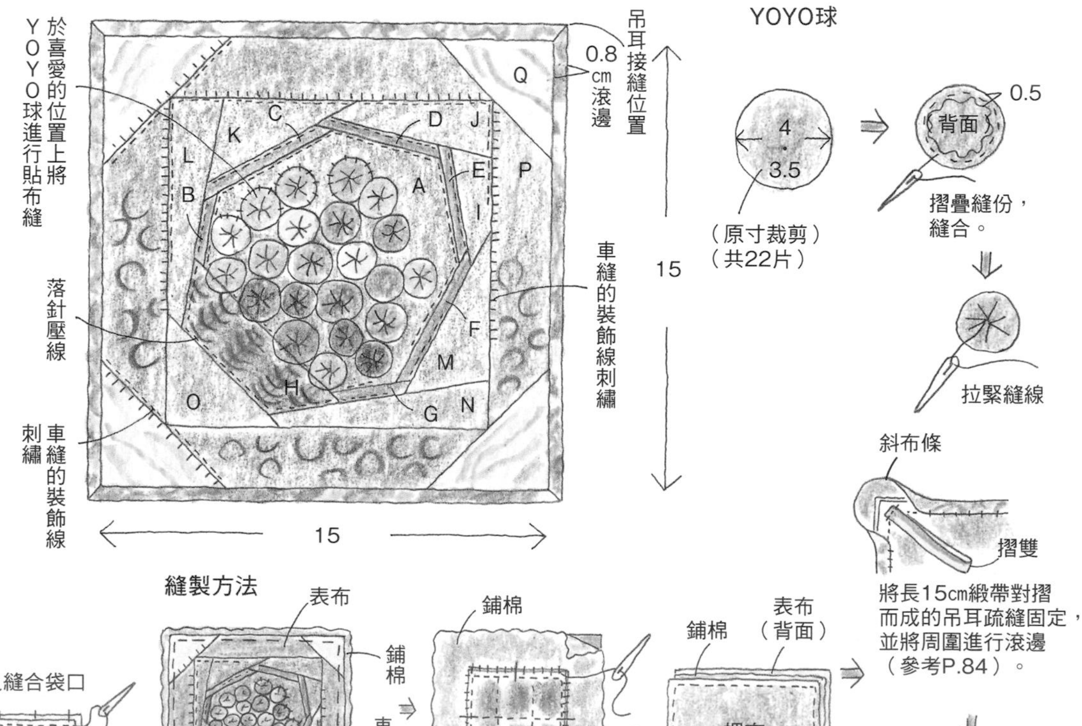

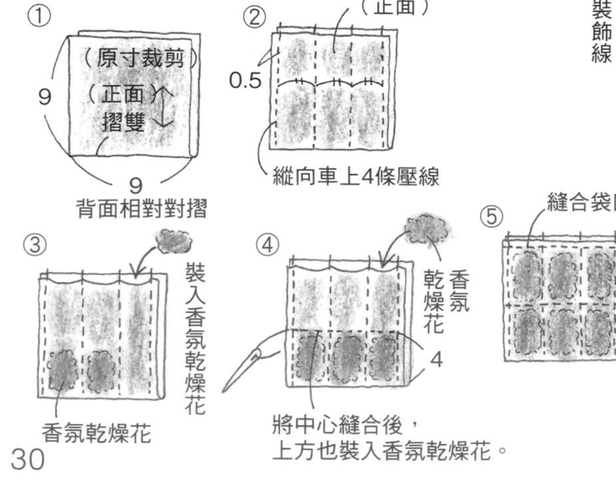

收入相框裡作為裝飾的小小相冊框飾

圓形的貓咪貼布縫，使用了以熨斗將照片熱轉印的燙布貼。不妨加入充滿回憶的照片，作成紀念性拼布，亦或是加入婚禮及寶寶寫真，作成賀禮贈送，以刺繡寫下留言，作成無可替代的寶貴贈禮。

設計・製作／本島育子
內徑尺寸 24×24cm

將照片印刷在市售的熨斗貼上，裁剪成喜愛的形狀之後，置放於布片上，以熨斗燙貼，進行轉印。上圖是裁剪成圓形後，再進行轉印。

作法

● **材料**

A用布2種各25×20cm B用布15×15cm 台布、鋪棉、胚布各30×30cm 已將照片以熨斗熱轉印的C布1片 25號繡線、厚紙各適量 內徑尺寸24×24cm相框

● **作法順序**

將布片A進行拼接→於布片B上進行留言的刺繡之後，將布片C進行藏針縫→於台布上將布片A與B進行貼布縫之後，製作表布→疊放上鋪棉與胚布之後，進行刺繡（參照P.109），再行壓線→以雙面膠黏貼於相框背板同尺寸的厚紙上，裝入相框裡。

縫製方法

於台布上依照布片A、B的順序，進行貼布縫，疊放上鋪棉與胚布。

使用滿滿回憶的童裝製作的拼布框飾

不如將孩子或孫子們小時候穿過的衣服及手帕保留在拼布上吧！本期的拼布框飾是為了慶祝女兒迎來雙成人式（40歲）而製作的。可將帶有回憶的紀念性衣服作成表布圖案的布片，或是直接使用，再裝飾上蕾絲及鈕釦，並以自由刺繡進行點綴。

設計・製作／藤村洋子
內徑尺寸30×30cm　作法P.33

30

拼布框飾的製作重點 ／藤村洋子

在打算作為贈禮而製作拼布框飾之際，一旦目標明確時，就很容易收集材料。由於這次製作的是雙成人式的賀禮，因此我收集了女兒小時候的童裝、手帕、髮飾、鈕釦以及蝴蝶結。配合設計，再添補不足的材料。要注意避免過多的裝飾。稍微不足之處則保持平衡地完成縫製。另外，刺繡時建議採取粗略簡單的刺繡。取2股25號繡線，或取1股8號繡線，更換成刺子繡線或是毛線等素材，也頗具樂趣。

雙胞胎女兒們穿過的連身裙、上衣及丹寧布。毛衣的織入花樣部分則使用在「小木屋」圖案的中心處。

使用藍色系的繡線刺繡。

將丹寧布的口袋部分以藏針縫固定。

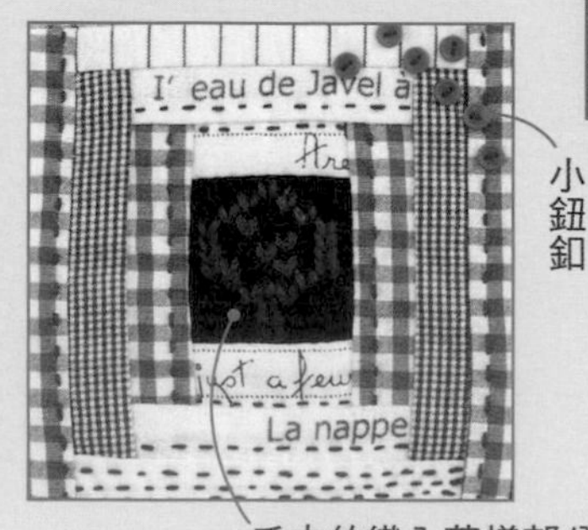

小鈕釦

毛衣的織入花樣部分

將麻線以刺繡縫合固定，抽掉織線。

以刺繡縫合襯衫的口袋。

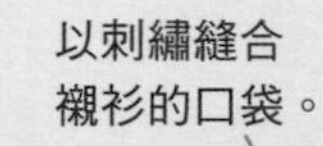
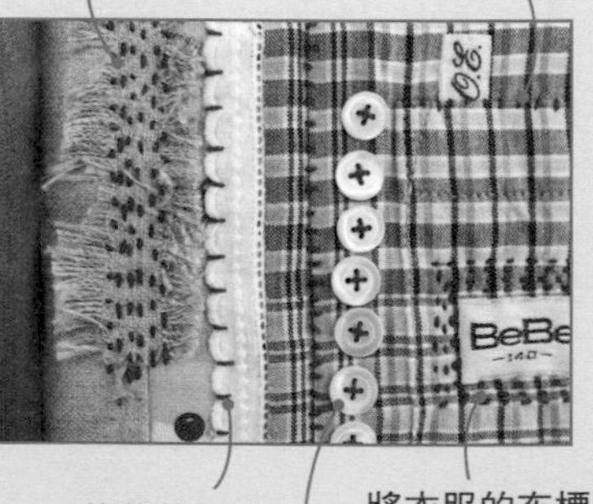

將蕾絲刺繡

將衣服的布標以藏針縫固定後，再將周圍進行刺繡。

將襯衫的鈕釦以紅色線可愛地縫合固定。

拼布框飾

● **材料**

各式布片 飾邊用布40×30㎝ 薄型鋪棉40×40㎝ 鋪棉60×30㎝ 喜愛的蕾絲、鈕釦、8號繡線、厚紙各適量 內徑尺寸30×30㎝相框

● **作法順序**

製作5片「小木屋」的區塊（參照本頁下方）→製作4片已將布片及蕾絲以藏針縫於台布上的區塊（1片直接使用襯衫）→併接9片區塊，並於周圍接縫上飾邊之後，製作表布→疊放上薄型鋪棉之後，自由地添加壓線與刺繡（較厚的部分僅挑針至布片）→縫上鈕釦等物→依照圖示進行縫製。

※「小木屋」原寸紙型B面⑭。

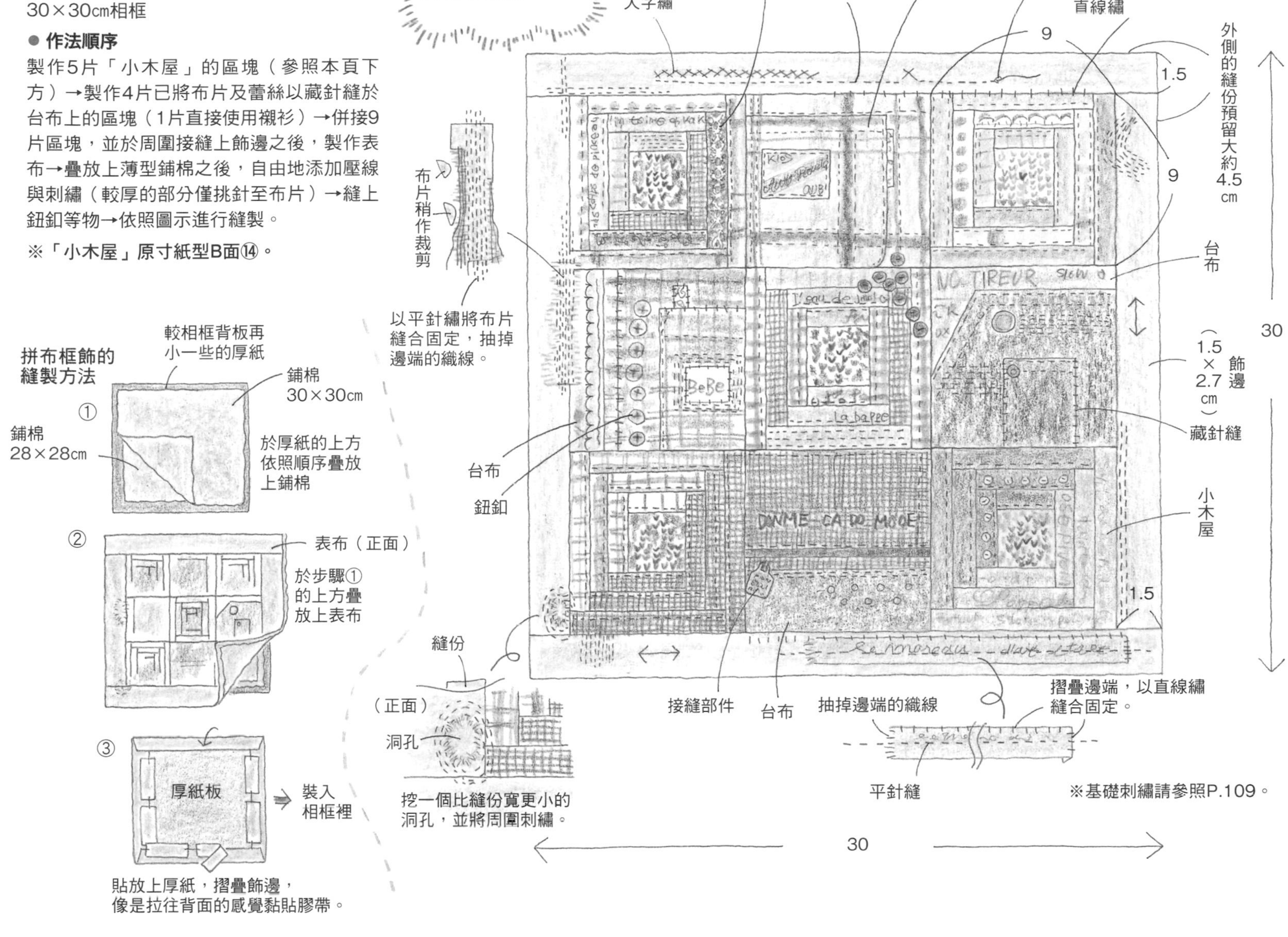

使用能夠縫合各種素材的平針壓線翻縫製作「小木屋」的區塊

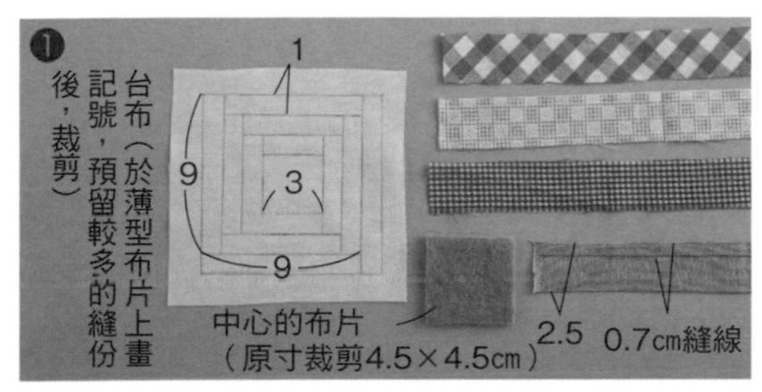

準備台布與布片。接縫於周圍的布片作成帶狀布，並於背面畫上縫線記號。

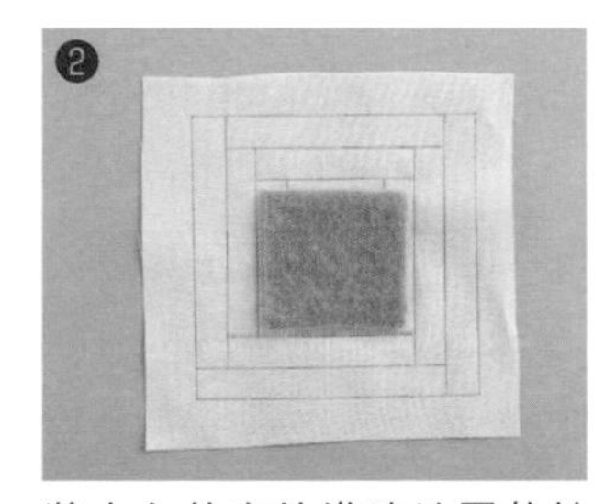

將中心的布片準確地置放於台布的中心處，並以布用口紅膠黏貼。

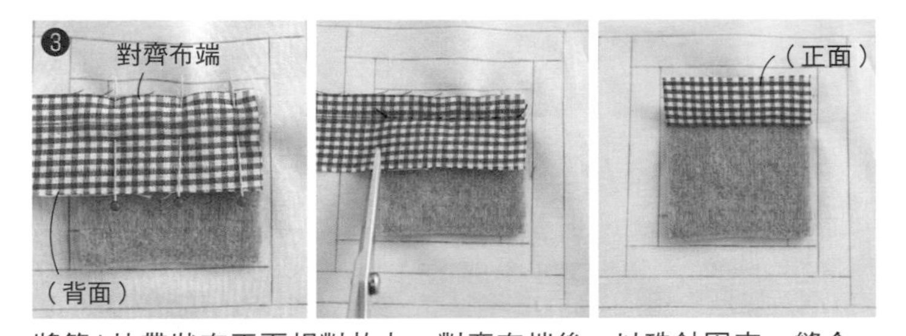

將第1片帶狀布正面相對放上，對齊布端後，以珠針固定。縫合下方布片的長度部分，裁剪帶狀布之後，翻至正面。

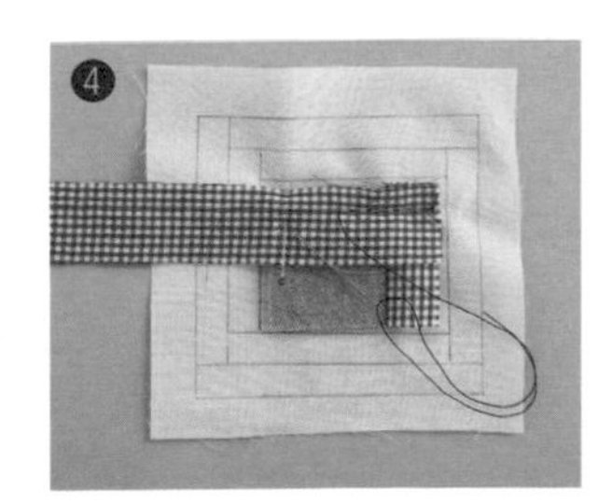

將第2片帶狀布正面相對放上後，依照第1片的相同方式縫合。

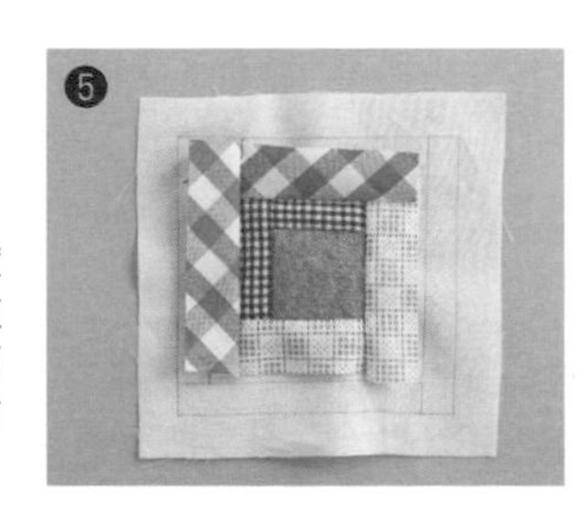

依照相同方式製作，並以逆時針方向逐一縫合固定。

以藏針縫固定於台布上的方法

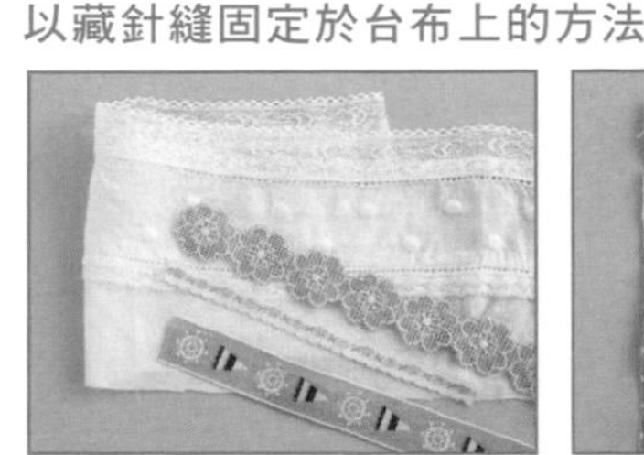

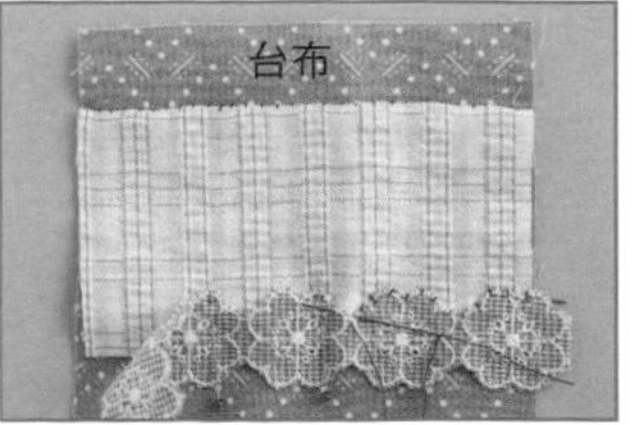

罩衫的蕾絲部分及緞帶等以藏針縫固定於台布上。

攝影／腰塚良彥　藤田律子　山本和正

裝飾拼布的
YOYO球表布圖案花樣

設計・製作・指導／円座佳代

由円座佳代老師提案，將4片、9片圓形YOYO球無間隙地縫合後，
即可享受如同拼布圖案般有趣的花樣。

31

基本的「四宮格花樣」與「九宮格花樣」

在縫合了4片YOYO球像花朵一樣的「四宮格花樣」上，再將3片YOYO球如同葉子般接縫上去的花樣加以組合，形成有如花園般美麗的迷你壁飾。花樣則以藏針縫固定於已進行壓線的基底上。

30×30㎝　作法P.35

YOYO球表布圖案的花樣

在此介紹的作品為使用以直徑10cm的圓形製作成的直徑大約4.5cm的YOYO球。

YOYO球

❶ 以直徑10cm的圓形紙型於布面上作出記號。因為是原寸裁剪，所以可直接在布的表面上作記號。

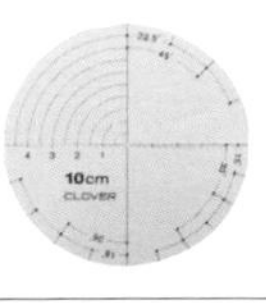

可樂牌Clover（株）直徑10cm的圓形製圖輔助板，使用起來相當得心應手。由於是塑膠製品，因此非常耐用。

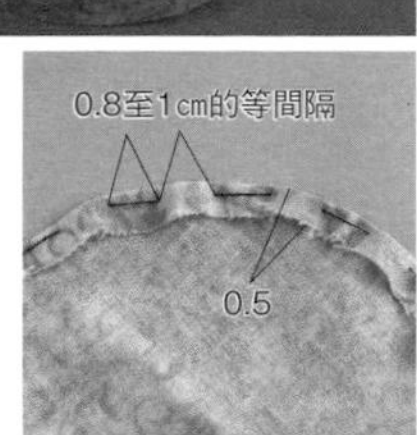

❷ 將周圍往背面側摺入0.5cm，並使用已製作較大始縫結的縫線，以大針目縫合布端。透過等間隔縫合的方式，抽拉出漂亮的細褶。

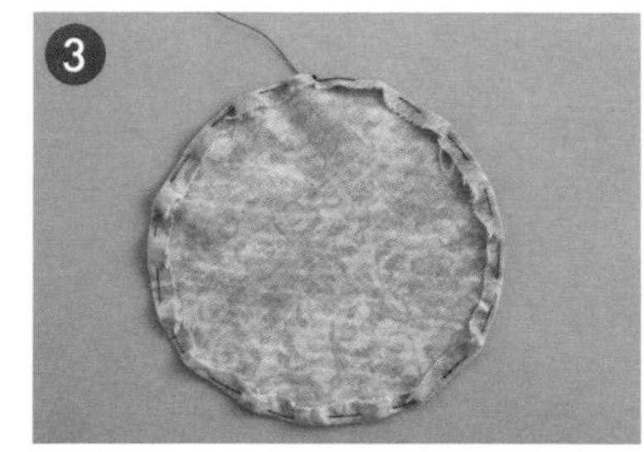

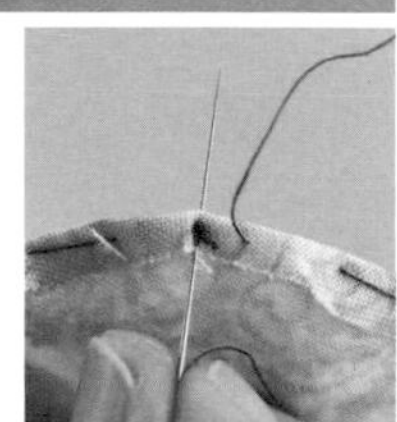

❸ 止縫時於始縫結的相同位置入針後，再於表面側出針。

❹ 拉緊縫線，縮口收束。

❺ 往拉緊縫線的相反方向，將縫針穿過2、3山摺份量的摺縫。

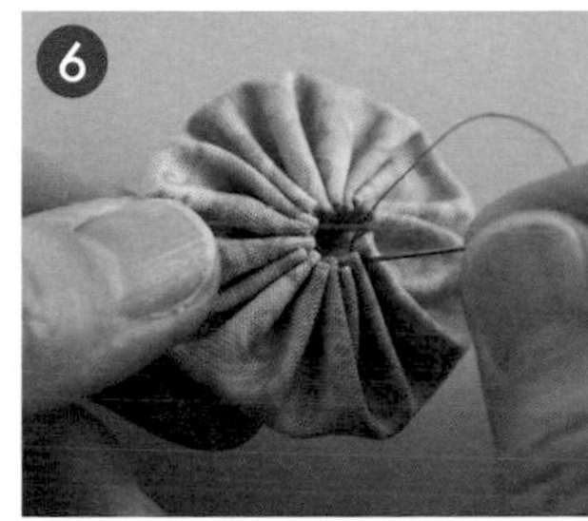

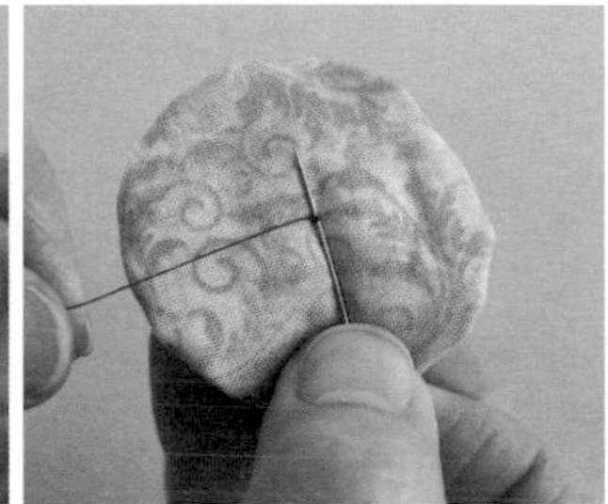

❻ 於中心的洞口入針後，再於扁平面側出針，適度拉線後，製作止縫結。

使用YOYO速成型板製作的方法

使用任何人皆可製作得美麗漂亮的可樂牌Clover（株）YOYO速成型板的L尺寸。

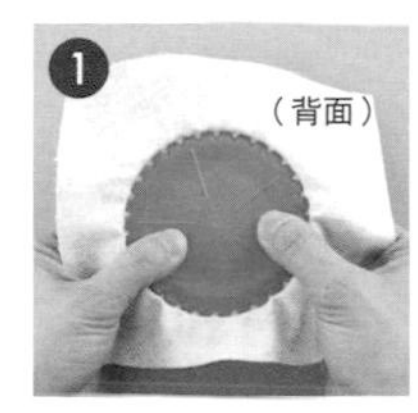

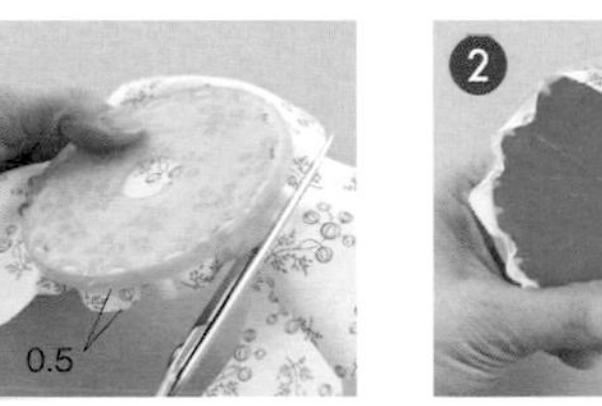

❶ 以圓形YOYO型板與背板夾住布片，添加0.5cm縫份，將周圍進行裁剪。

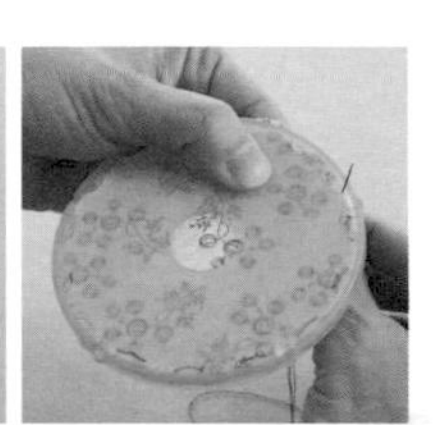

❷ 待縫合1圈之後，取下型板與背板，一邊將縫份往內側摺入，一邊拉緊縫線。

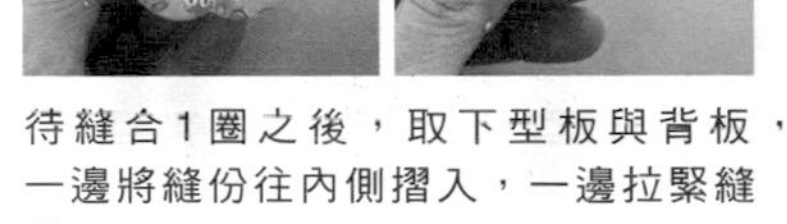

❸ 待縫合1圈之後，取下型板與背板，一邊將縫份往內側摺入，一邊拉緊縫線。

花樣的併接方法

「四宮格花樣」

❶ 2色的YOYO球各準備2片。

❷ 併接上段橫向的2片。將YOYO球重疊大約1cm左右，並以珠針固定，進行立針縫。

❸ 請上下交錯地進行藏針縫吧！

❹ 交錯地疊放，以珠針固定，請勿一次連續進行藏針縫，而是每1邊各自進行藏針縫。

「九宮格花樣」

使用9片YOYO球製作。中心的3片則形成有如「線軸」圖案般的形狀。

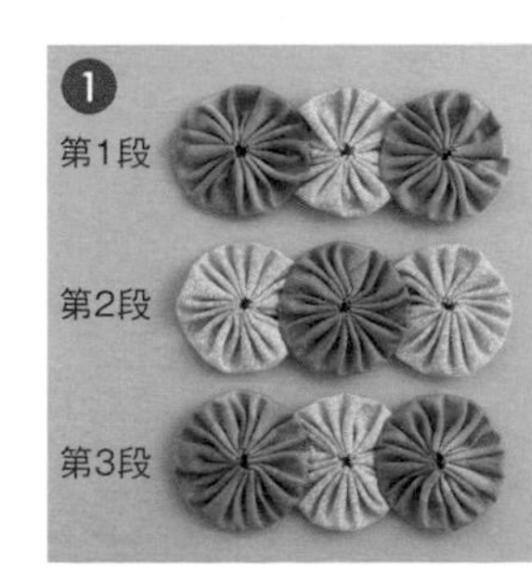

❶ 分別準備4片及5片的2色YOYO球，每3片如圖所示進行排列後，依照「四宮格」步驟❷的相同方式以藏針縫縫合。

❷ 將第1段及第2段交錯疊放，首先，將中心進行藏針縫，再將左右進行藏針縫。第3段作法亦同。一邊於每1邊整理形狀，一邊進行藏針縫吧！

YOYO球花朵的迷你壁飾

於「九宮格花樣」上，添加了2片YOYO球，描繪出大輪花的模樣。只要作出色彩及深淺的差異，就能營造茂密飽滿的立體花朵。

27×22㎝ 作法P.104

小掛飾

左右兩側是在「四宮格花樣」上添加2片YOYO球的心形飾品。正中央則是將「九宮格花樣」作成菱形。若改變顏色，還能成為聖誕節的小飾品喔！

No.36 10×12㎝
No.37 14×14㎝
作法P.104

與拼布圖案進行組合

將拼布圖案「四宮格」及「九宮格」的區塊部分配置成YOYO球圖案的花樣。
置放花樣的部分配置上1片布片，進行拼接之後，再將花樣以藏針縫縫合固定。

蜜蜂

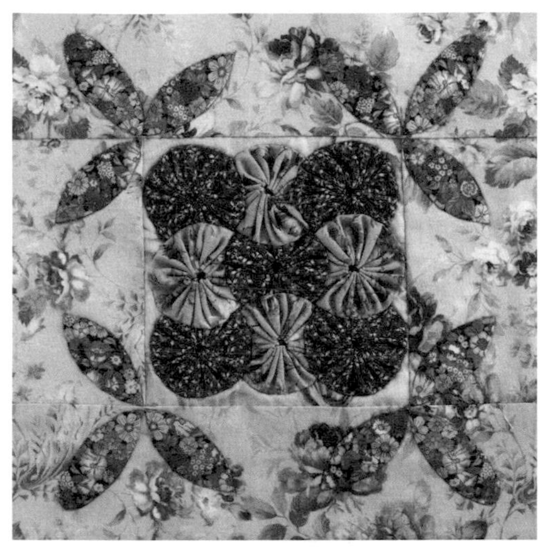
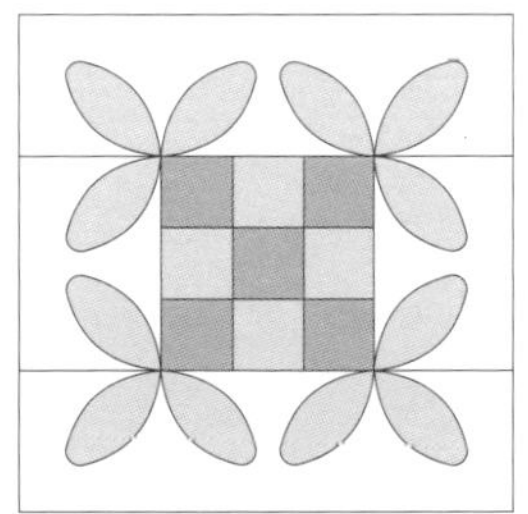

天堂鳥

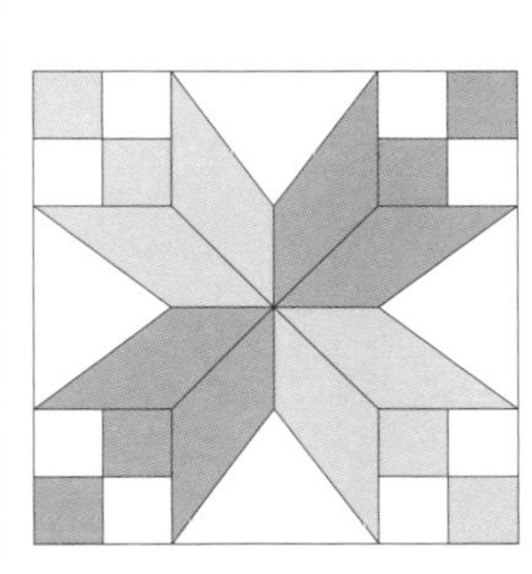

楓葉

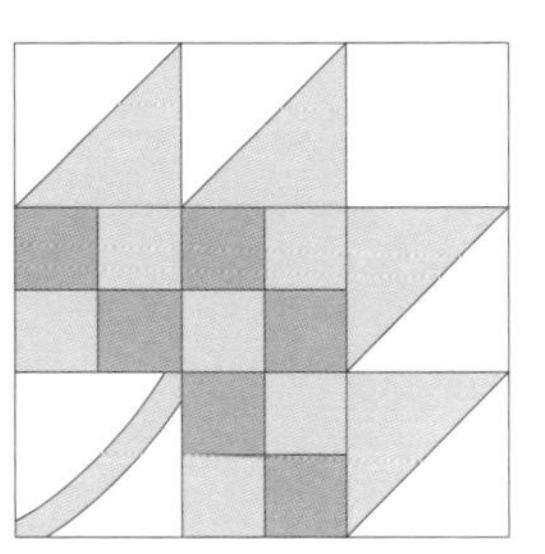

基督教的十字架

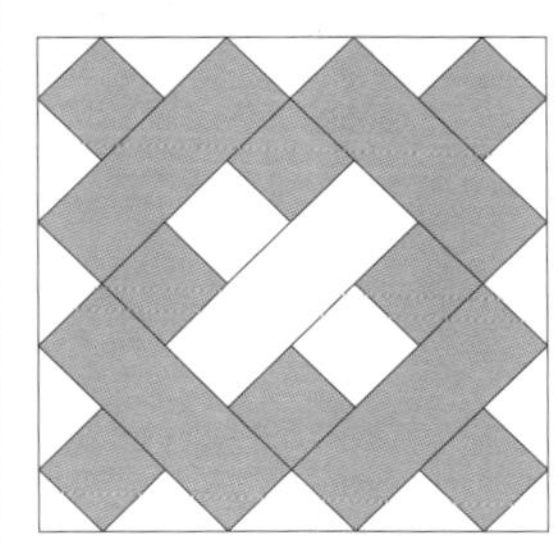

雞冠花

鑽石的鎖鍊

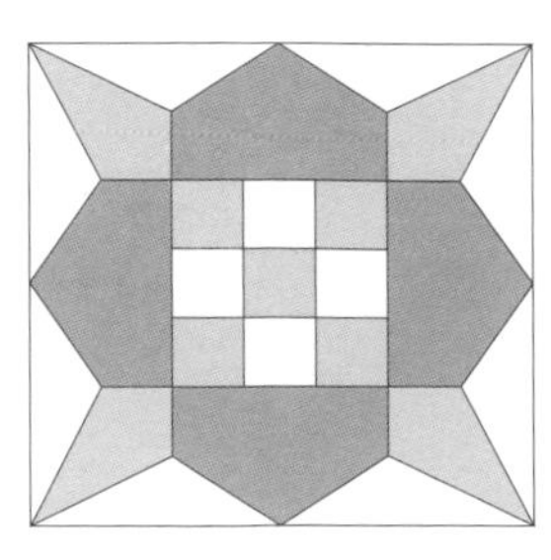

攝影／山本和正　插圖／木村倫子

運用拼布搭配家飾

連載

輕鬆地使用拼布裝飾居家吧！由大畑美佳老師提案，以能讓人感受到當季氛圍的拼布為主的美麗家飾。

於房間一角打造裁縫空間

即便無法擁有一間拼布專屬的裁縫工作室，
也不妨試著在起居室或寢室的角落擺放一張桌子，打造一處裁縫空間。
只要事先放置幾個方便於瑣碎工具收納的裁縫包、波奇包、筆袋等，
整理上也會更加輕鬆。不僅作業能夠順利進行，製作的熱情也會不斷地湧現。
在牆面上妝點喜愛的壁飾，隨著季節的變換更替布置吧！

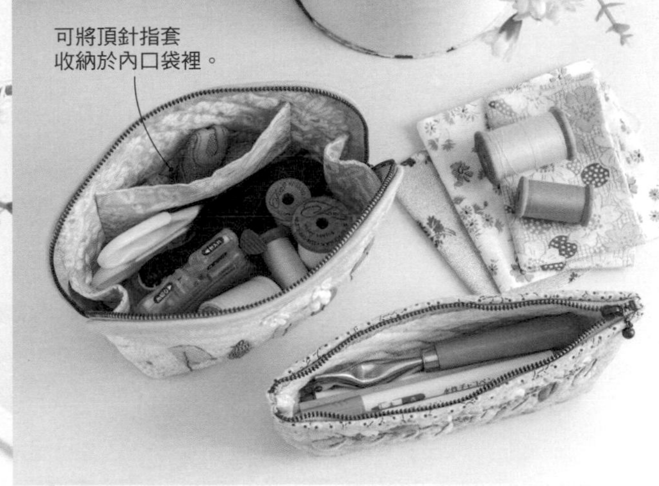

可將頂針指套
收納於內口袋裡。

使用成組布料進行貼布縫的針線波奇包與筆袋。袋口處可大幅敞開的針線波奇包，因為脇邊處接縫罩布，可收納大量的工具，使用時更加得心應手。

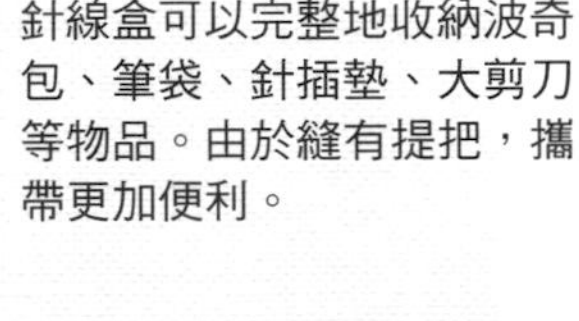

針線盒可以完整地收納波奇包、筆袋、針插墊、大剪刀等物品。由於縫有提把，攜帶更加便利。

於春天作裝飾的是盛開著紫羅蘭及鬱金香的花圈壁飾。就連針插也是春天的款式。

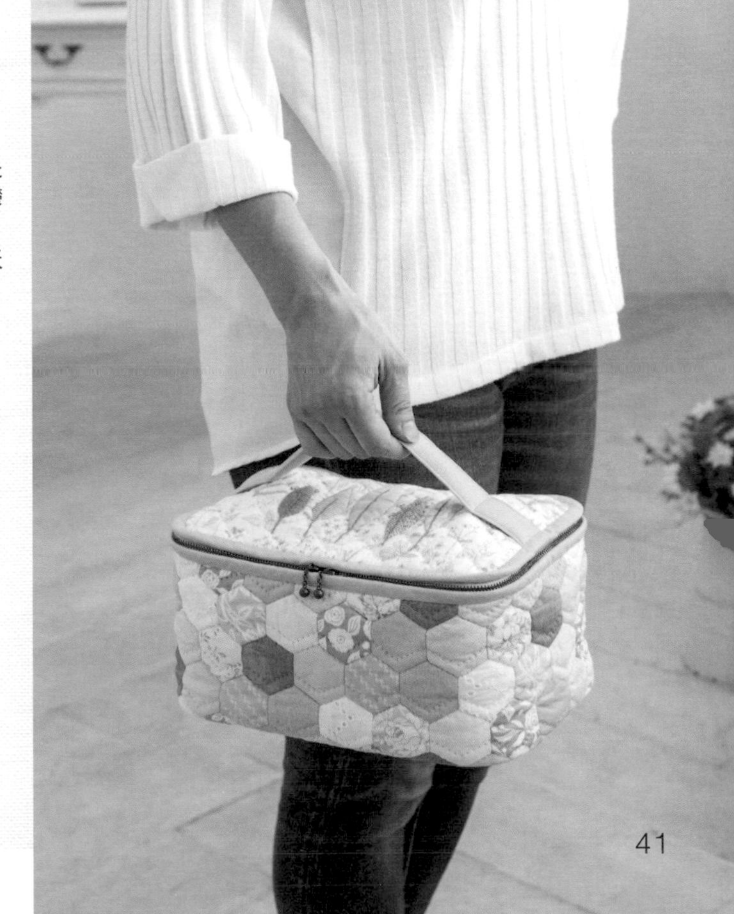

設計・製作／大畑美佳　壁飾、針線盒、筆袋製作／加藤るり子
壁飾 44.5×57.5㎝　作法P.105
針線盒 16.5×24.5×12.5㎝　針線波奇包 13.5×21.5㎝　筆袋 9.5×21㎝
針插 No.42 寬9.5㎝ No.43 寬6㎝　作法P.42、P.43

針線盒

材料

各式拼接用布片、各式貼布縫用布片 盒蓋用布、盒底用布各30×20cm 單膠鋪棉90×40cm 鋪棉50×20cm 胚布110×60cm（包括內底與內盒身用布、襠布部分） 滾邊用布55×40cm（包含提把部分） 長70cm雙開拉鍊1條 25號繡線、厚紙各適量

※布片A原寸紙型與貼布縫圖案B面⑦。

1. 盒蓋上進行貼布縫與刺繡、盒身上進行拼接、盒底則是以一片布進行裁剪，並且分別進行壓線。

盒蓋（原寸裁剪） 提把接縫位置 後中心 落針壓線 2.5 2.5 貼布縫 脇邊 16.5 輪廓繡（參照P.109） 24.5 前中心 半徑2.5cm的圓弧

盒底 中心 2.5 2.5 脇邊 16.5 24.5

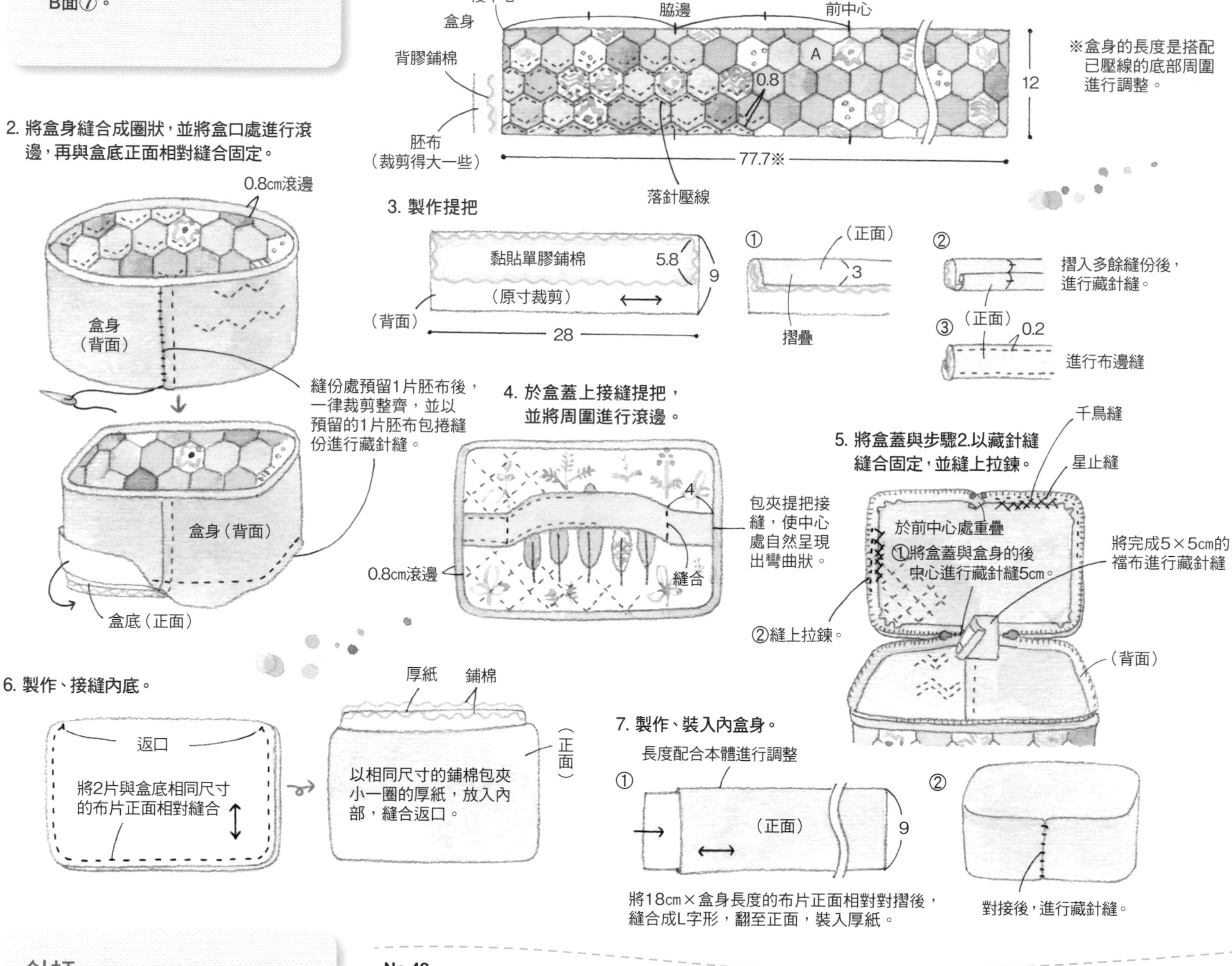

針插

材料

No.42 各式拼接用布片 裡布15×15cm 花朵用布25×10cm 寬0.8cm蕾絲40cm 直徑1.3cm鈕釦1顆 麻線、手藝填充棉花各適量

No.43 各式拼接用布片 寬2.7cm人造花1片 直徑0.3cm珍珠1顆 直徑6.5cm左右的玻璃容器1個 手藝填充棉花適量

※布片A與花瓣原寸紙型B面⑦。

No.42

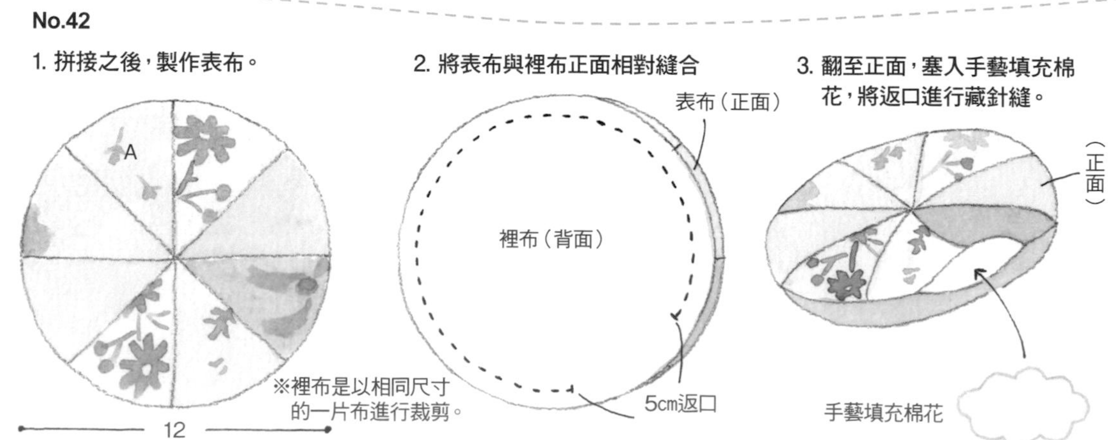

針線波奇包與筆袋

材料

針線波奇包 各式拼接用布片、各式貼布縫用布片 鋪棉40×25cm 胚布45×40cm（包含內口袋、罩布部分） 滾邊用寬3.5cm斜布條95cm 中厚熱接著襯25×15cm 喜愛的花樣蕾絲適量 長35cm拉鍊1條 25號繡線適量

筆袋 各式貼布縫用布片 表布2種各25×15cm 鋪棉、胚布各30×25cm 滾邊用寬3.5cm斜布條50cm 長20cm拉鍊1條 25號繡線適量

※原寸紙型與貼布縫圖案B面⑪。

針線波奇包

1. 進行拼接、貼布縫、刺繡之後，再行壓線、滾邊。

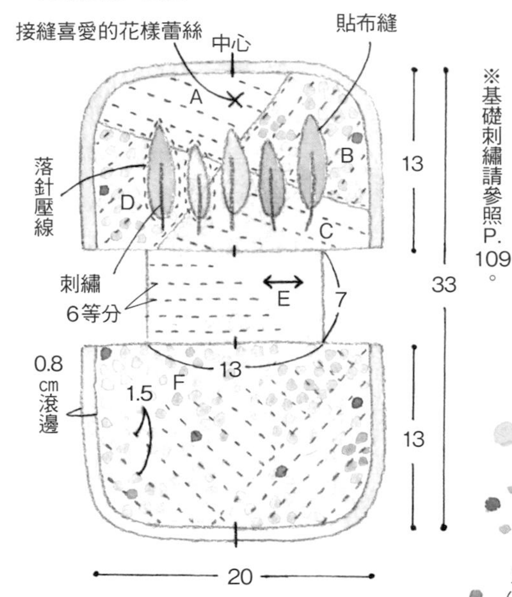

2. 接縫拉鍊

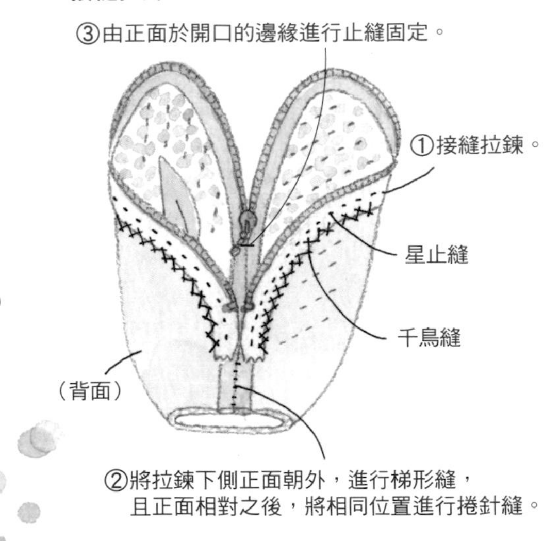

3. 縫合側身，接縫罩布。

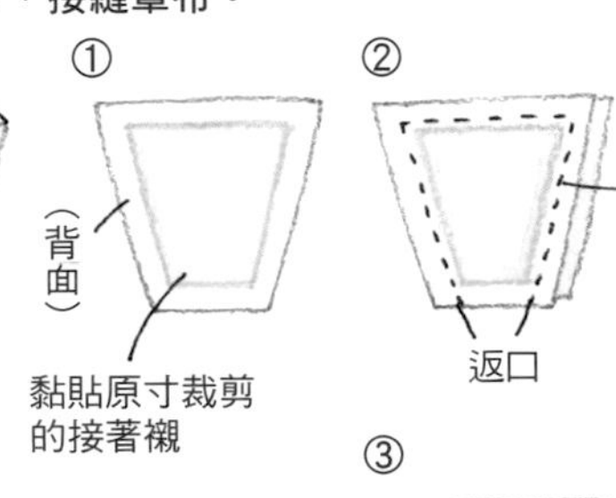

③

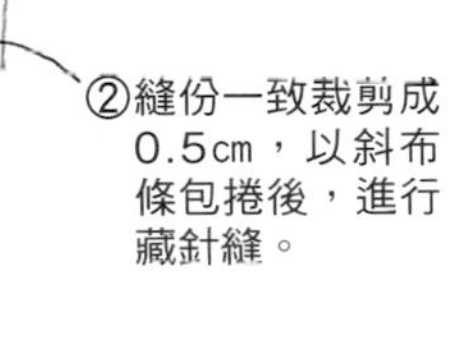

翻至正面，將返口摺入後，於周圍進行車縫。

罩布

③疊合於拉鍊的邊端後，以藏針縫固定。

1

①縫合側身。

②縫份一致裁剪成0.5cm，以斜布條包捲後，進行藏針縫。

4. 於針線波奇包上接縫內口袋

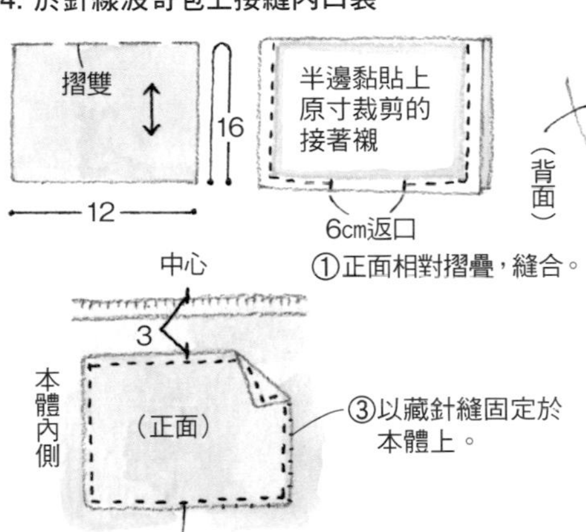

筆袋

1. 進行貼布縫、刺繡之後，再行壓線，並將袋口處進行滾邊。

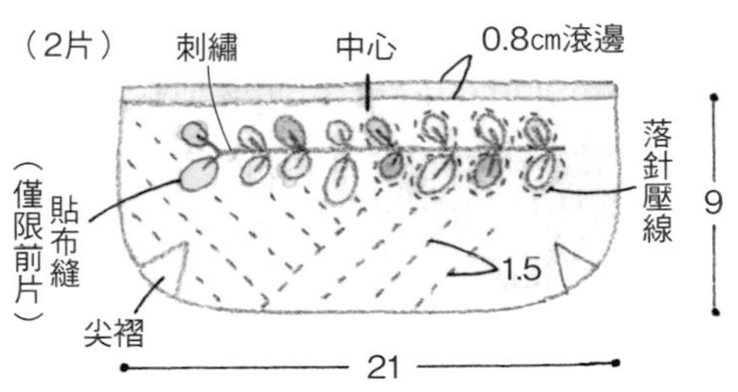

2. 縫合尖褶

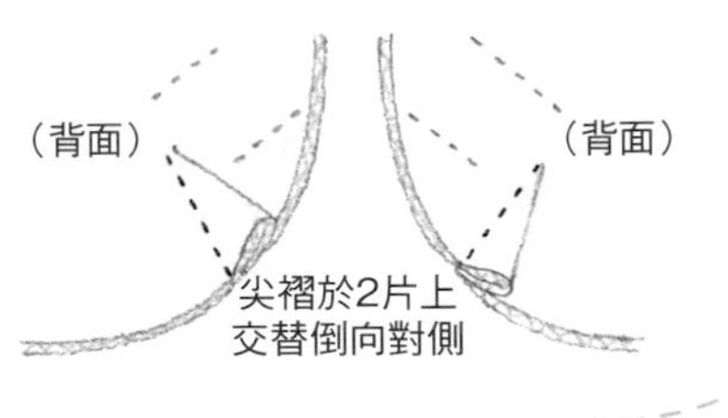

3. 縫製完成

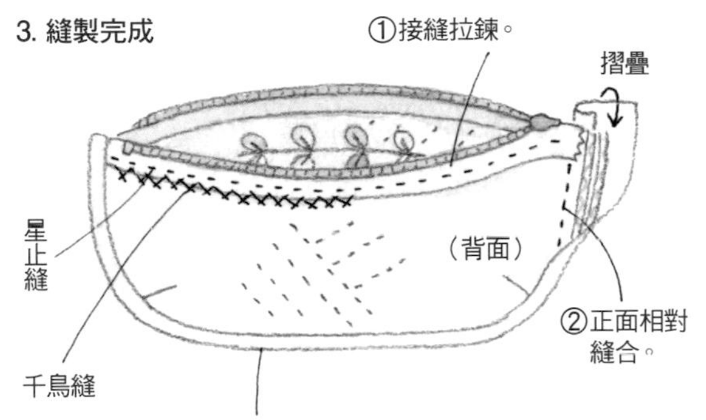

4. 接縫蕾絲，將麻線渡線後，整理成花形。

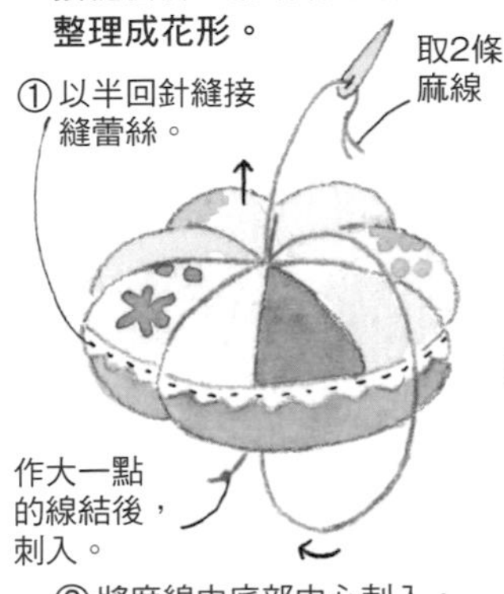

5. 製作花朵，接縫於中心處。

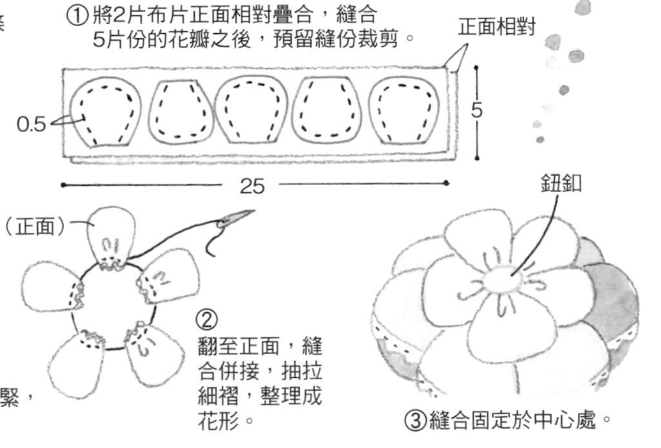

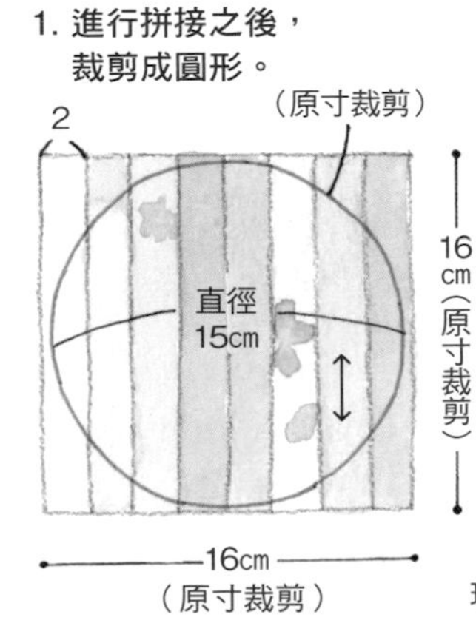

No.43

1. 進行拼接之後，裁剪成圓形。

2. 周圍進行平針縫，一邊填塞棉花，一邊拉緊縫線。

3. 塞入容器裡

2

（原寸裁剪）

直徑15cm

16cm（原寸裁剪）

16cm（原寸裁剪）

連載

想要製作、傳承的
傳統拼布

攝影／腰塚良彥　山本和正（作品）

在此介紹長年以來一直持續鑽研拼布的有岡由利子老師，所製作的傳統圖案美式風格拼布。正因為我們身處於這個世代，更讓人想要返璞歸真，製作出懷舊且質樸的拼布。

44

「輝格玫瑰」的貼布縫拼布

玫瑰的表布圖案在1800年代風靡一時，並且被大量製作。其中也包括了命名為政黨名稱及地名的表布圖案。諸如獨立黨的玫瑰「輝格玫瑰」（Whig Rose）亦被稱為民主黨的玫瑰（Democrat Rose），其他還有像是哈里森總統的玫瑰（Harrison Rose）或墨西哥的玫瑰（Mexican Rose）等，也有著極為類似的表布圖案，但輝格玫瑰因為不斷地被使用，因而漸漸成為了當時家喻戶曉代表性的圖案名稱。在1800年代中期的美國，政治議題是當時女性的重要話題之一。當時不具選舉權的女性所討論的話題，皆被認為對周遭的人們賦予決定性的影響力，許多被點名的政黨名稱、總統名、選舉標語等都被命名成表布圖案，以拼布來展現其各自的政治立場。
以扇形花樣的飾邊包圍4片表布圖案的古典拼布，非常適合作為家飾使用。緬懷當時女性結合拼布與政治的風骨節操，嘗試著親手製作看看吧！

設計・製作／有岡由利子98×98㎝　作法P.47

拼布的設計解說

於中央的玫瑰添加4片的突緣（法藍-Flange），再從其之間露出花莖的圖案，為輝格玫瑰（Whig Rose）的特徵。此一設計為9朵玫瑰花，絢麗綻放。其他還有如同下方所示圖樣的各種設計。

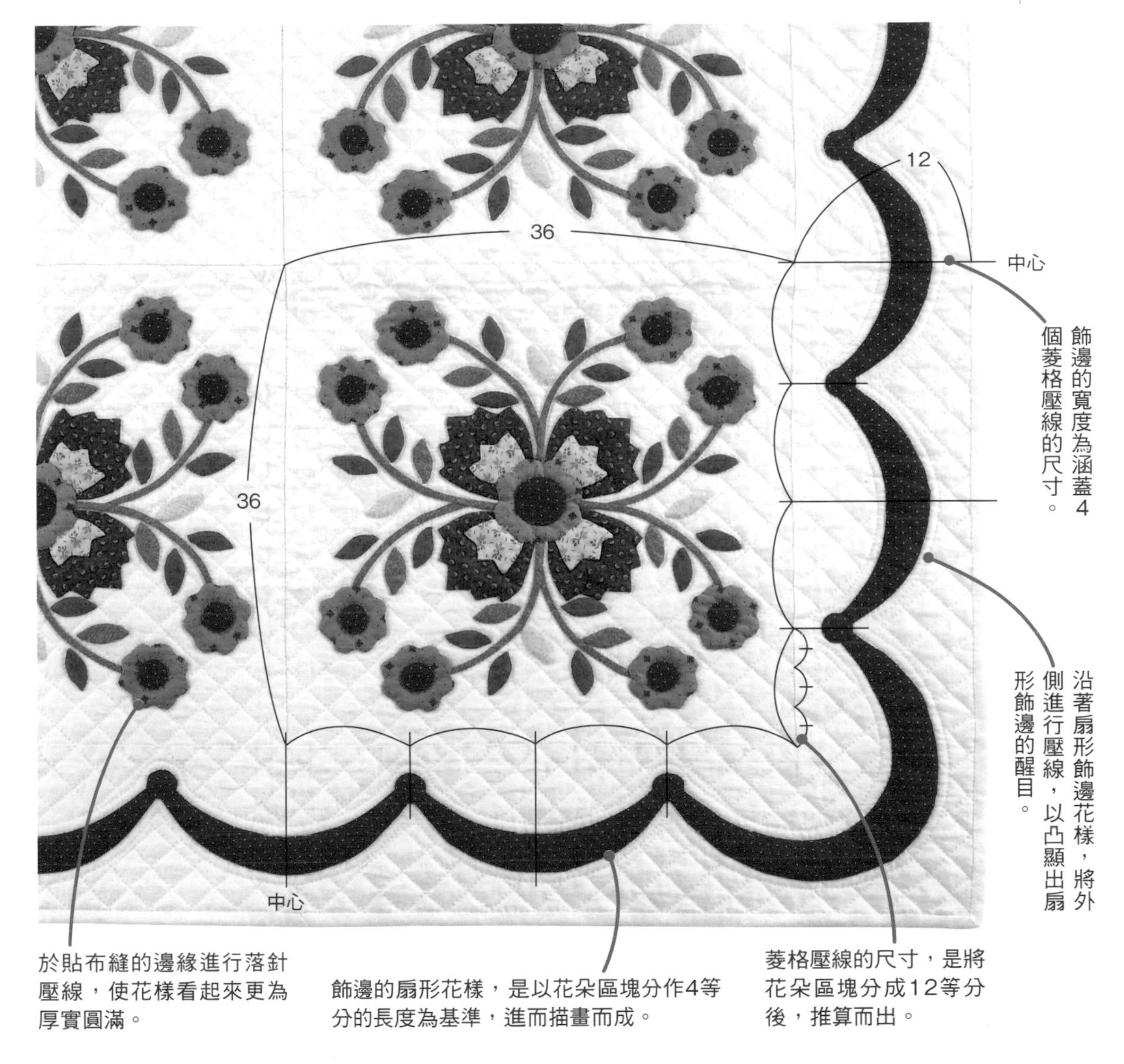

於貼布縫的邊緣進行落針壓線，使花樣看起來更為厚實圓滿。

飾邊的扇形花樣，是以花朵區塊分作4等分的長度為基準，進而描畫而成。

菱格壓線的尺寸，是將花朵區塊分成12等分後，推算而出。

曾為珍藏品拼布的貼布縫拼布

在不易取得布料的19世紀的美國，貼布縫拼布作為一種特殊的拼布（婚禮拼布）而被人們製作。在1片基底布上進行貼布縫的工法，為相當貴重的物品。當時有一種習俗，女性至結婚之前，會製作13片（因區域不同，片數會有所差異）拼布。事先囤積製作12片能夠以碎布片製成的拼布被的表布，訂婚之後，才開始製作第13片特別的婚禮拼布，作為婚約宣布，婦女舉辦大家縫聚會（Quilting Bee大家聚在一起縫被壓線的作業），完成了這些拼布，讓新人與婚禮拼布一同展開新生活。由於當時拼布取代毛毯，因此是可重疊好幾片使用的生活必需品。

由於貼布縫拼布被珍惜使用，因此數量不多，但狀態良好的作品，被當作古董拼布而留存下來。

僅以棉質緞面的素布製作而成的1880年代的拼布。飾邊的扇形花樣貼布縫，視為祝願幸福的花樣，常見於婚禮拼布上。

1860年代的花籃貼布縫拼布。飾邊的藤蔓設計經常被使用於貼布縫拼布上。

貼布縫的方法

於已複寫圖案的台布上，由貼布縫花樣置於下方的部分開始，依照順序以立針縫縫合固定。此時依照花樣形狀的不同，而改變成「事先製作形狀」、「一邊摺疊縫份，一邊進行藏針縫」等方法。只要使用與花樣相同色系的線進行貼布縫的話，成品就會縫製得整齊美觀。

＊準備圖案、台布、貼布縫花樣的紙型

1 於圖案上，事先將中心作記號。台布摺疊作四摺成十字形，並以熨斗整燙，取出中心位置。由於此一設計為八等分的重複操作，因此又再摺疊成對角。

將對角的摺線與此一花樣的頂點對齊。

2 將台布置放於圖案上，對齊中心後，以珠針固定，重點處也要固定。將透明可見的圖案以手藝用記號筆描摹畫上去。

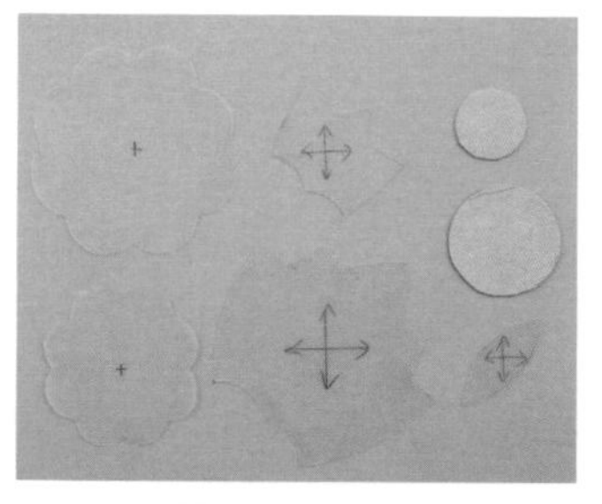

3 準備貼布縫花樣的紙型。不妨也在一部分的花樣上添加布紋吧！由於花蕊的圓形花樣是以熨斗製作出形狀，因此將厚紙作成紙型。

＊作上花樣的記號

圓形的花蕊

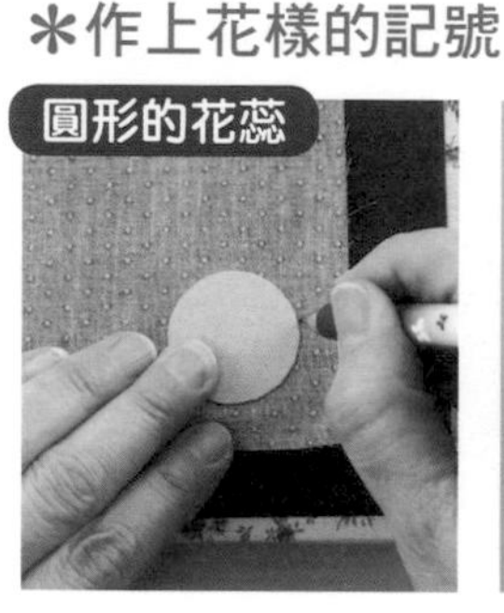

將紙型置放於布片的背面，作上記號。

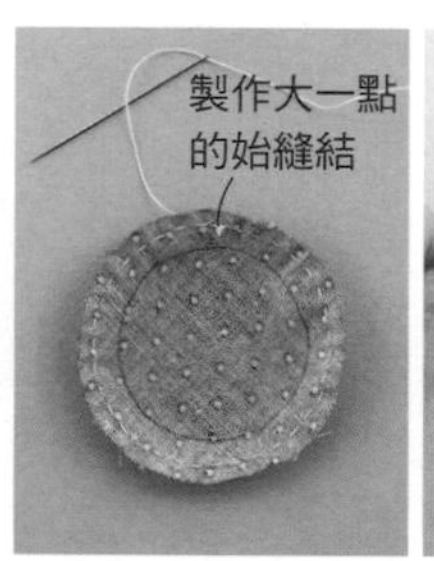

預留0.7cm縫份後，裁剪，將縫份進行平針縫，縫完時於正面側出針。將紙型置放於背面側，拉緊縫線，待以熨斗整燙後，輕輕地移除紙型。

葉子

燙衣板

因為是簡單形狀的葉子，所以直接在布片的背面作記號，預留0.5cm的縫份，進行裁剪。將刮刀貼放於記號處，作出摺痕狀態。

鋸齒狀波浪形線條的花樣

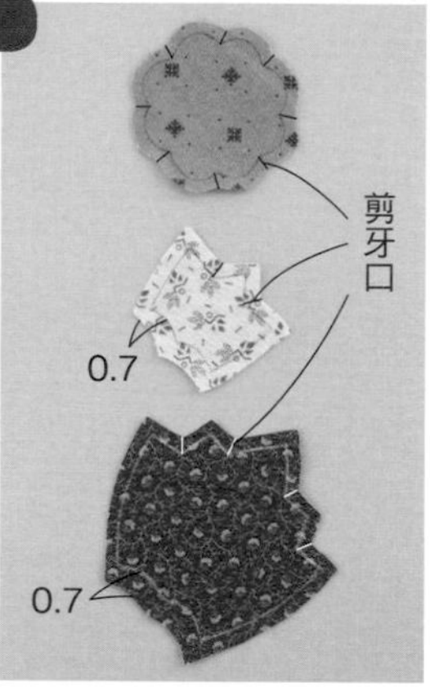

將紙型置放於布片的正面，作上記號，預留0.3至0.5cm的縫份後，裁剪。上方其他花樣重疊部分的縫份則裁剪成0.7cm。於凹入部分的縫紉處剪牙口。

＊從置於下方的部分開始依照順序進行藏針縫

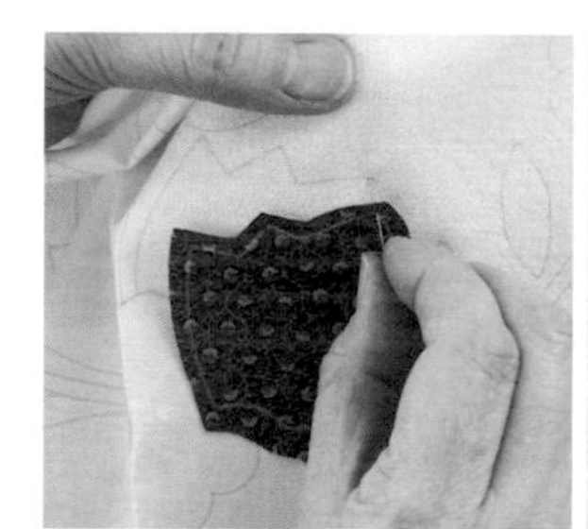

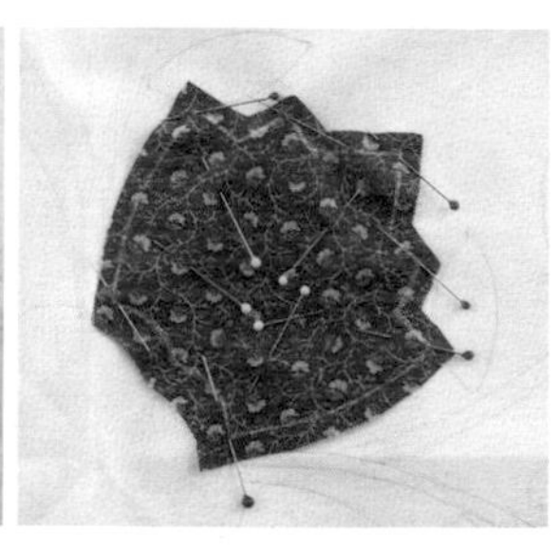

1 將台布與花樣的記號對齊後，以珠針固定幾處地方（圖左），並將內側以珠針固定。在這之後，取下最初固定的珠針（紅色珠針）。

2 一邊以針尖摺入縫份，一邊進行立針縫。只要稍微挑針花樣的邊端，並於正下方的台布入針，針趾就不會醒目。

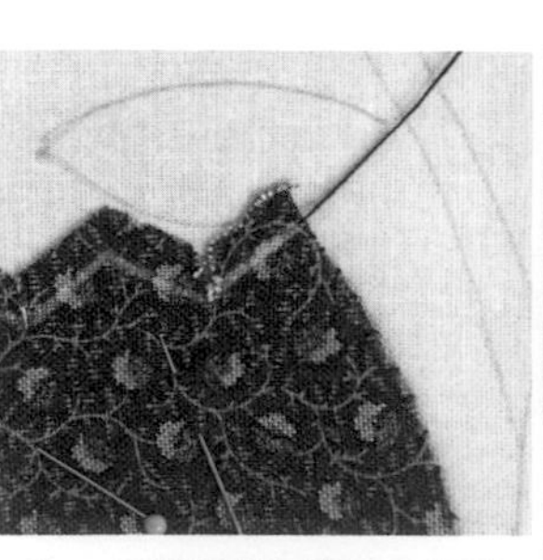

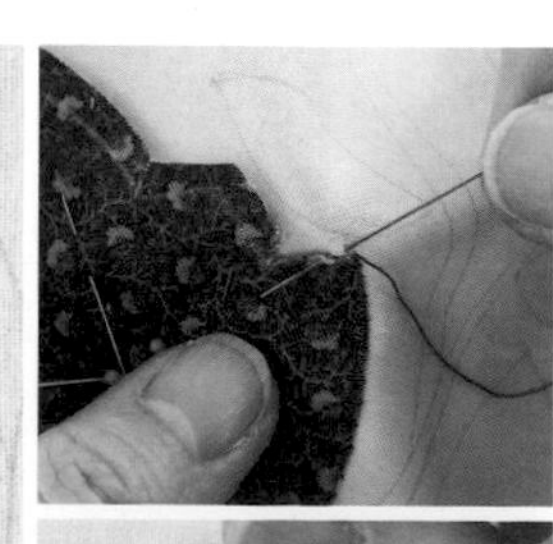

3 持續進行至邊角的記號處，由下往上出針（左上），摺疊下一個邊，並將邊角進行藏針縫，繼續縫合。亦於凹入部分的邊角出針，並於正下方的台布入針。

＊重點＊

疊放於上的花樣記號，是將下方的花樣進行藏針縫結束之後，再檢視平衡，置放上紙型後，作上記號。

花莖

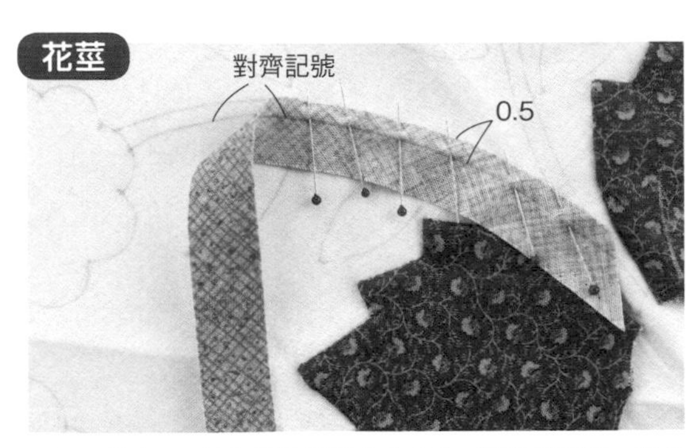

1 於寬1cm斜布條的背面作上0.5cm縫線的記號，與台布上的花莖記號※正面相對疊合後，以珠針固定。
※山形圖案的底線。

2 將縫線上端進行平針縫，裁剪掉多餘的長度。

3 將斜布條翻回，沿著上方的花莖記號摺入之後，再進行藏針縫。

葉子

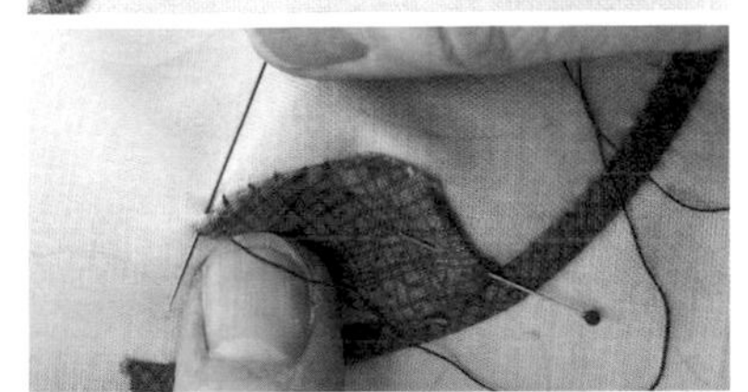

將已摺疊縫份的花樣置放於葉子的記號處，以珠針固定，並沿著刮刀所作出的摺痕進行藏針縫。

花朵

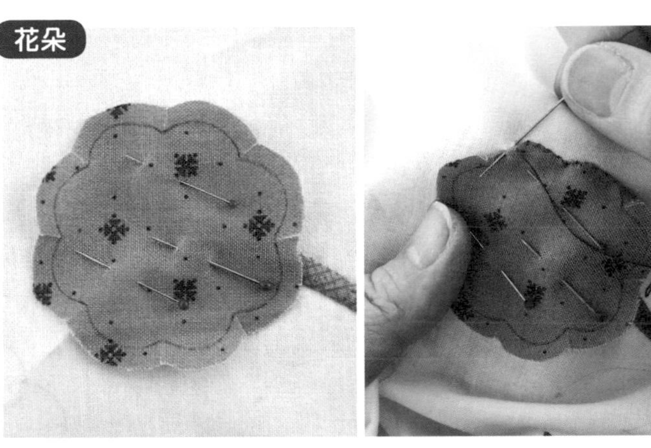

依照鋸齒狀花樣的相同方式將花樣放上去，並以珠針固定，一邊以針尖將縫份折進去，一邊進行藏針縫。為了呈現出流暢平滑的曲線，而以針尖摺疊的手法為訣竅所在。就連凹入的部分，亦請準確入針。

花蕊

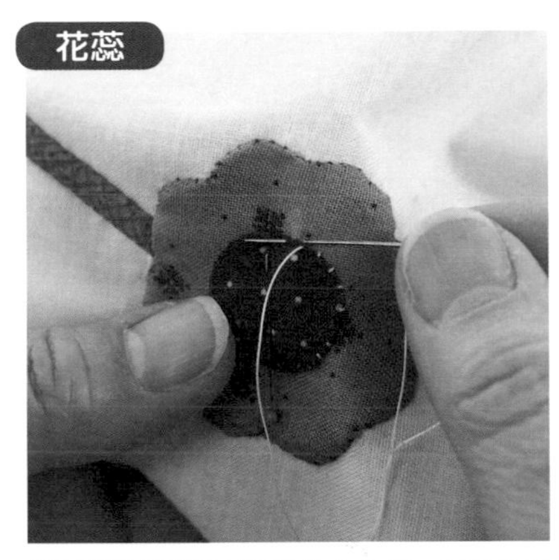

將圓形的花蕊置於花朵的中心處，以珠針固定，進行藏針縫。

壁飾

●材料

各式貼布縫用布片　飾邊的貼布縫用布90×35cm　白色素布110×160cm（包含滾邊部分）　鋪棉、胚布各110×110cm

●作法順序

於布片A（台布）上進行貼布縫，接縫4片→於布片B（飾邊）上進行角落以外的貼布縫，並與布片A接縫→進行角落的貼布縫之後，製作表布→疊放上鋪棉與胚布之後，進行壓線→將周圍進行滾邊（參照P.84）。

※原寸貼布縫圖案A面②。

第19回 基礎配色講座の

配色教學

一邊學習基礎的配色技巧，一邊熟悉拼布特有的配色方法。第19回在於學習使用先染布的春天配色方法。無論是喜愛先染布的手作迷，或是對於取得先染布使用方法感到疑惑的手作人，是本期必讀的知識單元。

指導／吉川欣美琴

使用先染布的春天配色

事先於紗線的階段就進行染色，並將上色的線材紡織製成的布品即為先染布。若與可表現纖細模樣的後染印花布比較，格紋及條紋等簡單的圖樣較多，樸素且帶深色的色調為其特徵。在此請學習先染布及印花布巧妙組合的方法吧！

先染布的有效使用方法

改變花紋圖樣

房屋

使用在屋頂的大格紋先染布，織入粗細不同的線條，帶出有如磚瓦般的風味。與溫柔的花朵圖案及纖細的格紋加以組合之後，襯托出大圖樣的醒目。

先染布與印花布的區分方法

左側是由紗線就開始進行染色的先染布格紋。右側的格紋則是後染的印花布。因為先染布就連背面側也都會有花樣，所以一目瞭然。

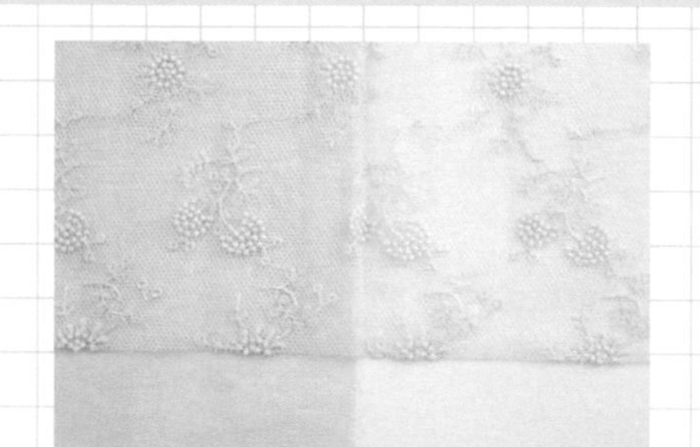

蕾絲與素布疊放

在窗戶上使用透明的蕾絲，營造有如窗簾般的意境。若與色調相似的原色素布疊放使用，圖案更能清楚可見。

有效運用大花樣的效果

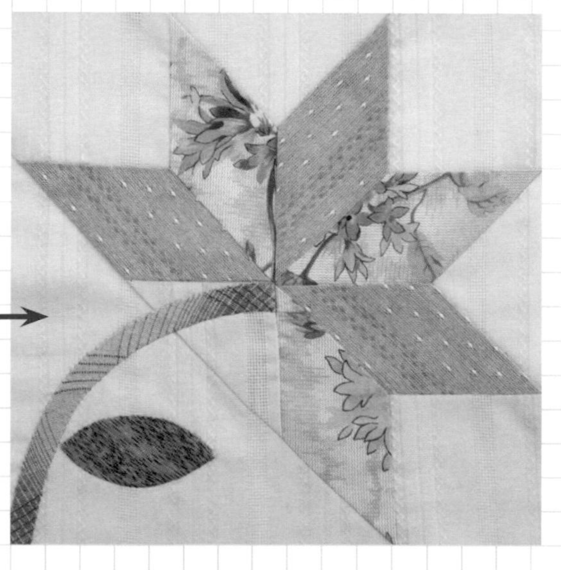

芍藥

於菱形、花莖及葉子上使用先染布。與同色系大花紋的花朵圖案印花布組合後，顯得更加華麗。搭配花朵圖案，花莖纖細的格紋布也改變成大花格紋，調整全體的平衡感。

布片的背面側亦可使用

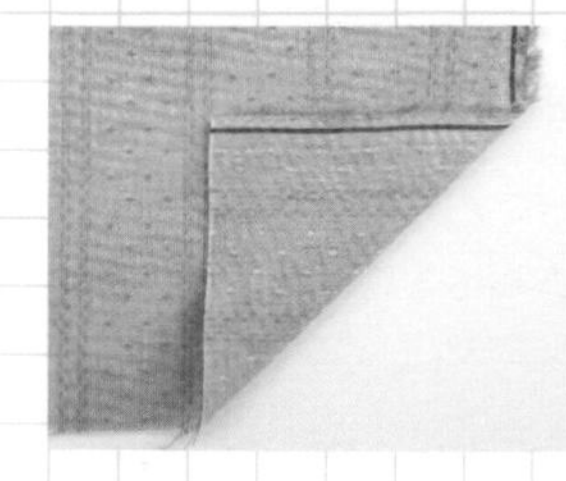

布片的背面側也能使用之處為先染布的特徵之一。若使用布片的正面，紅色的點點圖案會顯得過於強烈，因此特意使用背面側，用以節制配色。

大花樣布裁剪方法的祕訣

依據截取位置的不同，看法也隨之改變之處為大花樣布的特色。為了避免紅色花朵的分量配置過多，請於適當的位置進行截取。

具有凹凸感的布料

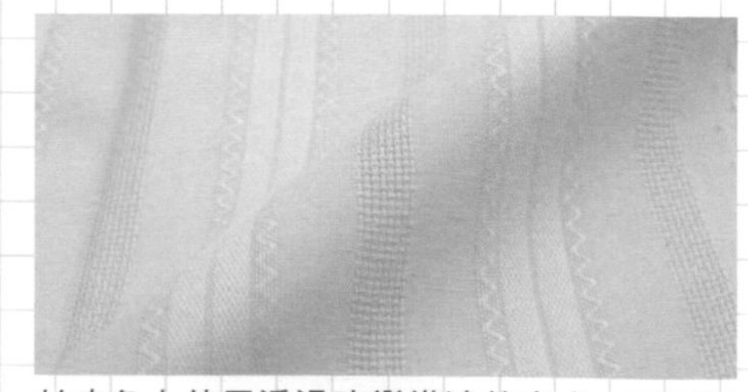

於底色上使用透過改變織法的方式，而浮現出花樣的Dobby緹花蕾絲布。雖然素布略顯單調，但卻能隨著陽光照射方向的改變，浮現出花紋，呈現出華麗的質感。

享受布片運用的樂趣

使用如春天般的淺色

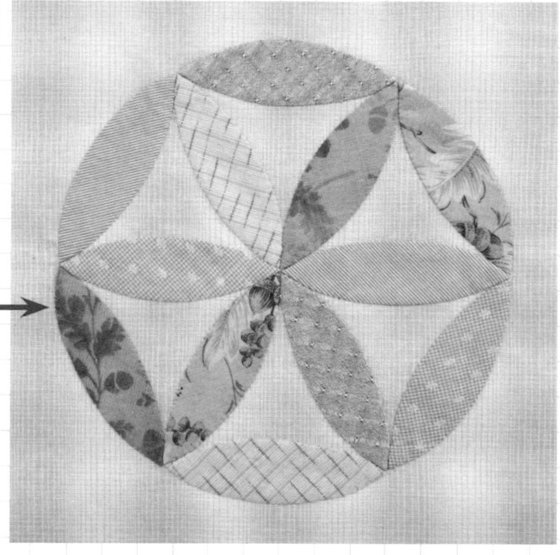

橘子皮

為了營造春天般的氣息，因此將深色布片改變成淺色，底色也更換成活潑鮮明的色調。透過將圖案稍作旋轉的方式，使其從嚴謹的形象，轉化成柔和的印象。

中間色的大圖案印花布

大花樣布藉由保留了較多素面部分的方式，呈現出不過於強烈的溫和表情。不妨搭配先染布的色調，選擇中間色彩吧！

渲染花樣的印花布

先染布帶有比較朦朧感的花樣，具有其獨特的風格。倘若搭配的印花布也有著相似般印象的渲染花樣，或是漸層的背景布，色感度會顯得格外出色。

使色彩的色調一致

郵票花籃

於先染的格紋布上，搭配大圖案印花布，以及蕾絲風格的織紋布等各式各樣的布片。在改變花紋方向及質感等的配置上，可減少色調，進而使色彩的色調一致。

適用於花籃圖案的布片

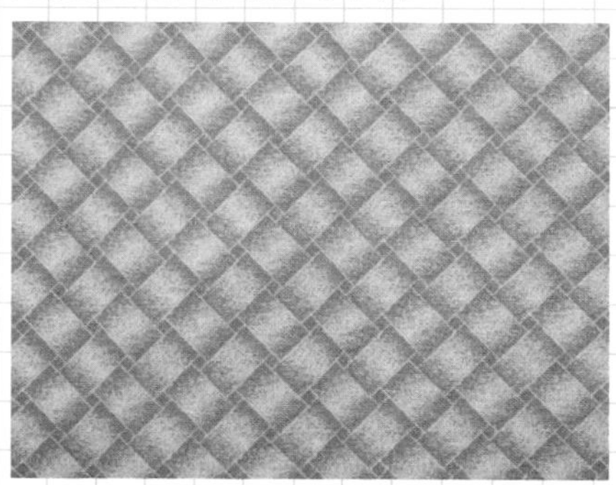

外表有如花籃網眼般的格紋風印花布。因為是斜向的格紋，所以看起來就像是真正的花籃一樣。

利用不同素材作出層次分明的色調

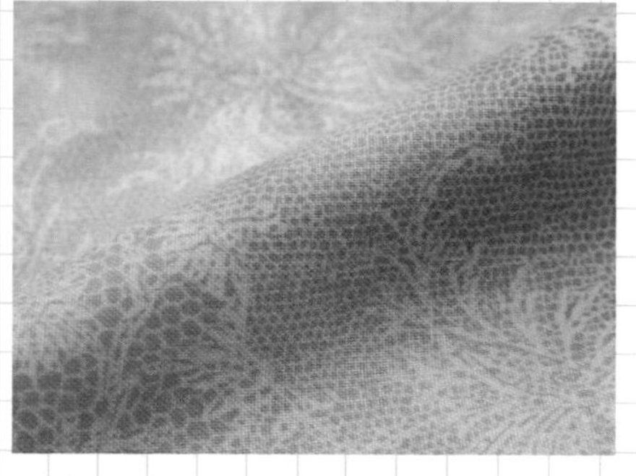

試著將具光澤感的擦光處理布料，特意與性質完全相反的先染布進行搭配。或許是渲染花樣的緣故，竟然也出乎意外地相搭。

蕾絲布風織紋的條紋布，使用在底色上。利用所有直條紋與橫條紋相向排列的表布圖案，一致地進行裁剪。

有效利用格紋布與條紋布

以同色系進行整合

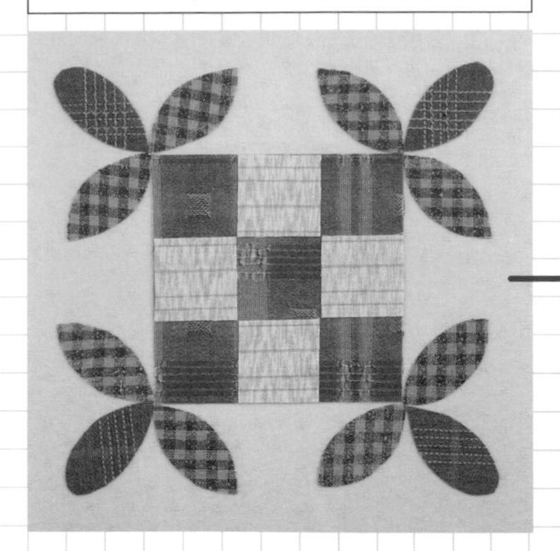

蜜蜂

將花樣粗細不同的先染格紋布加以組合而成。底色配置成素布的地方，容易顯得單調，因此配置上點點花樣的先染布。帶出流動感，營造既時尚又有趣的印象。

改變花紋的粗細

備齊大格子布、細格紋棉布，以及中間大小的方格布。透過在其間加入近似素布的淺駝色條紋布的方式，營造層次分明的效果。

飾邊花樣的創意

線捲

使用飾邊花樣表現線捲咕嚕咕嚕轉動的樣子。雖然是簡單的圖案，但藉由使用多色飾邊花樣的方式，變身成複雜且華麗的圖案。

利用連鎖性質

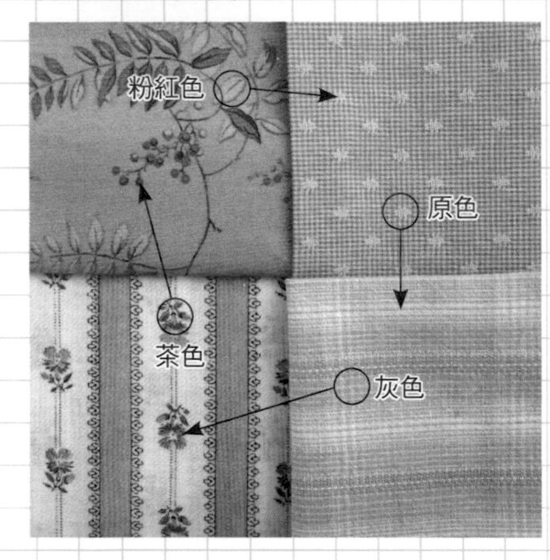

在進行布片運用時，只要意識到色彩的連鎖選擇布料，配色就很容易進行統整。首先，最好先選出多色印花布中的1色，再按照順序逐一連接。

飾邊花樣的使用方法

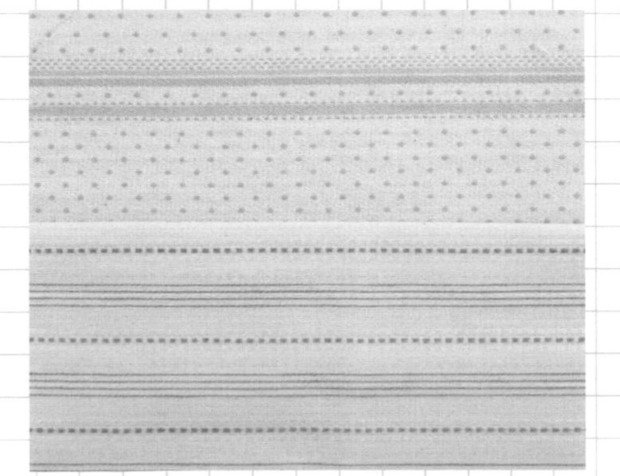

線捲中心長長的長方形，是使用先染布的深色花樣部分。線捲本體的黃色飾邊花樣，則是對齊橫線進行裁剪。

以蕾絲布享受凹凸的樂趣

用於底色上的凹凸蕾絲布，與同樣具有凹凸質感的先染布為相適度極佳的布料。一樣具有厚度，縫合時也不輸給先染布。

底色應減少

考量平衡感

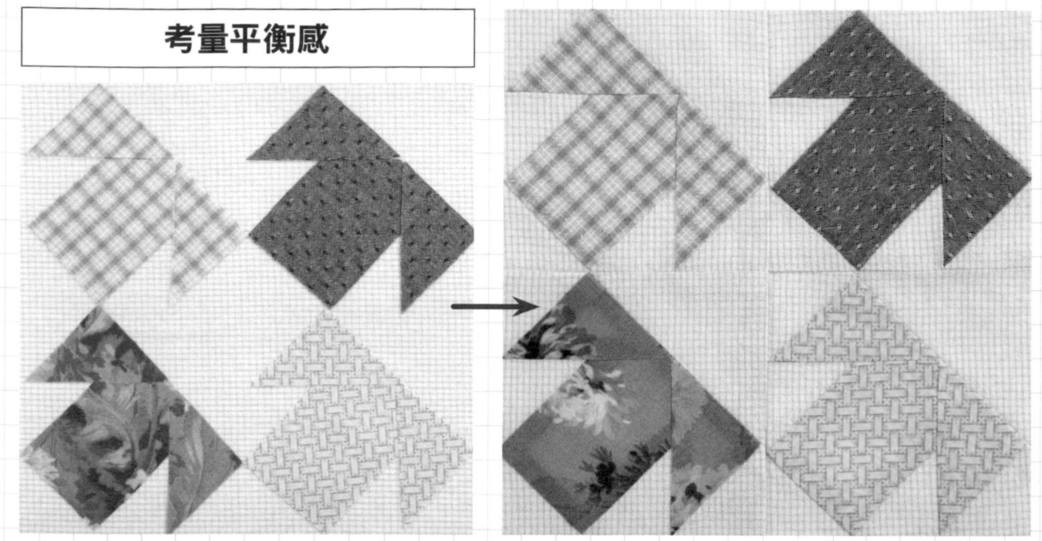

Mix T

使用於底色上的先染細格子布，與任何布料搭配都很適合。右上與左下的圖案，因為紅色較為強烈，所以右上的先染布使用背面側，左下的大花樣布則配置上較多的素布。

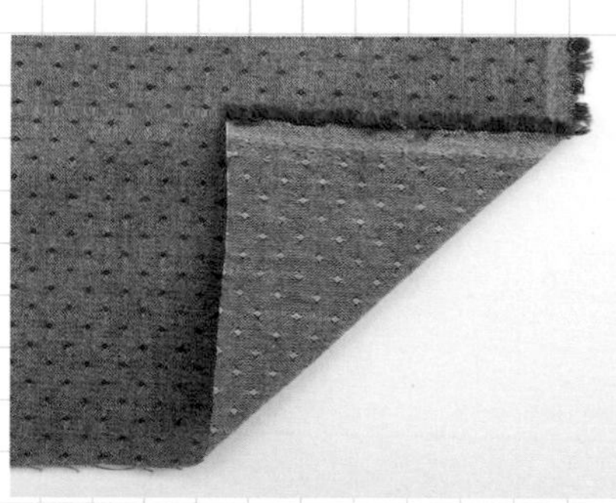

關於先染布的正面與背面

雖然依據織法的不同而分，但大部分的先染布無論正面或反面都能使用。請考量與其他布料之間的相適性選擇。

大花樣布的使用方法

透過使用較多素布部分的方式，可使圖案清楚地呈現。

活用布料的素材感

戴著太陽帽的蘇姑娘（Sunbonnet Sue）

將連身裙與太陽帽的顏色對調後進行配色。底色使用先染布的條紋花樣，彷彿漫步於田園之中。粉紅色的連身裙則以珠子表現背部的鈕釦。

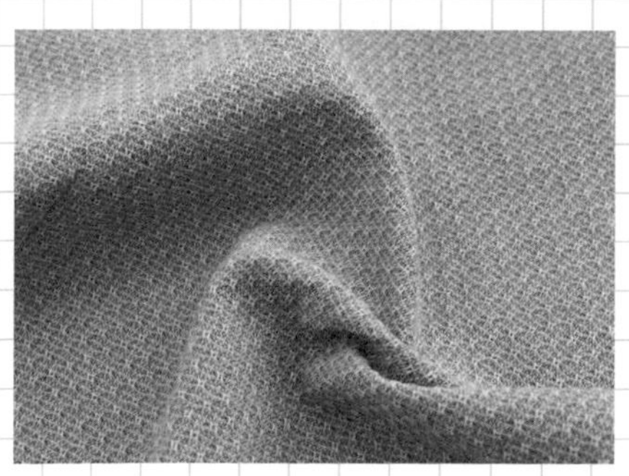

享受質感的樂趣

在圍裙的配置上，使用了有如羊毛布般毛茸茸的布料。具有分量感的布料，觸感及質感都令人期待。

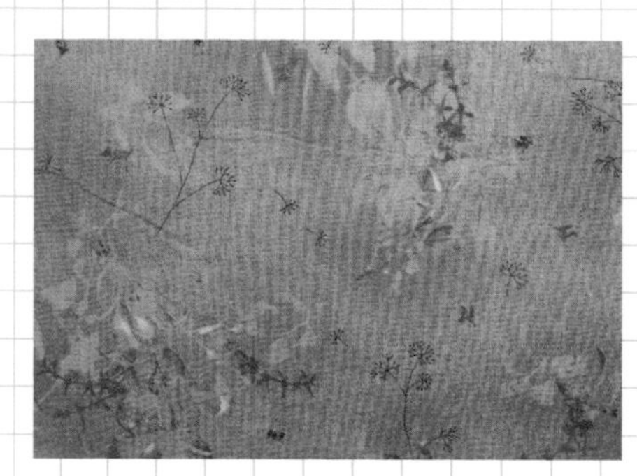

散發著微妙色調的布料

比起銳利且鮮明的印花布，如同照片般隱約浮現出朦朧花樣的布料，較為容易融合於先染布之中，大為推薦。

生活手作小物

攝影／腰塚良彥（P.53 上方）山本和正

彩繪春天的家飾

清爽色調的床罩

以六角形、菱形、三角形的布片將圍成兩圈的「祖母花園」的花樣併接在一起。周圍則沿著布片的形狀，以微微露出的感覺接縫細細的蕾絲，使其形成重點特色。令人心曠神怡的配色，最適合春天使用。

設計・製作／大本京子　213×188.5㎝
作法 P.106

45

節慶掛飾針插

接縫了12×12cm的針插與YOYO球，製作成節慶掛飾。針插上點綴字母與心形的圖案。裝飾在房間的裁縫空間角落也非常好看。

設計・製作／加藤洋子（指導／松山敦子）
長約100cm
作法 P.107

圓形餐墊與杯墊

粉紅色×藍色之層次分明的配色，顯得格外醒目的「蝶形領結」圖案。餐墊是於正圓形底布上將表布圖案及正方形布片進行貼布縫。

設計・製作／中川美子
餐墊 直徑35cm　杯墊 直徑12cm
作法 P.108

蒲公英迷你壁飾

於蒲公英的表布圖案，搭配平緩曲線的布片，並以柔和的色調作整合。以刺繡描繪的蒲公英絨毛為焦點所在。

設計・製作／中存麻早希　26×26cm
作法 P.105

捲筒衛生紙套

將捲筒衛生紙的軸心抽出，套上收納套後使用。只要事先擺在餐桌上，即可用來擦拭桌面上的小髒污，或是用來擦手也都相當方便。不妨以富有季節感的花樣製作，依照季節的變化替換花樣也很棒。

設計・製作／冨所いよみ 直徑12cm 高12cm
作法 P.110

為了避免衛生紙掉落出來，因此在底部接縫一條平鬆緊帶。

花藝・皮革・刺繡・布作

4種獨具特色的
手作領域 × 手感創作胸針

簡單樸素的衣著或包包，
好像可以加點什麼點綴？
冬季裡厚重的外套與低調的色系，
想要一點點不一樣？
別上了胸針，
就算是同一件衣服，
也會散發出不同的味道與光采！

本書邀請活躍於手藝界&創意市集的4位手作家，
以不同的材質與想像，
演繹出身上最畫龍點睛的小飾物！

胸針小飾集
人氣手作家的自然風質感選品
林哲瑋・嬤嬤・RUBY小姐・月亮Tsuki ◎著
平裝128頁／17.2cm×18.2cm
彩色＋單色／定價380元

攝影／腰塚良彥（流程）　山本和正（作品）

日本罌粟花

指導／丸濱由紀子

圖案難易度

呈現罌粟花大大花瓣盛開綻放的具體化圖案。就算只有1片，看起來也相當美麗，只要於花瓣的布片上使用帶有方向感的條紋或漸層花樣，就能讓往四面八方延伸的設計顯得更為耀眼。不妨襯托花瓣的美麗，以花蕊作為重點進行配色吧！

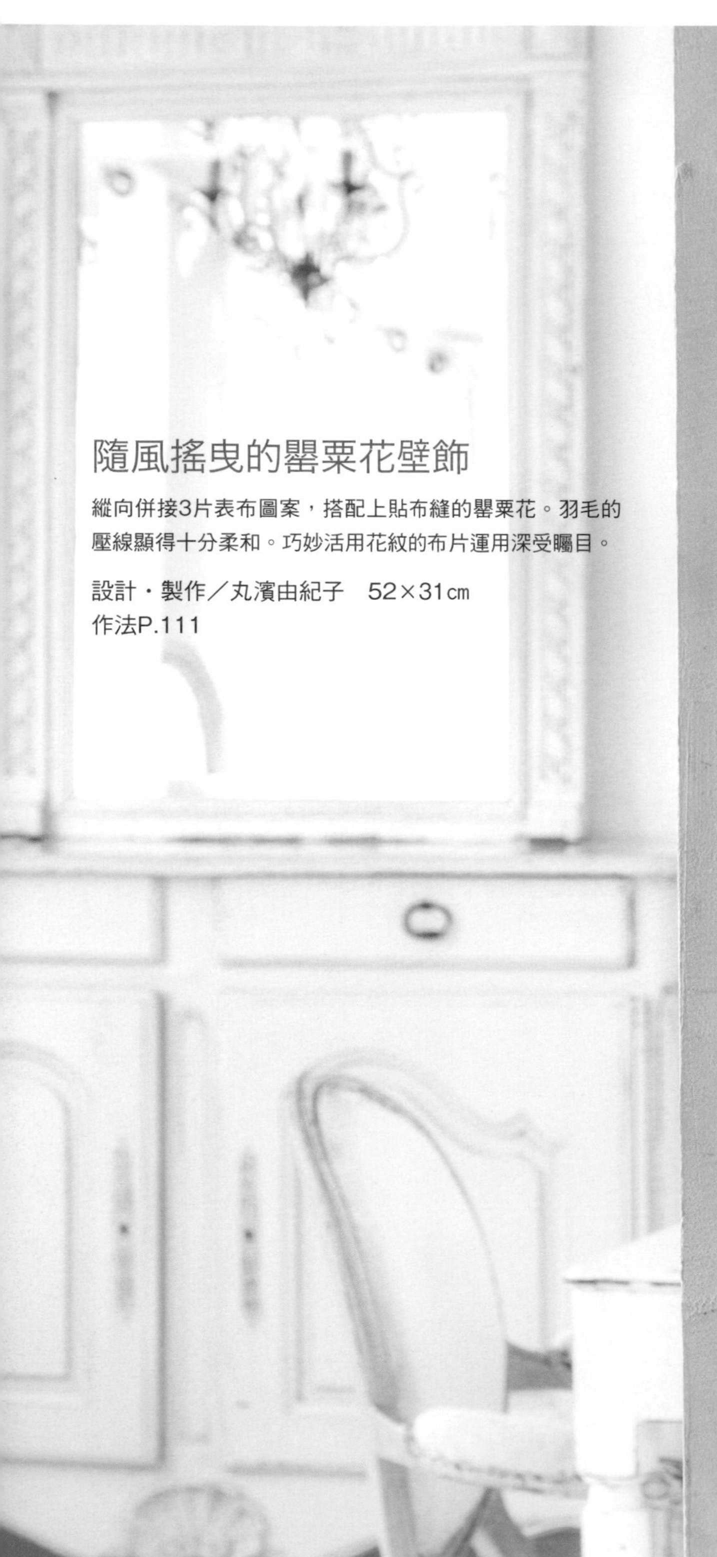

52

隨風搖曳的罌粟花壁飾

縱向併接3片表布圖案，搭配上貼布縫的罌粟花。羽毛的壓線顯得十分柔和。巧妙活用花紋的布片運用深受矚目。

設計・製作／丸濱由紀子　52×31cm

作法P.111

紅×黑的摩登托特包

以1片吸睛的條紋大花朵的表布圖案作為主角的大膽設計。單一色彩的大花印花布襯托出紅色罌粟花花朵的鮮明耀眼。利用底板與黏貼了厚型接著襯的貼邊，作出厚實牢固的作品。

設計・製作／丸濱由紀子　28×37㎝
作法P.59

詳細解說
製作步驟

53

區塊的縫法

製作4片已接縫布片A至C的區塊，製作1片已將2片及布片D併接的中央區塊。接著，製作4片已接縫布片E與F的三角形小區塊，製作2片與布片A至C的小區塊併接的區塊之後，再與中央的區塊組合。進行鑲嵌縫合的部分則於記號處止縫，並將邊以珠針對準每1邊後，縫合。

＊ 縫份倒向

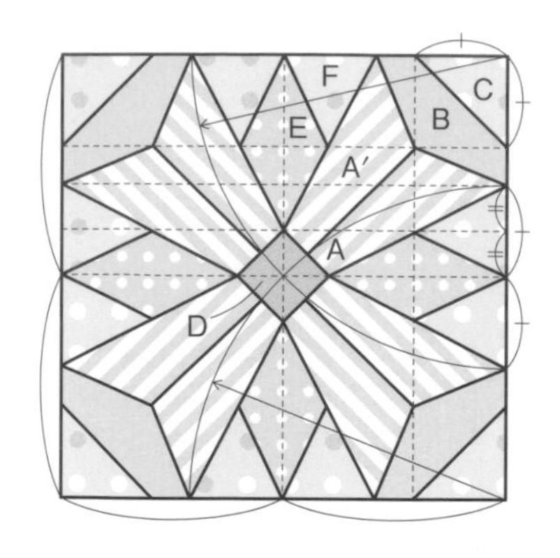

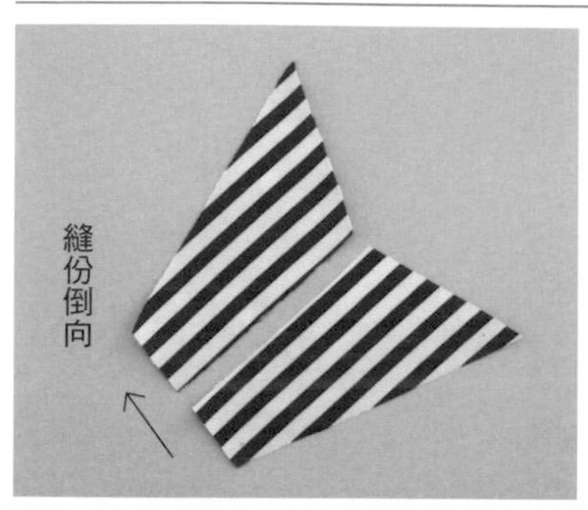

1 準備A及A'布片各1片。於布片的背面置放紙型後，以2B鉛筆作記號，預留0.7cm縫份後，裁剪。布片A'是將A的紙型翻過來後，作記號。

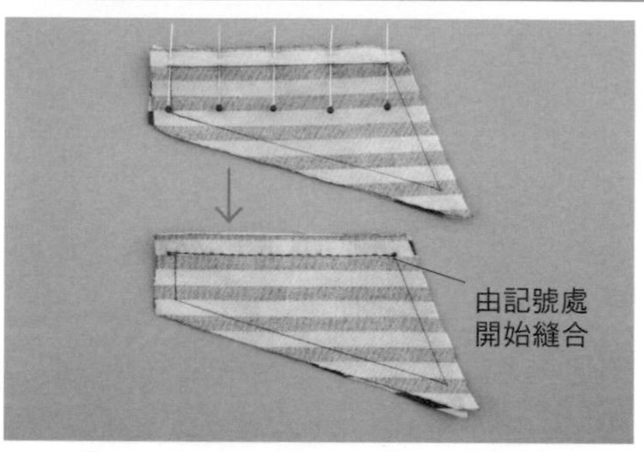

2 將2片正面相對疊合，對齊記號後，以珠針固定兩端、中心、其間。由記號處開始進行一針回針縫，再進行平針縫，縫至布端時，再進行一針回針縫。縫份一致裁成0.6cm，單一倒向深色的布片。

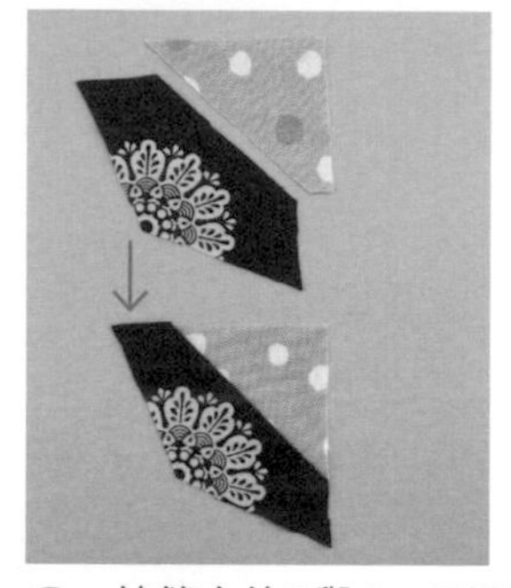

3 接縫布片B與C。正面相對疊合後，由布端縫合至布端，縫份單一倒向布片B。

4 併接布片A A'及B、C的小區塊。於布片A A'的凹入部分將布片B、C進行鑲嵌縫合。

5 將布片B C正面相對疊合在布片A A'上，對齊第1邊的記號，以珠針固定。由布端縫合至邊角的記號處，並於邊角進行一針回針縫。休針，以珠針固定第2邊（避開布片A A'的縫份），縫合至布端處。製作4片此一區塊。

6 將2片A至C的區塊接縫於布片D的兩側，製作中央的區塊。由記號處縫合至記號處，縫份倒向區塊。

7 準備1片布片E與2片布片F，將布片F接縫於布片E的兩側。此時，先將左側接縫。

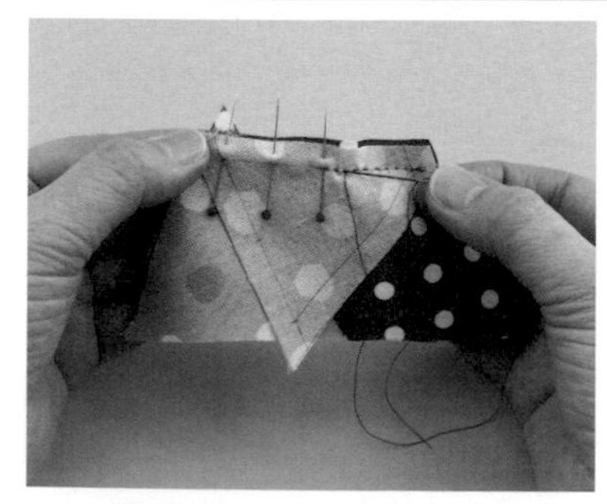

8 將左側的布片F與布片E正面相對，布端縫合至布端後，將縫份倒向布片E。再將右側的布片F正面相對疊合後，以珠針固定記號處，依照相同方式縫合。製作4片。

9 於布片A至C的區塊兩側，接縫上布片E、F的小區塊，縫份倒向布片A至C的區塊。製作2片此一區塊。

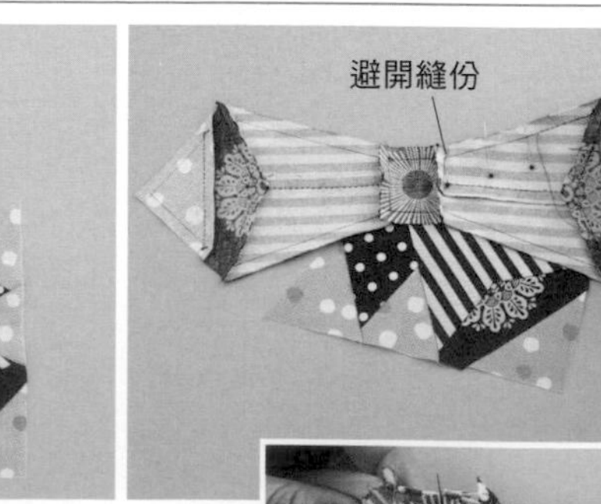

10 以鑲嵌縫合將3片區塊進行組合。將2片區塊正面相對疊合，對齊第1邊的記號，以珠針固定，依照步驟5作法，縫合至邊角的記號處。待於邊角進行一針回針縫後，再以珠針固定第2邊，如右下圖所示，於記號處入針，於下一個邊出針。第3邊的縫法亦同。

P.57 托特包

●材料

各式拼接用布片 G用布2種各30×20cm H、I用布40×40cm（包含貼邊部分） 鋪棉75×45cm 胚布75×60cm（包含底板布部分） 布帛用厚型接著襯40×10cm 寬2.5cm平紋織帶55cm 袋物用底板27×10cm
※全部的布片、貼邊皆外加0.7cm縫份後裁剪。
※布片A至F原寸紙型B面⑰。

※黏貼原寸裁剪5×38.5cm的接著襯。

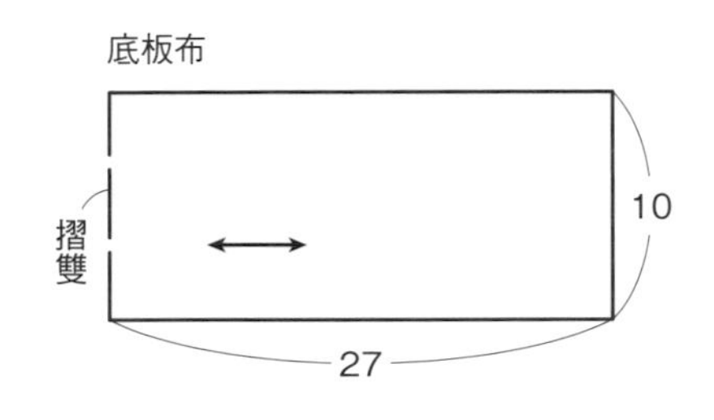

托特包裁布圖（單位：cm）
※除了註記為原寸裁剪之外，其餘皆需外加縫份。

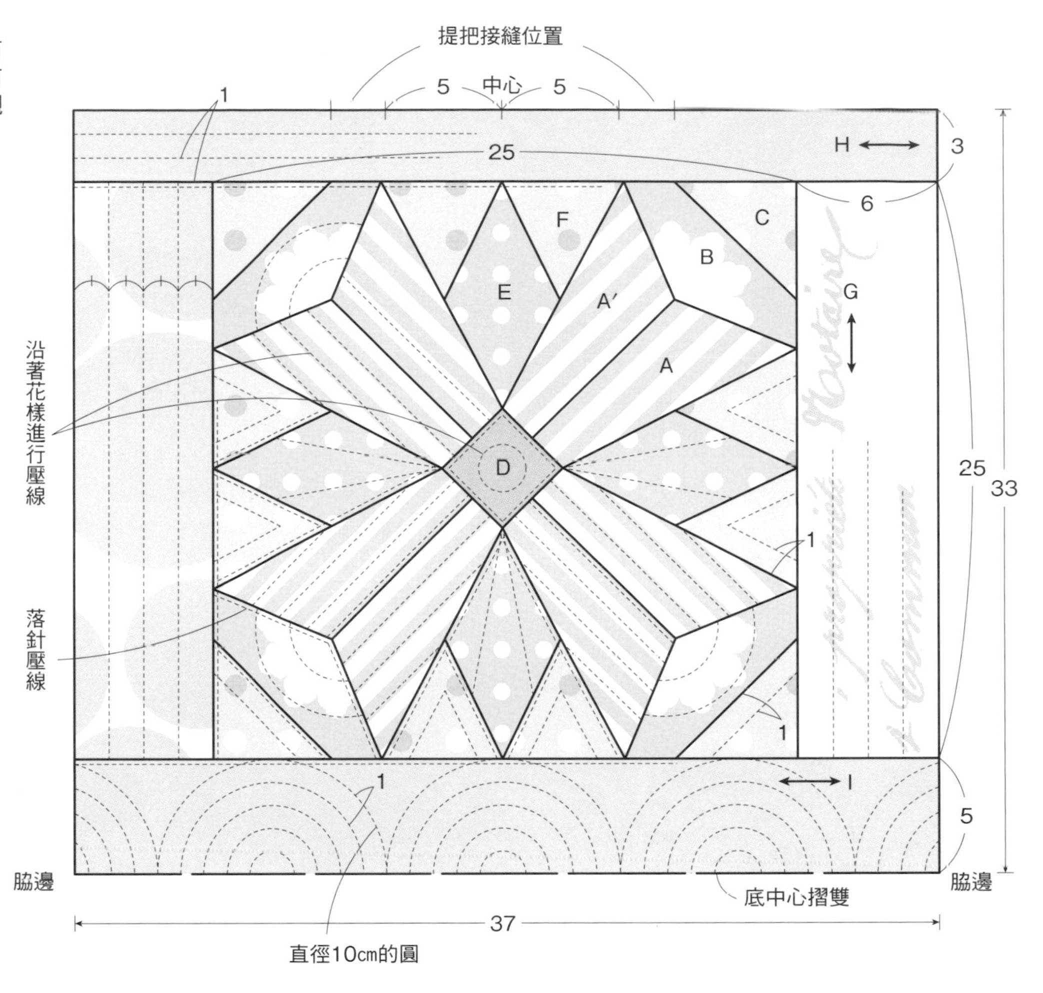

1 於表布上描畫壓線線條。

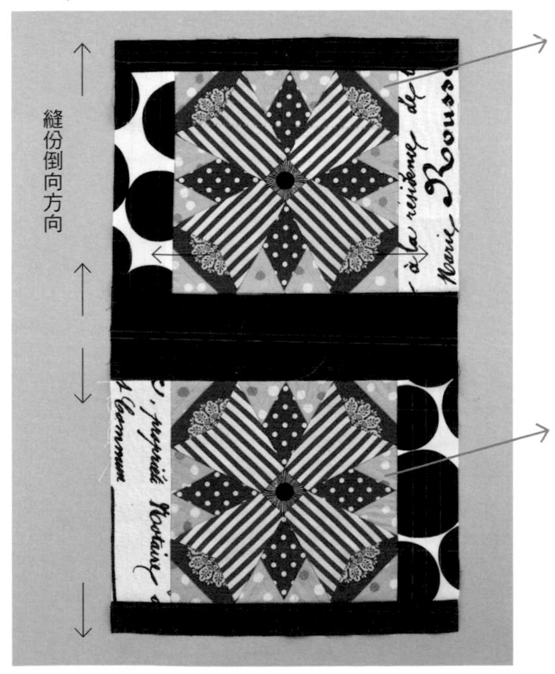

將2片表布圖案與布片G至I併接後，製作表布，並畫記壓線線條。使用水消型手藝用記號筆，深色布片請以亮色系的粉土筆描畫。

布片B的圓弧是使用圓形的紙型描畫。外側使用直徑8cm，內側則使用直徑5cm的紙型。

布片內側1cm的線條，只要使用內附平行線的定規尺，就能方便作業。

2 進行疏縫。

將裁剪得比表布更大的鋪棉與胚布，以及表布依照順序疊放。重要處則以珠針固定，並由中心開始於十字、對角線、其間進行疏縫。

3 進行壓線。

挑3層布，進行壓線。一邊以戴在慣用手中指上的頂針指套推針頭，一邊每2、3針挑針，針目就會整齊一致。

4 於背面描畫完成線。

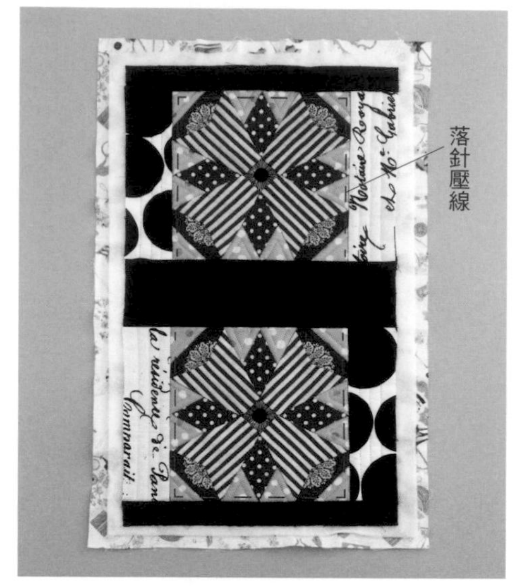

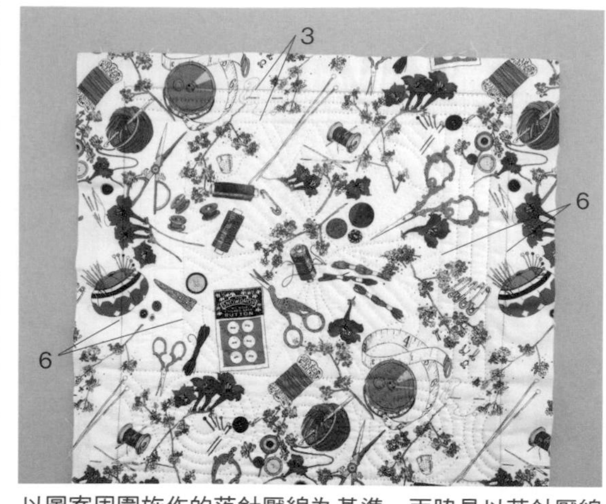

以圖案周圍施作的落針壓線為基準，兩脇是以落針壓線算起6cm的位置處，袋口則是於3cm的位置作記號。

5 由袋底中心處對摺，縫合脇邊。

由袋底中心正面相對摺疊，對齊脇邊的記號，以珠針固定。

珠針垂直刺於記號處，於另一側的記號處出針之後，再挑針固定。

布片H與I的接縫處，為了避免偏移錯位，請一邊檢視正面，一邊固定。

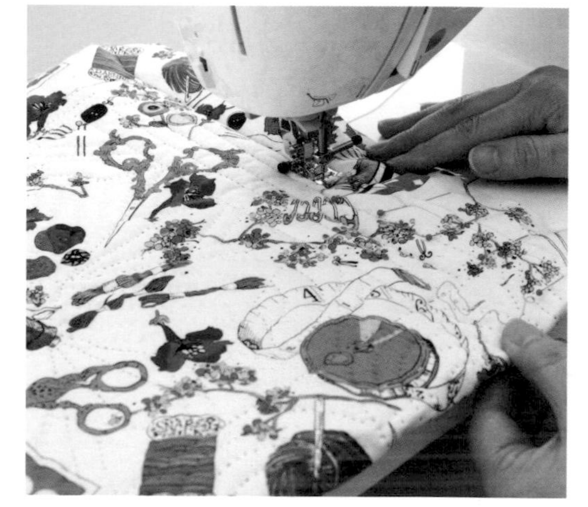

縫合脇邊。珠針請於車縫前移除。

6 進行縫份的收邊處理。

單側胚布的縫份一致裁成0.7cm。另一側的縫份則裁成1.5cm。下方裁成L字形。為了完成清爽俐落的成品，因此於針趾邊緣裁剪鋪棉。

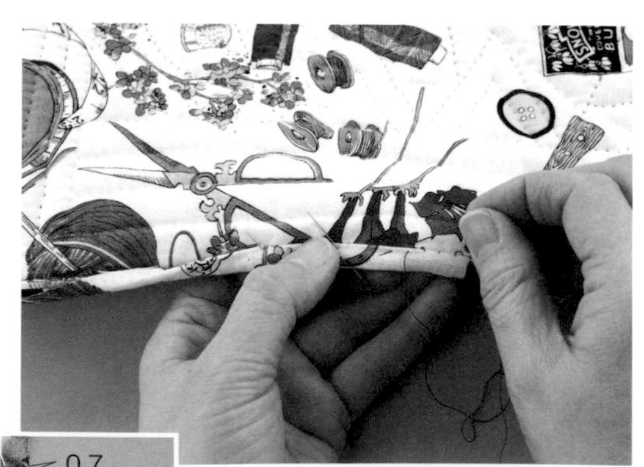

以剩下較多的胚布包捲縫份，並從脇邊的針趾處倒向，進行藏針縫。請注意避免縫到正面影響美觀。

7 縫合側身。

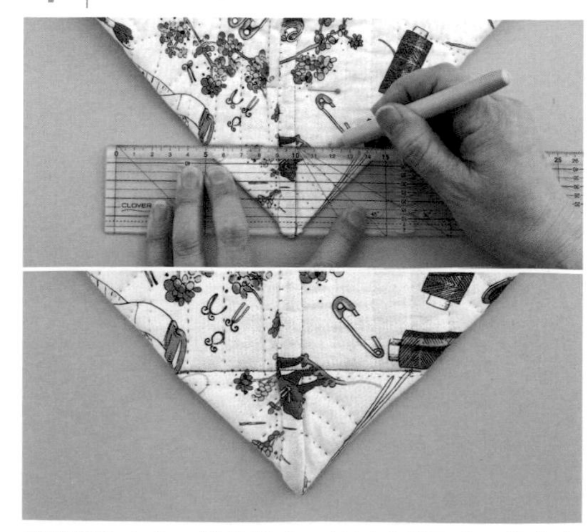

以脇邊為中心，摺疊袋底，並以珠針固定，放上定規尺之後，畫上寬10cm側身的縫線記號，縫合。

8 接縫提把。

對齊邊端

將本體翻至正面，並將長27cm的提把用織帶置放於接縫位置上，以疏縫線確實地於縫份部分縫合固定。

9 製作貼邊。

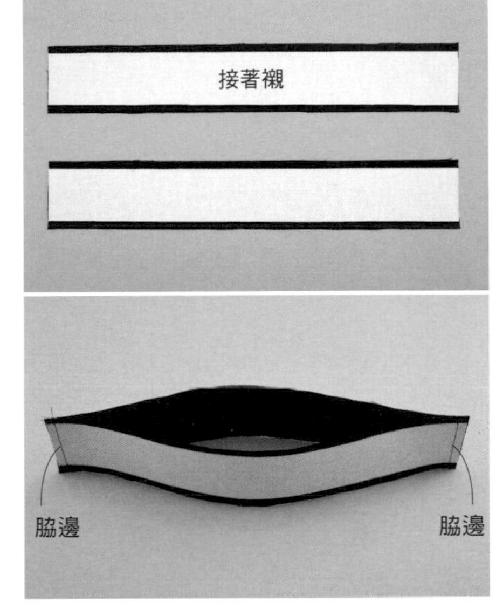

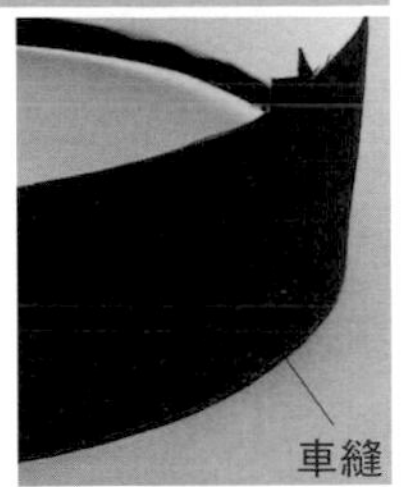

裁剪2片貼邊布，並將接著襯以熨斗燙貼於背面的中央處。為了保有彈性，因此接著襯黏貼至脇邊的縫份部分為止。將2片正面相對疊合後，縫合兩側脇邊，燙開縫份，摺疊下部的縫份，於布端處進行車縫。

10 將貼邊縫合於本體上。

於本體的袋口上將貼邊正面相對疊合一圈，對齊脇邊，並對齊袋口的布端，以珠針固定。

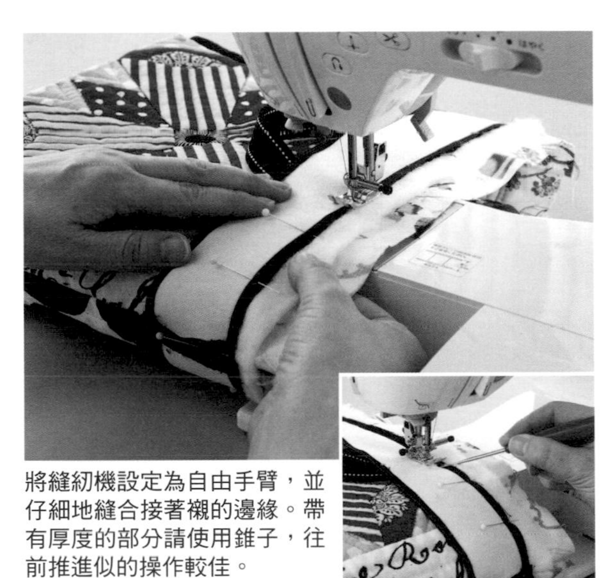

將縫紉機設定為自由手臂，並仔細地縫合接著襯的邊緣。帶有厚度的部分請使用錐子，往前推進似的操作較佳。

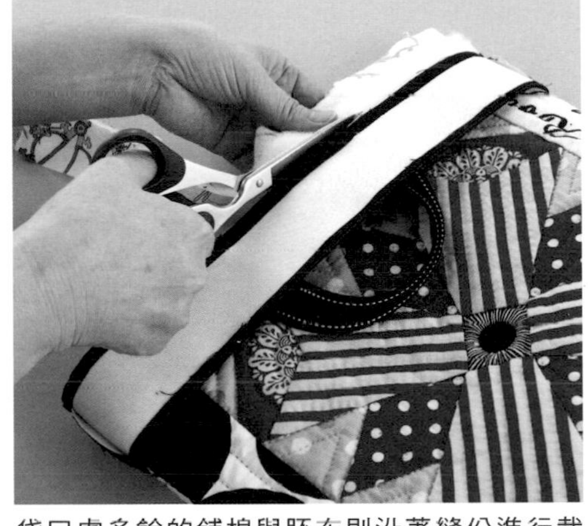

袋口處多餘的鋪棉與胚布則沿著縫份進行裁剪。

將貼邊翻至正面，並往內側反摺，以珠針固定後，進行藏針縫。

11 製作底板。

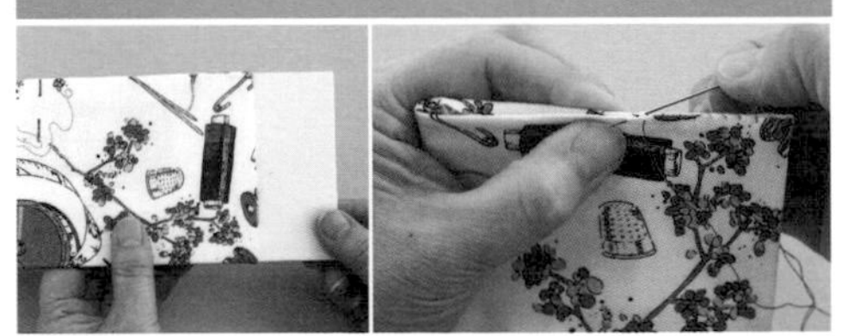

準備已縫合成袋狀的底板布及底板，並於已翻至正面的底板布內，裝入底板後，將袋口處的縫份摺入，進行藏針縫。

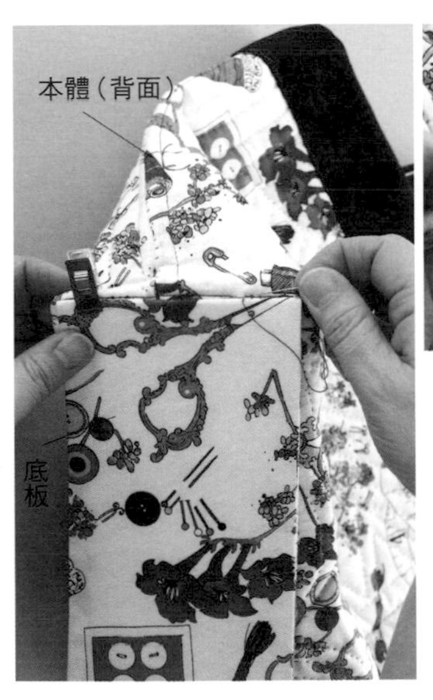

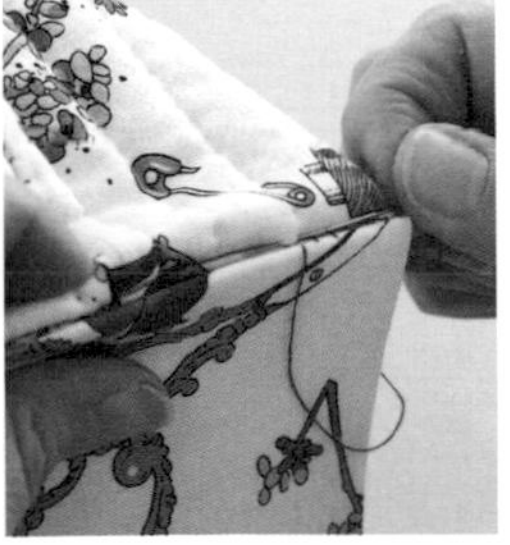

將本體的側身倒向袋底，並將底板的較短邊對齊側身的針趾後疊放，以梯形縫縫合固定。

攝影／腰塚良彥（流程）　山本和正（作品）

引路之星

所謂的引路之星，意即「在黑夜之中指引人們的星辰」之意。為使三角形的布片及四個角為銳角的布片顯得更為耀眼而進行配色，描繪閃閃發光的星星的表布圖案。只要將中心小區塊的三角布片與連接的三角布片作成同一塊布，即可表現出大型星星的圖案。

指導／荒巻明子

54

星星閃爍的壁飾

利用橘色的深淺色調將星星的花樣進行配色，藉以表現在夜空中閃爍的星辰。大量併接表布圖案，並以4片銳角三角形布片來呈現不同形狀的星星模樣。周圍以深茶色印花布與一部分的花樣包圍，營造層次分明的色彩。

設計／荒巻明子　製作／柴田ミツエ　150×129㎝

作法P.111

使用方便，充滿設計巧思的手提包。

以土耳其藍星星圖案為主題，配色清新優雅的手提包。側身接縫打褶口袋，連保特瓶都能夠擺放。內、外側皆設置口袋，方便收納物品，外形更顯俐落。

設計・製作／荒巻明子 28×36cm

作法P.65

後片配置接縫2片圖案，進行周圍滾邊，袋口中央設置按釦的口袋。

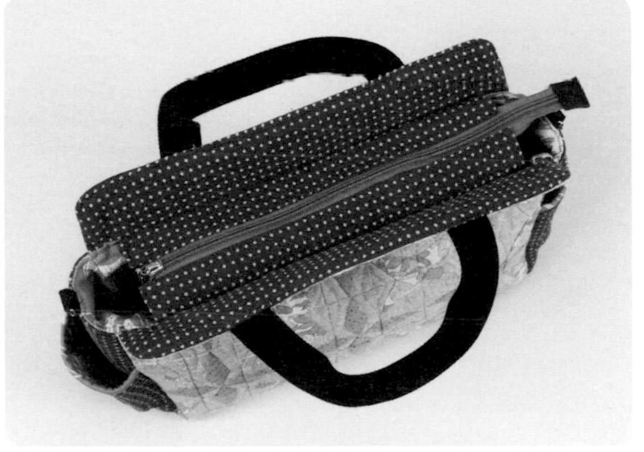

前片與後片長度大於側身，背面接縫袋口裡側貼邊，以安裝拉鍊的袋口布，確實地覆蓋住袋口部位。

組合裡袋，前片與後片分別配置開式與拉鍊式口袋。

區塊的縫法

拼接A與B布片各4片，完成1個小區塊，拼接C至D’與E至F’布片，分別完成4個小區塊，共完成9個正方形區塊。將正方形區塊排成3×3列，接縫成3個帶狀區塊，彙整成圖案。固定珠針時也看著正面側，確實地固定，將A與B布片拼縫得更加漂亮。

＊ 縫份倒向

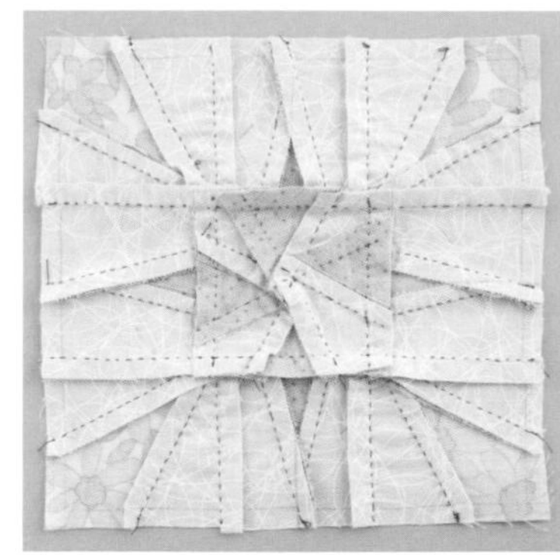

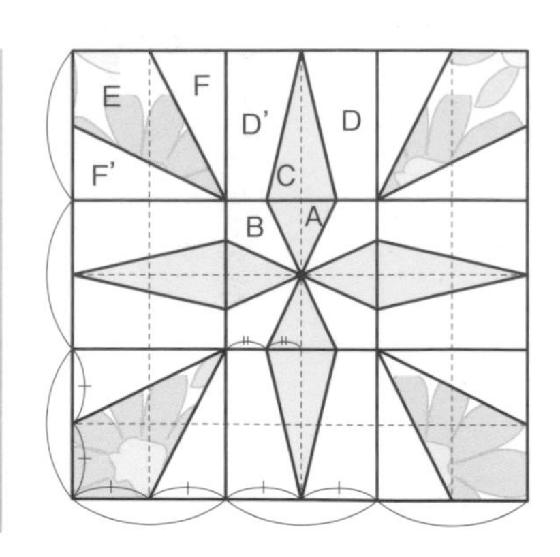

1 準備A與B布片。布片背面疊合紙型，以2B鉛筆等作記號，預留縫份0.7㎝，進行裁布。

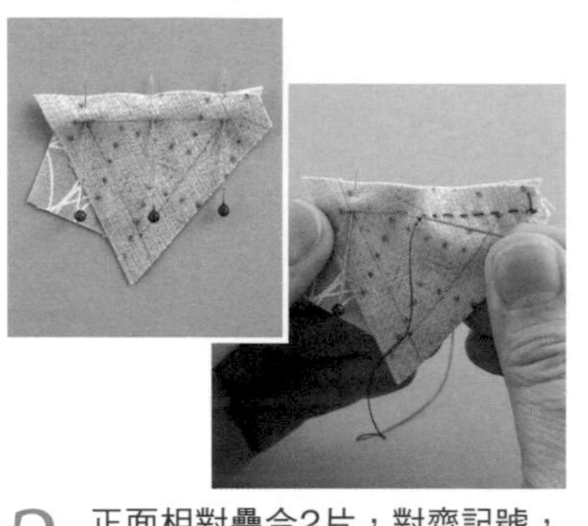

2 正面相對疊合2片，對齊記號，以珠針固定兩端與中心。在記號外進行一針回針縫之後，進行平針縫。縫至終點後也在記號外進行一針回針縫。

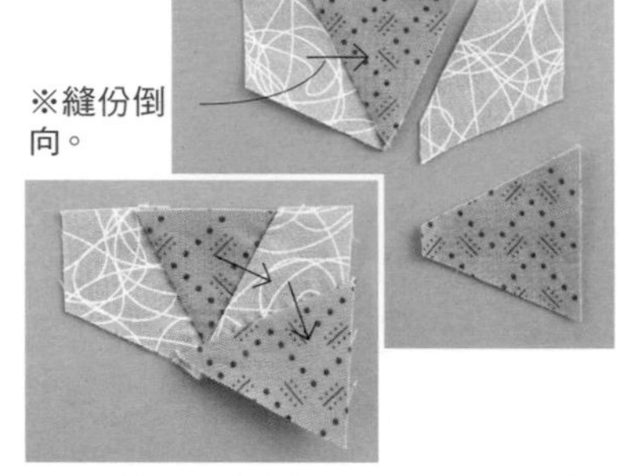

3 縫份一起倒向A布片。緊接著A布片，以相同作法拼接B布片，再接著拼接A布片，完成梯形小區塊。

4 再完成一個步驟3的小區塊，接縫兩片，完成正方形小區塊。

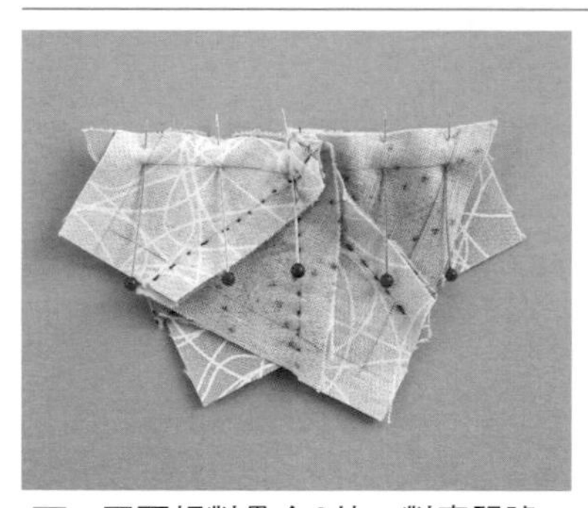

5 正面相對疊合2片，對齊記號，以珠針固定兩端、接縫處、兩者間。

6 由布端縫至布端，接縫處進行一針回針縫。接縫處縫份較厚，縫針垂直穿入穿出，以上下穿縫法完成縫製。

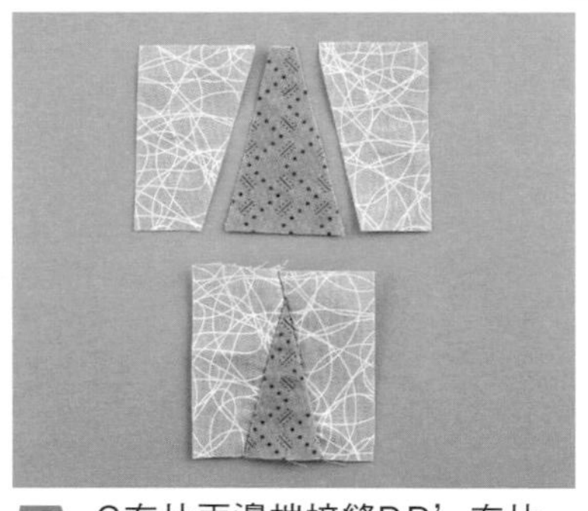

7 C布片兩邊端接縫DD’布片。縫份一起倒向C布片側。共完成4片。

8 E布片兩邊端接縫FF’布片。縫份一起倒向E布片側。共完成4片。

9 依圖示並排9個正方形小區塊，分別接縫3片，完成橫長帶狀區塊。布片方向別弄錯喔！

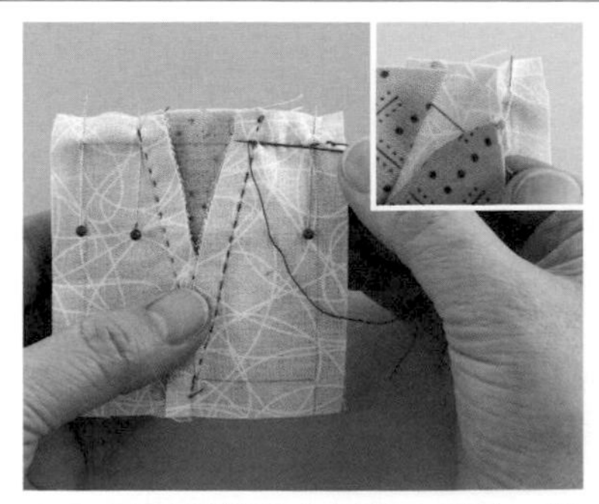

10 正面相對疊合相鄰小區塊，對齊記號，以珠針固定。也看著正面側，確實地固定。由布端縫至布端。接縫處進行一針回針縫。

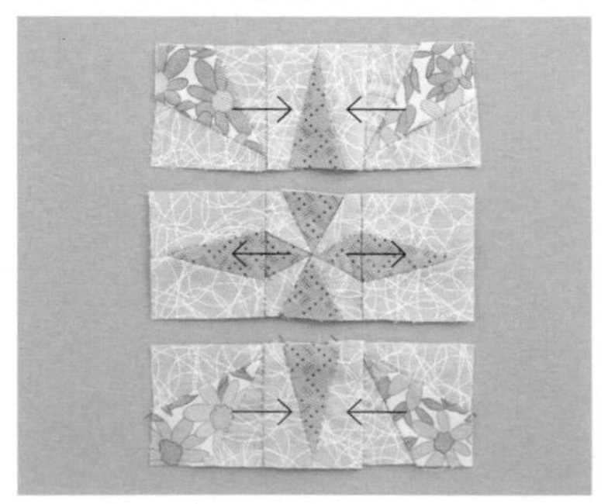

11 縫份一起上下交互倒向同一側。接縫帶狀區塊。

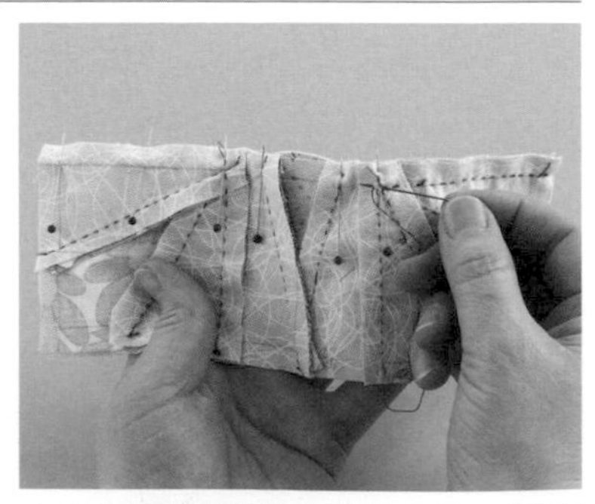

12 正面相對疊合帶狀區塊，對齊記號，以珠針固定，由布端縫至布端。接縫處進行一針回針縫。縫份一起倒向外側。

P.63 手提包

裁布圖（單位：cm）
※除了註記為原寸裁剪外，其餘皆需外加縫份。

●材料

各式拼接用布片 表布110×55cm（包含袋口裡側貼邊、袋口布表布、滾邊、提把部分） 單膠鋪棉、胚布各100×65cm 厚接著襯70×50cm 薄接著襯40×30cm 裡袋用布110×65cm（包含裡布、內口袋、拉鍊口袋部分） 寬3cm平面織帶85cm 寬1.5cm平面織帶15cm 長38cm 22cm拉鍊各1條 直徑1.3cm塑膠按釦1組 寬2.5cm皮革5cm

●材料

・後片、袋底、裡袋、側身、袋口裡側貼邊的尺寸，配合前片進行壓線而縮小之後的尺寸。
※A至F'布片原寸紙型A面⑫。

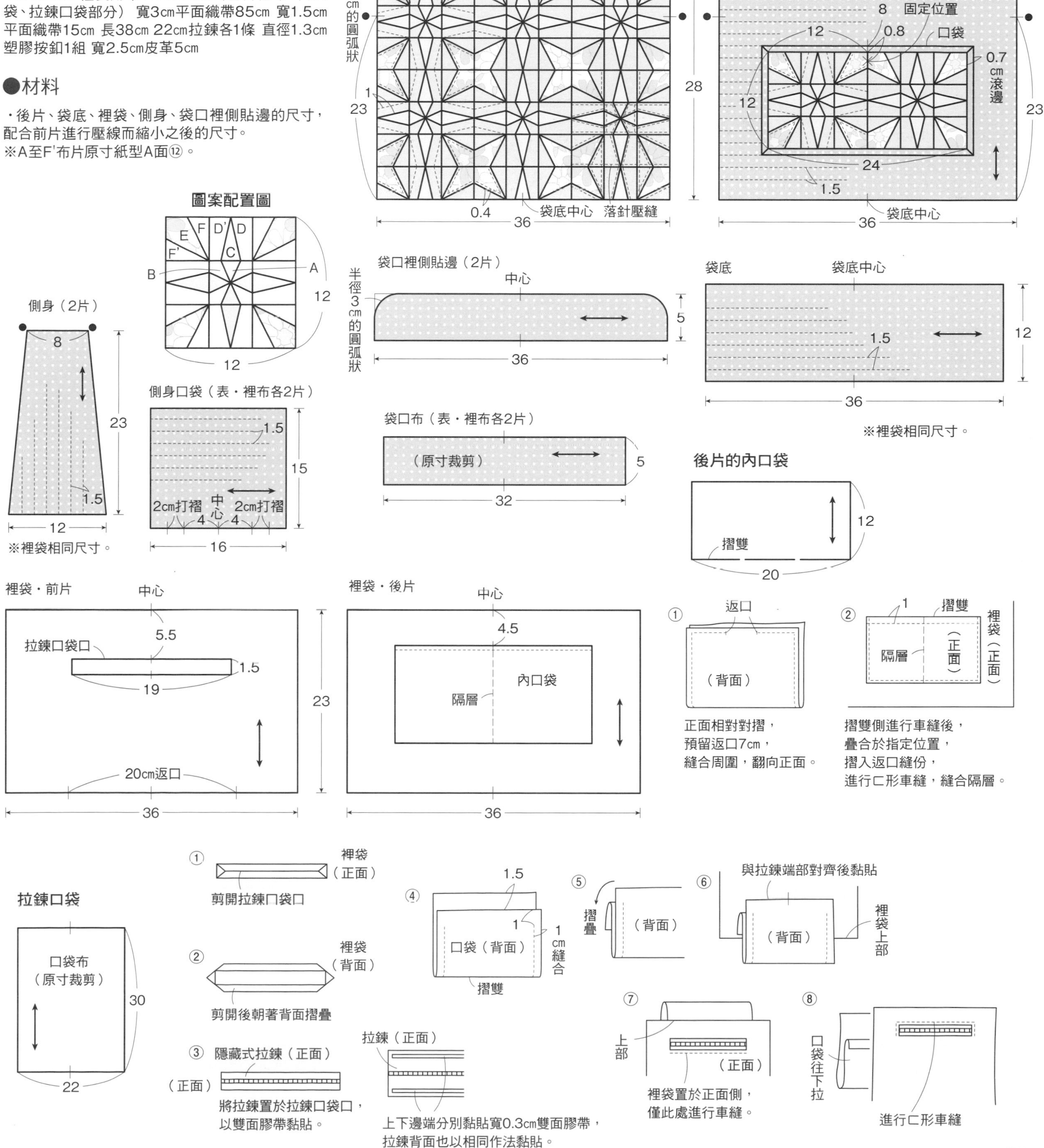

1 前片表布黏貼鋪棉。

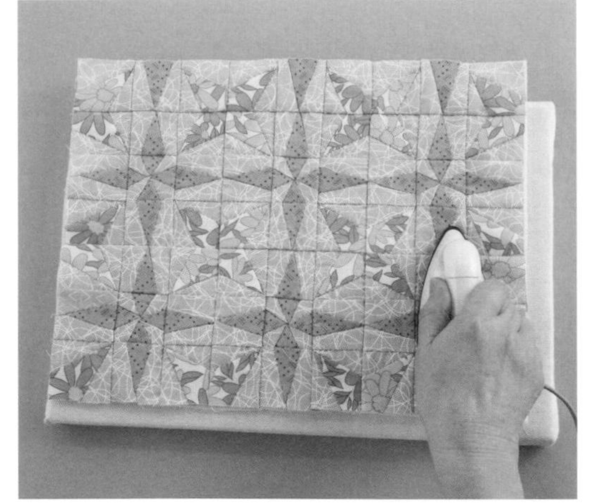

預留縫份0.7㎝，進行拼接，完成前片表布。疊合表布相同尺寸的單膠鋪棉，以熨斗壓燙促使黏合。

2 描畫壓縫線。

使用印上方格的定規尺，作記號描畫D至E布片的壓縫線。

3 進行疏縫。

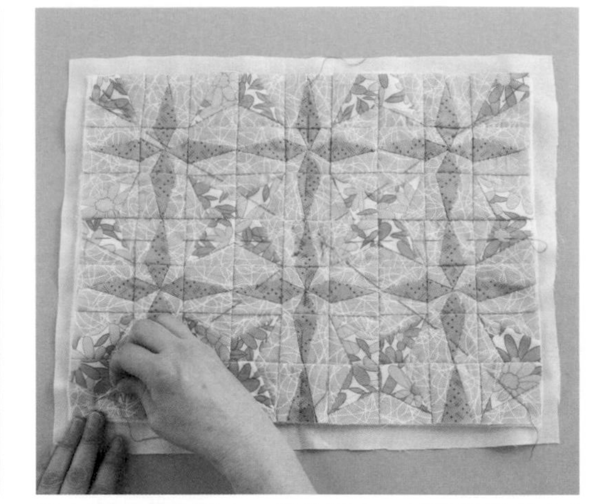

表布下方疊合裁大一點的胚布，以疏縫線固定3層。由中心開始，疏縫成十字形、放射狀，兩者間也進行疏縫。

4 進行壓線。

由中心附近開始進行壓線。慣用手中指套上頂針器，一邊推壓縫針，一邊挑縫3層。分別挑縫2至3針，更容易縫出整齊漂亮的針目。

5 黏貼厚接著襯。

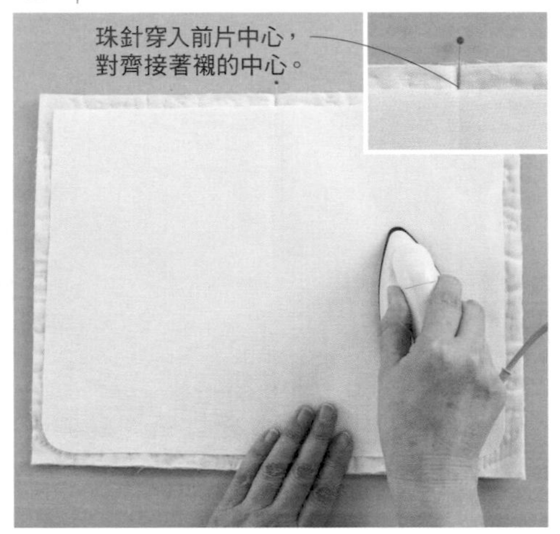

修剪胚布縫份至表布布端齊平。背面疊合原寸裁剪的厚接著襯（配合進行壓線而縮小之後的尺寸），以熨斗燙黏。

6 準備各部位。

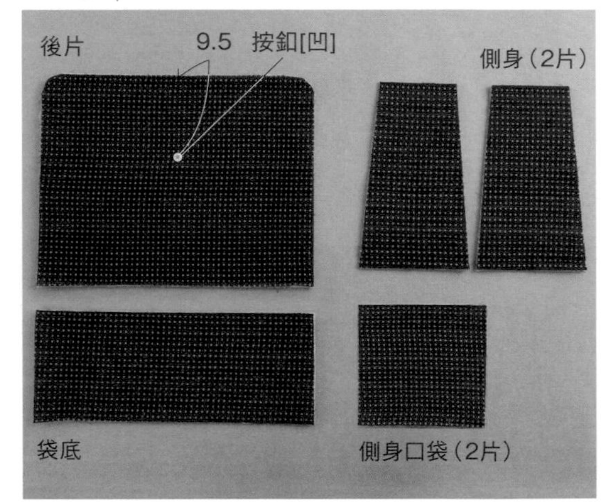

後片、側身2片、袋底、側身口袋2片，如同前片作法進行壓線，預留縫份1㎝之後整齊修剪。後片、側身與袋底的背面，黏貼原寸裁剪的厚接著襯，後片固定按釦（請參照P.67上）。

7 製作口袋。

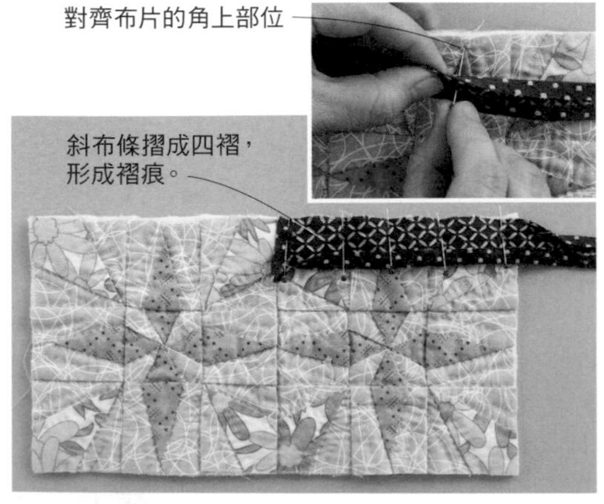

接縫2片圖案，如同前片作法進行壓線。周圍縫份如同布片縫份整齊裁剪成0.7㎝。正面相對疊合原寸裁剪寬3㎝斜布條，縫合起點略微摺疊，對齊邊端，以珠針固定。

進行車縫。壓布腳※右端與斜布條邊端對齊，由縫合起點開始，縫至角上內側0.7㎝處剪線。縫合起點與終點進行回針縫。
※落針位置調整至距離壓布腳右端0.7㎝。

斜布條往上摺疊45度之後，直接往下摺疊，對齊邊端，以珠針固定。由角上內側0.7㎝處，縫至下一個角上內側0.7㎝處剪線。

重複以上步驟，縫合4邊。斜布條縫合終點重疊起點幾cm，修剪多餘部分，進行縫合。

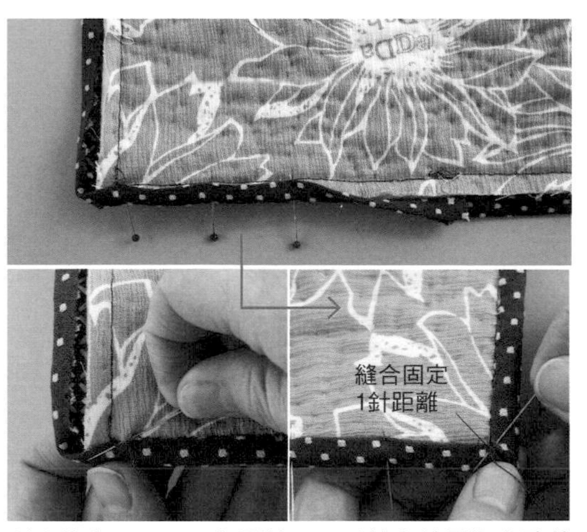

斜布條翻向正面，包覆縫份，以縫合針目為大致基準，以珠針固定。進行藏針縫至角上部位之後，以相同作法包覆下一邊，以珠針固定，進行一針回針縫，繼續完成縫製。

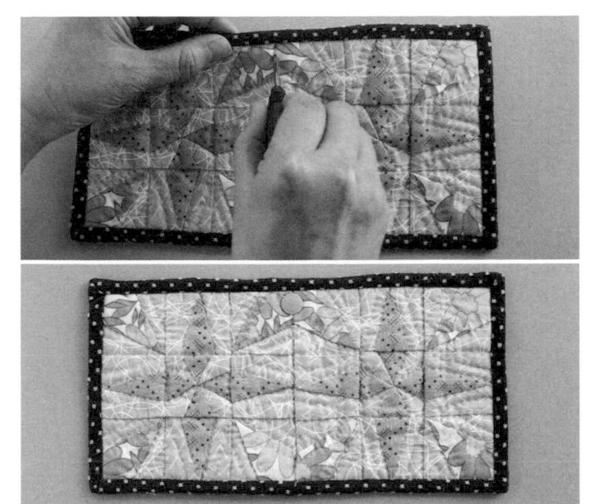

作記號標註按釦固定位置，以尖錐穿孔至胚布，縫上按釦（凸）。

8 後片接縫口袋。

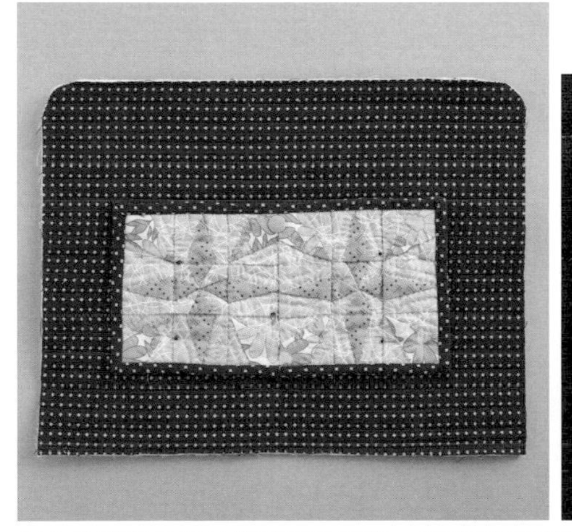

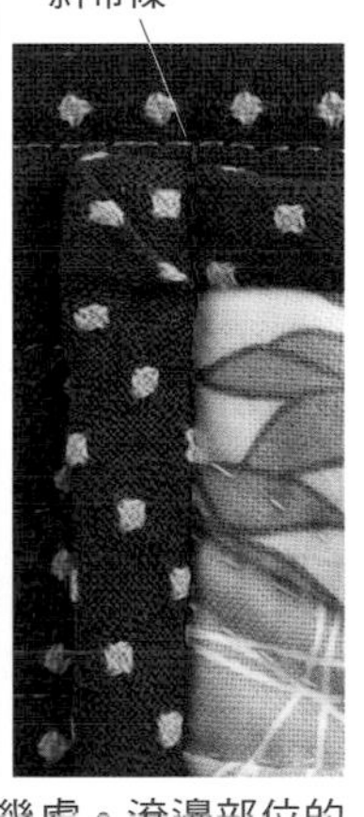

扣上分別縫於後片與口袋的按釦，以珠針固定幾處。滾邊部位的邊緣進行ㄈ形車縫。

9 製作側身口袋，縫於側身。

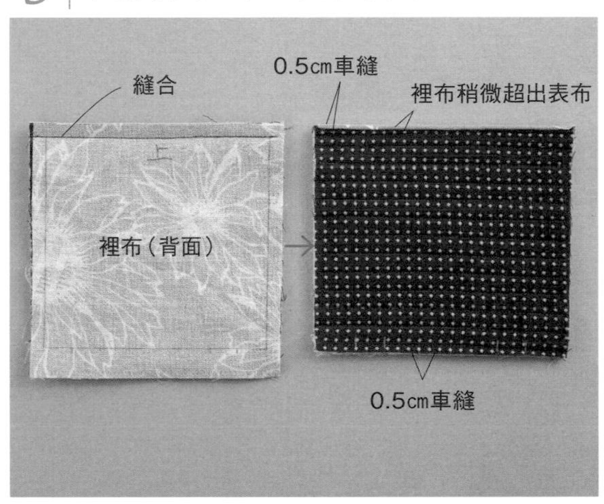

完成壓線的側身口袋，正面相對疊合相同尺寸的裡布，縫合上邊。裡布翻向正面，車縫上、下邊。

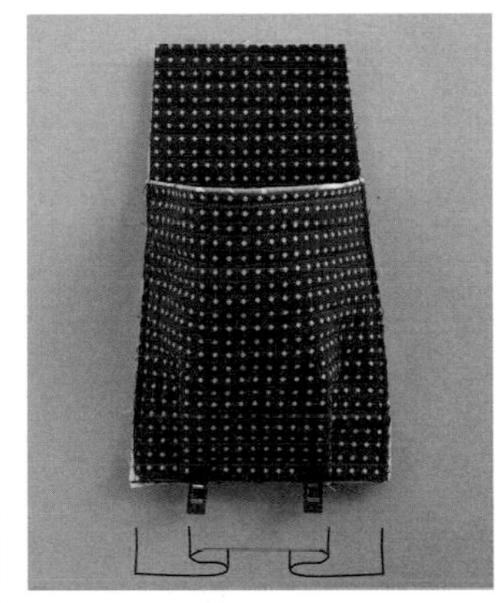

側身口袋下部打褶之後，疊合側身，對齊邊端，以夾子固定。左右邊也對齊邊端，以夾了固定，進行車縫，疏縫固定3邊的邊端。另一片側身與側身口袋也以相同作法完成縫製。

10 縫合側身與袋底。

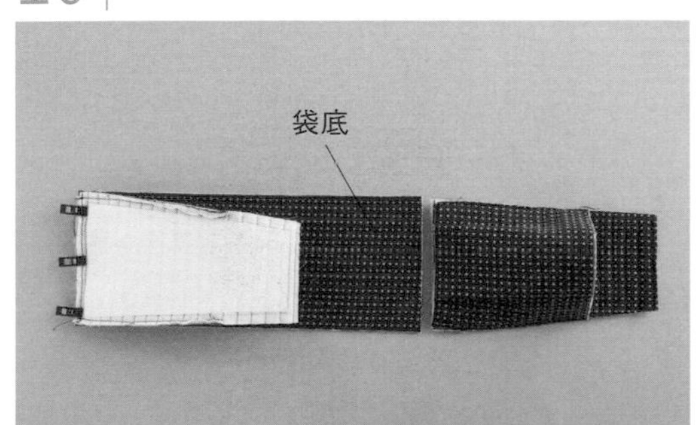

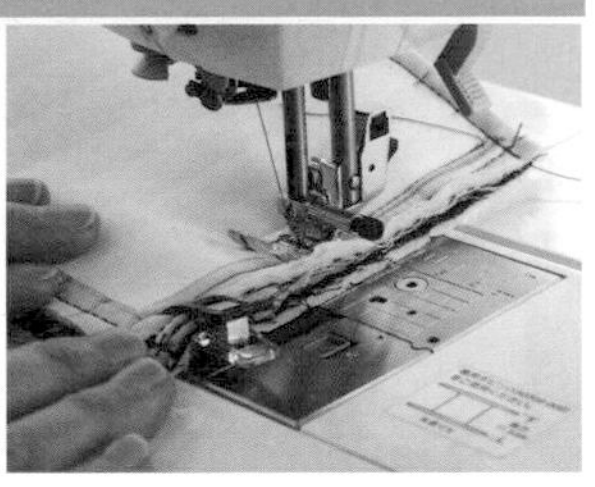

正面相對疊合袋底與側身，側身置於上方，對齊邊端，以夾子固定。由角上至角上，沿著接著襯邊緣進行車縫。

11 縫合前・後片與側身。

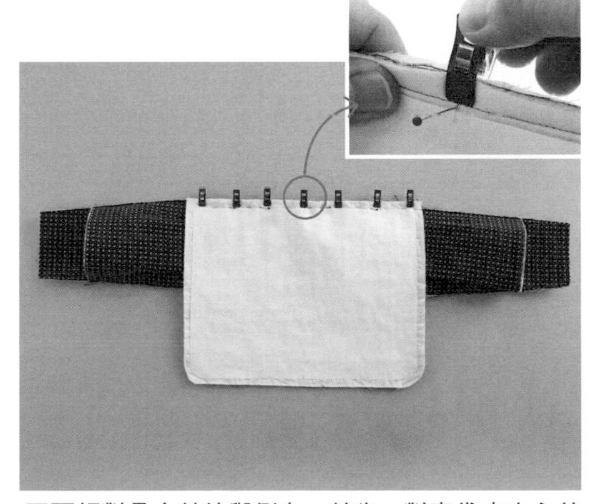

正面相對疊合前片與側身，首先，對齊袋底中心的合印記號，將珠針穿入接著襯邊緣，以夾子固定後，取下珠針。其餘部分也對齊接著襯邊緣，以珠針固定後，以夾子固定。珠針橫向固定。

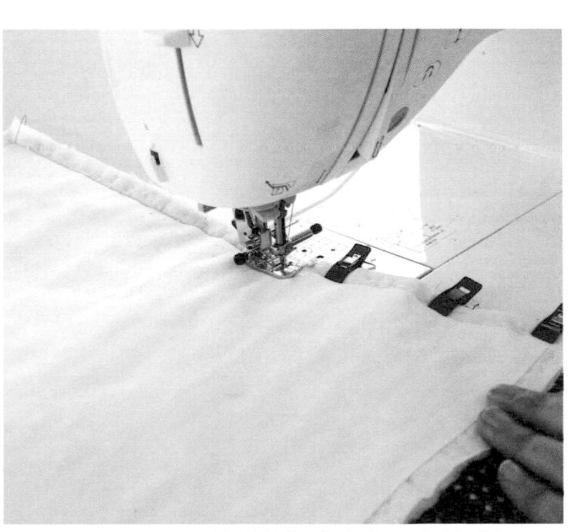

由角上至角上，沿著接著襯邊緣進行車縫（使用厚布用車縫針）。車縫時取下所有珠針。

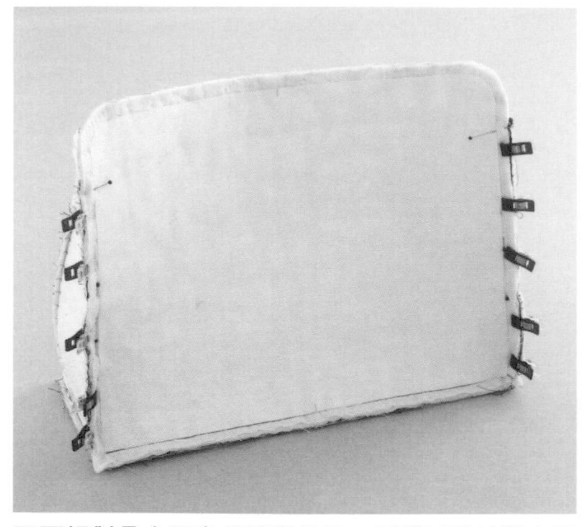

正面相對疊合側身長邊與前片，同樣以珠針與夾子固定，由袋底的角上部位縫至●記號為止。後片也以相同作法完成縫製。

12 袋口布安裝拉鍊。

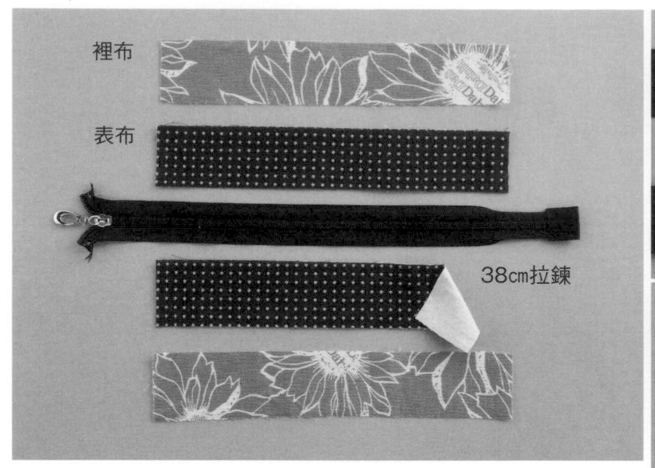

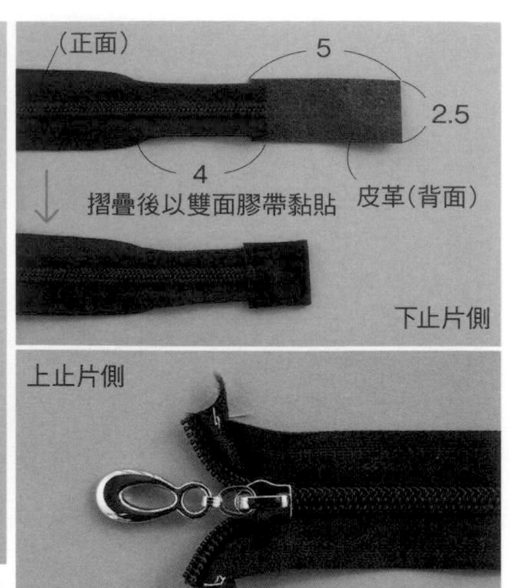

準備袋口布的表布、裡布與拉鍊。表布背面全面黏貼薄接著襯。朝著背面摺疊邊端，縫合固定拉鍊的上止片側。下止片側以皮革夾住後塗膠黏貼，進行車縫。

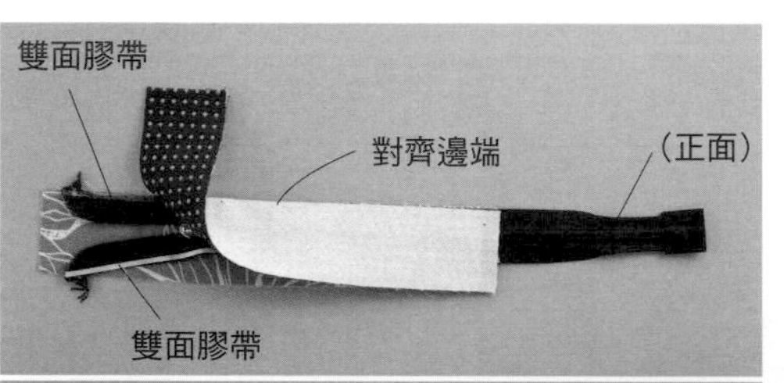

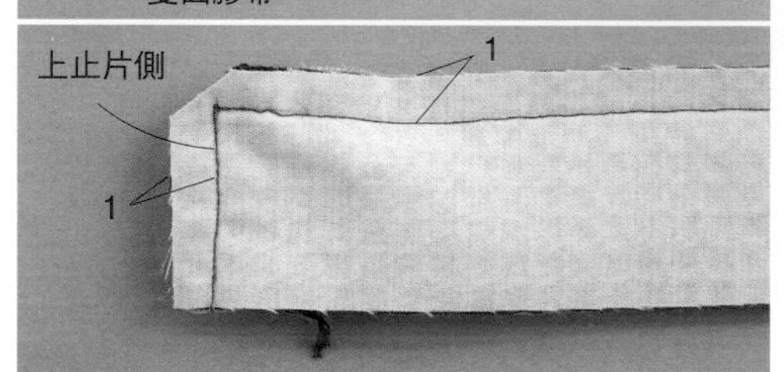

拉鍊邊端的正面與背面，分別黏貼寬0.3cm雙面膠帶。撕掉背紙，黏貼於裡布，正面相對疊合表布後黏貼。對齊布端與車縫用壓布腳，進行L形車縫，修剪角上部位。

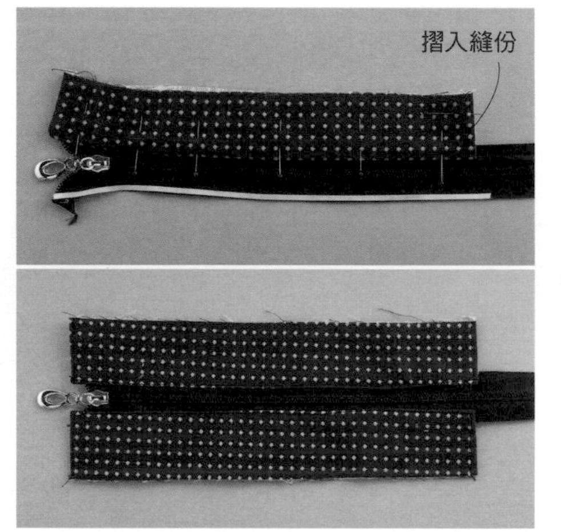

袋口布翻向正面，調整形狀，以珠針固定。沿著邊端進行ㄈ形車縫。另一側也以相同作法接縫袋口布。

13 製作裡袋。

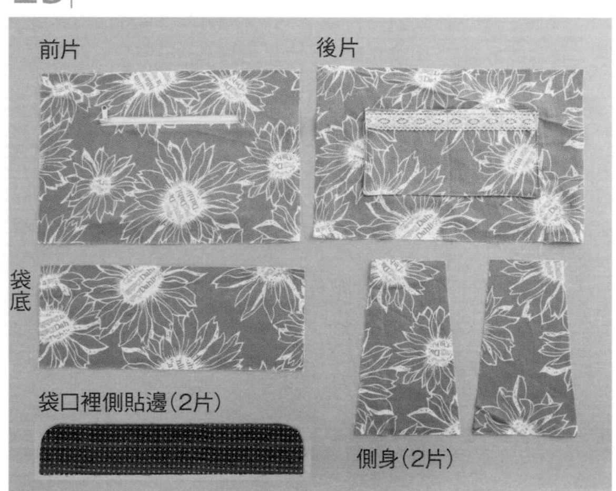

預留縫份1cm，準備裡袋的前 後片、袋底、側身、袋口裡側貼邊。前片與後片接縫口袋（請參照P.65）。

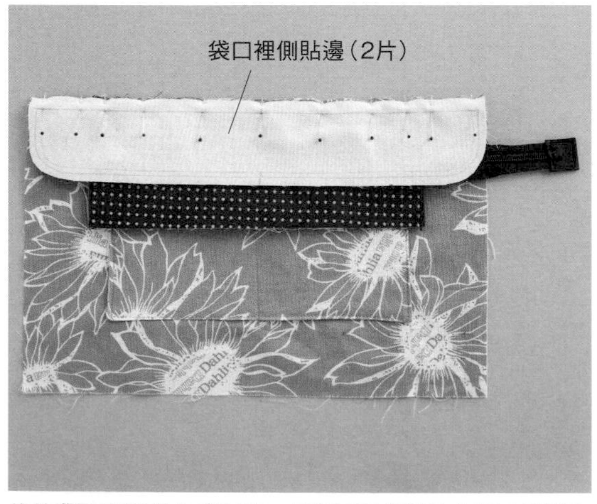

後片背面相對疊合袋口布，接著正面相對疊合袋口裡側貼邊※，對齊中心與邊端的記號，以珠針固定。
※全面黏貼薄接著襯之後作記號。

由邊端至邊端，沿著記號進行車縫。袋口裡側貼邊與袋口布翻向正面，車縫邊端。前片也以相同作法接縫袋口布與袋口裡側貼邊。

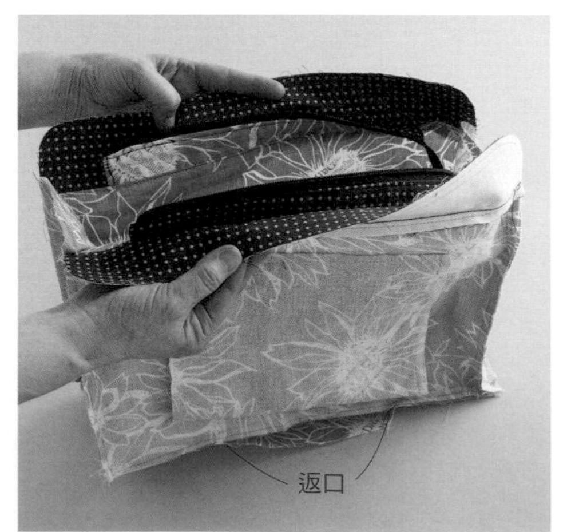

如同本體作法，縫合袋底與側身，預留返口，與前、後片進行縫合。

14 製作提把。

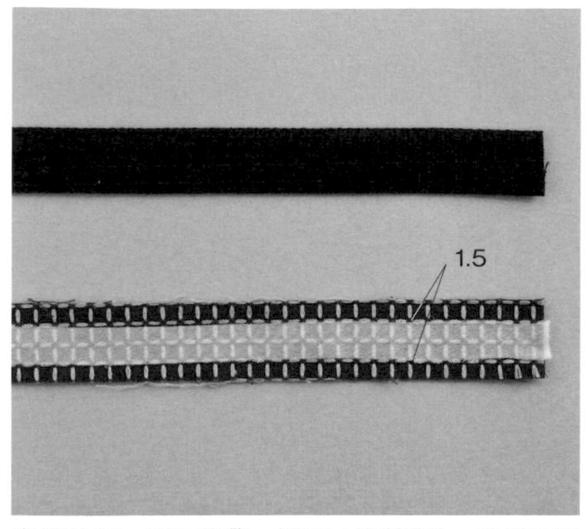

準備長42cm平面織帶，與原寸裁剪寬3cm的相同尺寸布片。布片背面中心黏貼薄接著襯。

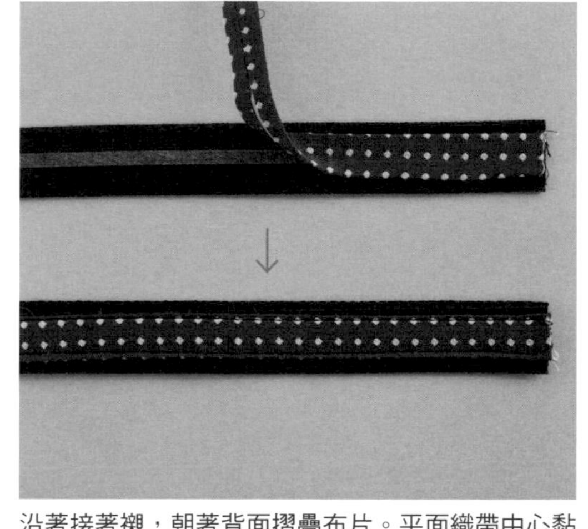

沿著接著襯，朝著背面摺疊布片。平面織帶中心黏貼雙面膠帶，疊合布片後黏貼。車縫布片的兩邊端。

15 暫時固定提把與吊耳。

將提把疊合於接縫位置，車縫布端，暫時固定。

D型環穿套長7cm平面織帶，摺疊後進行車縫。側身中心疊合吊耳，車縫端部。

16 縫合本體與裡袋。

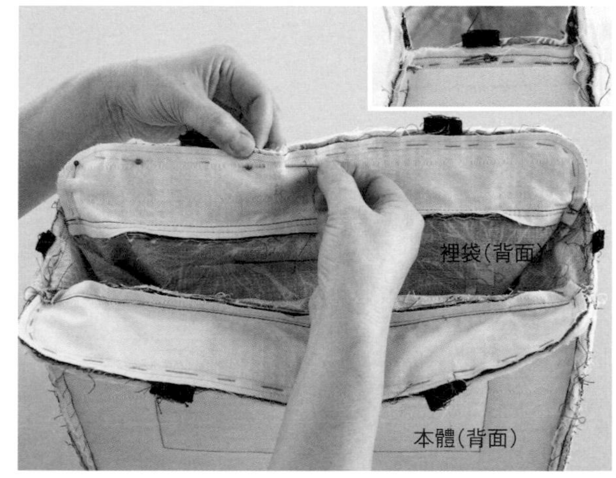

正面相對疊合本體與裡袋，首先，對齊側身，以珠針固定，進行疏縫。接著對齊前、後片與袋口裡側貼邊布端，以珠針固定，稍微靠近袋口裡側貼邊完成線內側進行疏縫。

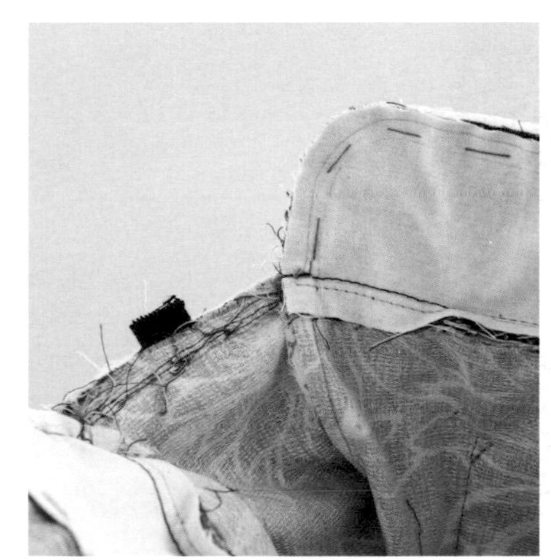

首先，避開縫份，沿著側身完成線進行車縫，由記號縫至記號。

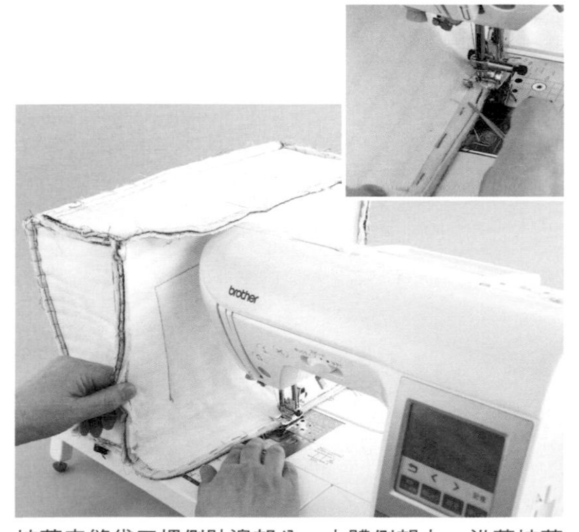

接著車縫袋口裡側貼邊部分。本體側朝上，沿著接著襯邊緣進行車縫，由記號縫至記號。車縫較厚部位時，一邊以尖錐推送，一邊繼續車縫。

車縫角上（●記號）時，避開側身縫份。車縫部位有高低差，一邊以手拉布一邊車縫就能夠車縫得更漂亮。

由裡袋返口翻向正面，以藏針縫縫合返口。調整形狀，以夾子固定本體袋口，沿著袋口邊端0.3cm內側車縫一圈。

・・・拼接教室・・・ p10 堪薩斯州的麻煩

以A與B布片完成突顯鋸齒狀模樣的配色。分別拼接A布片、A與C布片完成帶狀區塊，拼接B布片完成小區塊，彙整成正方形區塊。縫份皆倒向主題圖案側。確認A布片拼接完成的小區塊方向，避免弄錯，以珠針確實地固定，將A布片的角上部位處理得更加漂亮。

縫份倒向

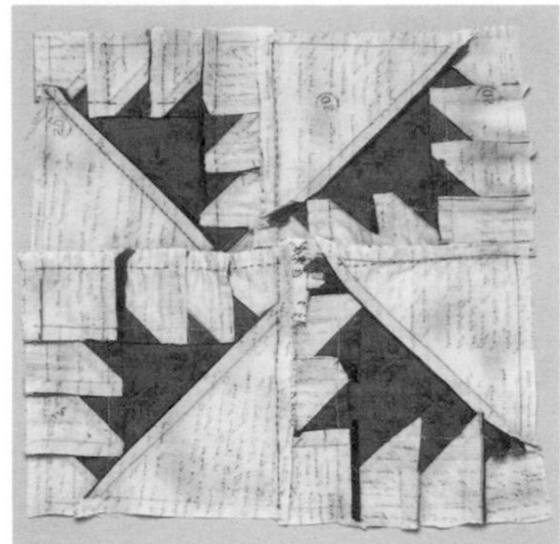

製圖

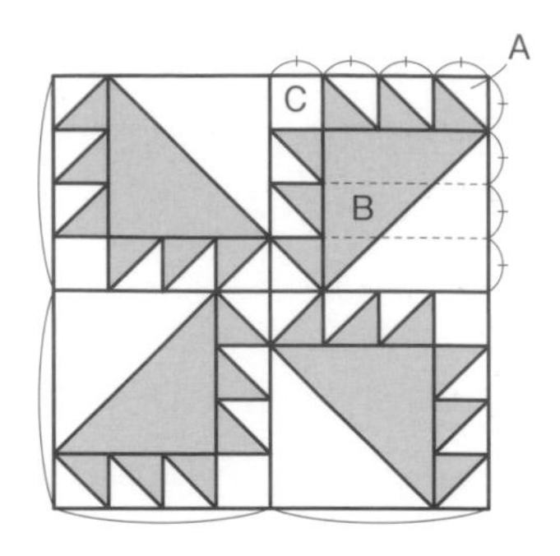

1 準備2片A布片。並排確認縫合位置。

2 正面相對疊合2片，以珠針固定記號的兩端與中心，由布端至布端，進行平針縫。縫合起點與終點進行一針回針縫。

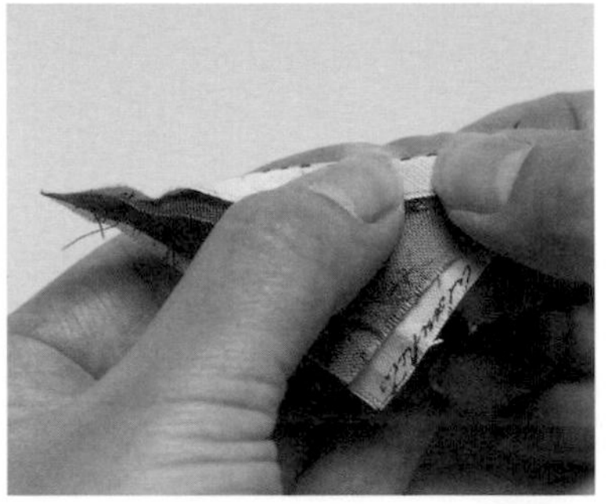

3 縫份倒向深色布片。縫合時將縫份整齊修剪成0.6cm。2片一起沿著縫合針目摺疊，以手指壓出褶痕，將縫份處理得更平整漂亮。

4 準備3片步驟３小區塊，接縫成帶狀區塊。縫份倒向深色布片。並排確認以免弄錯布片方向。

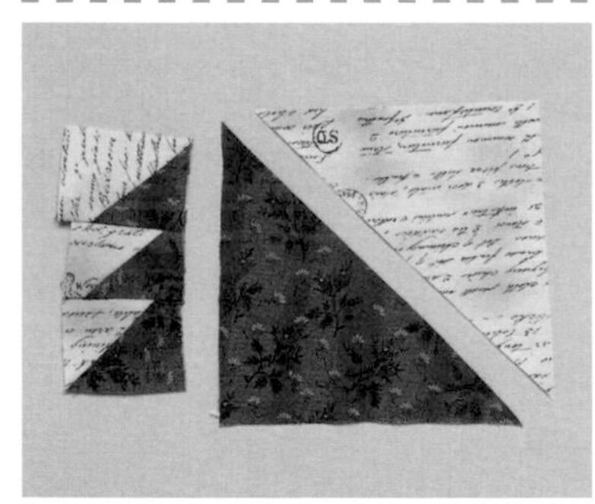

5 準備2片B布片，拼接成正方形區塊之後，接縫步驟４的帶狀區塊。B為斜裁布片，縫合時避免邊端延展。

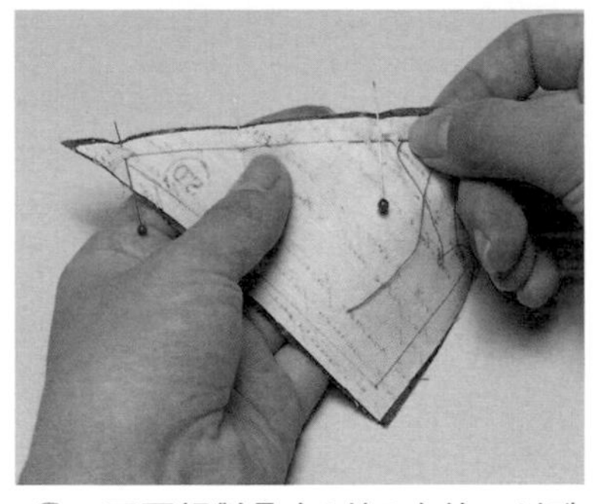

6 正面相對疊合2片B布片，以珠針固定記號的兩端、中心、兩者間，由布端縫至布端。縫合起點與終點進行一針回針縫，縫份倒向深色布片。

7 正面相對疊合帶狀與正方形小區塊，以珠針固定記號的兩端與接縫處，由布端縫至布端。縫份倒向正方形區塊。

8 步驟４的帶狀區塊接縫C布片完成帶狀區塊。縫份倒向A布片側。接縫步驟７的區塊。

9 正面相對疊合2片，以珠針固定記號的兩端與接縫處，由布端至布端，進行平針縫。接縫處進行一針回針縫。縫份倒向區塊。

10 完成4個步驟９的區塊，分別接縫2片，彙整成大區塊。縫份交互倒向上下。並排確認以免弄錯區塊的方向。

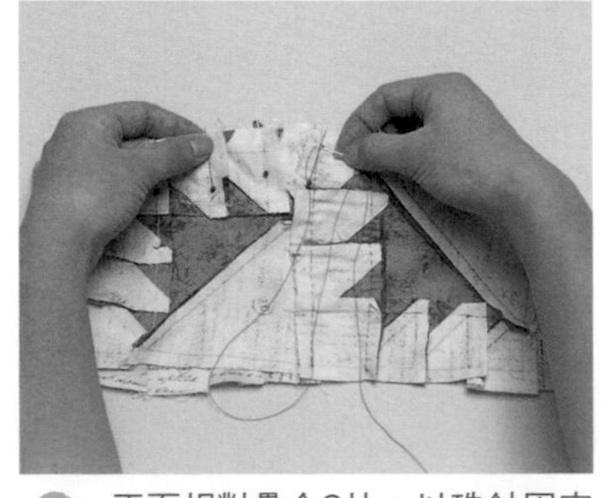

11 正面相對疊合2片，以珠針固定記號的兩端、接縫處、兩者間，由布端縫至布端，進行平針縫。接縫處進行一針回針縫。

12 完成後以熨斗由背面側壓燙，使縫份更加服貼。正面側也輕輕壓燙，完成的圖案更加平整漂亮。

P54 蒲公英

具體描繪蒲公英盎然綻放姿態的圖案。接縫花瓣小區塊與D布片時，D布片的合印記號與小區塊的接縫處確實對齊，以細小針目進行縫合，完成的曲線會更加漂亮。其餘部位皆為布端縫至布端的直線縫，作法不會太困難。花萼與莖部進行貼布縫。

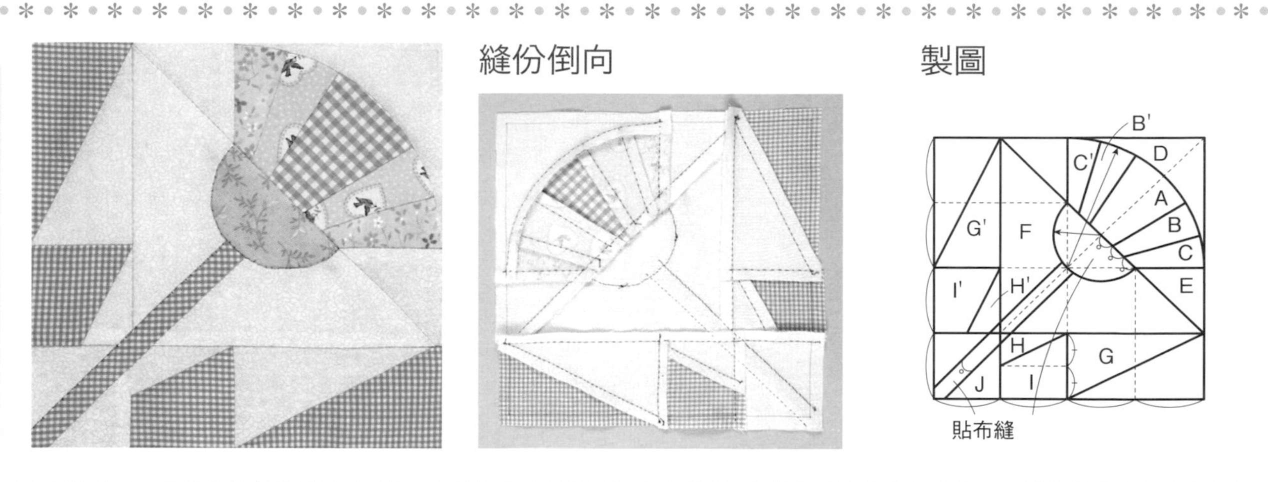

縫份倒向

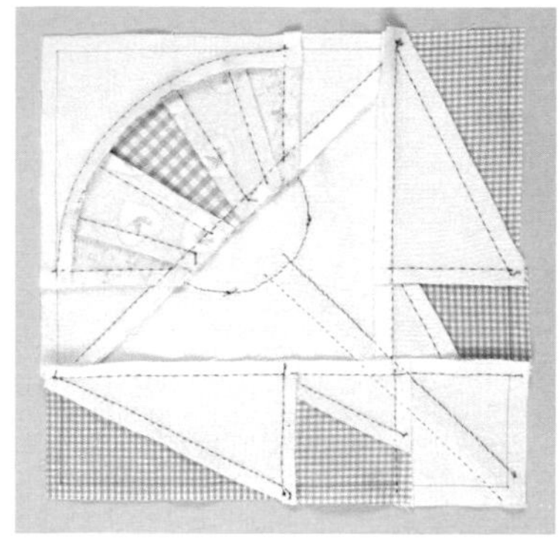

製圖

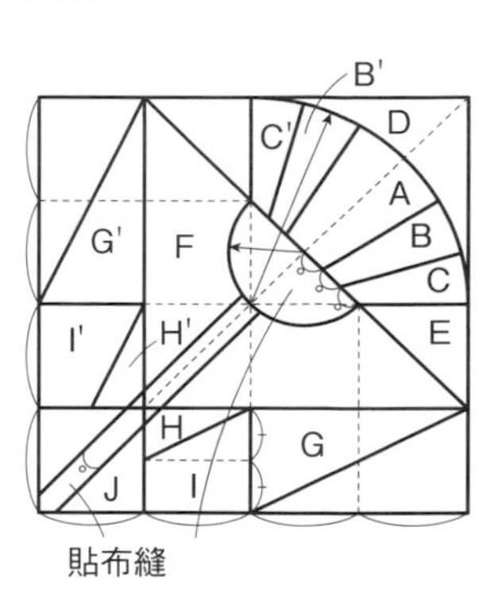

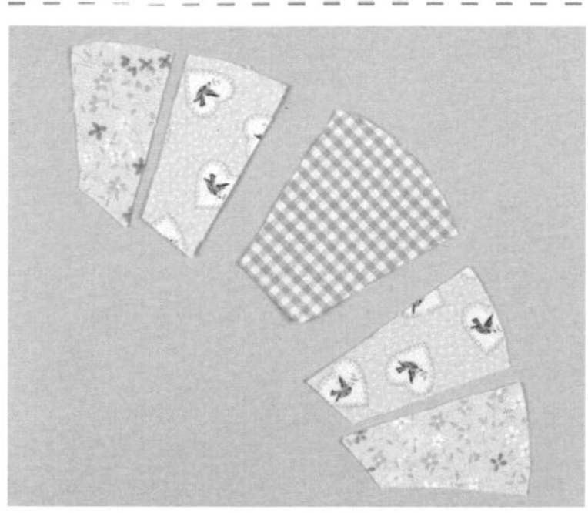

1 拼接A至C'布片，完成花瓣小區塊。並排確認接縫位置。

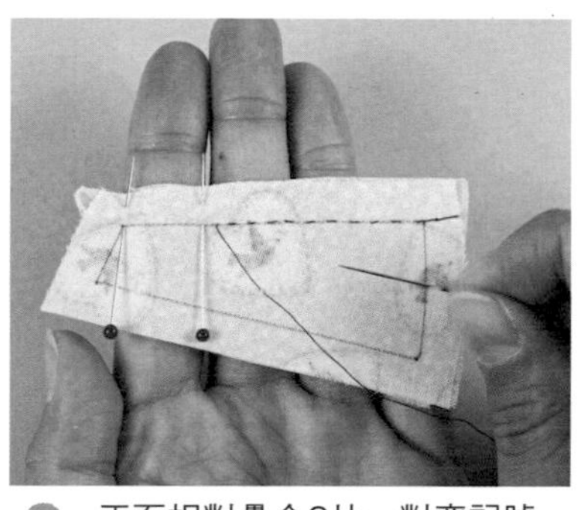

2 正面相對疊合2片，對齊記號，以珠針固定兩端的角上、中心、兩者間。由布端縫至布端，進行平針縫，縫合起點與終點進行一針回針縫。

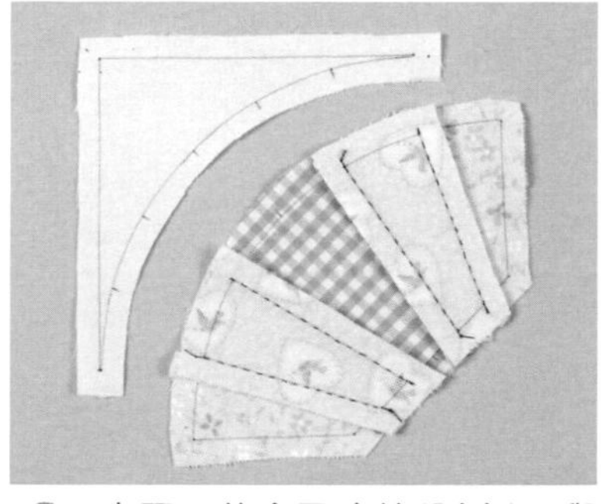

3 步驟2的小區塊縫份倒向A與CC' 布片。D布片作上對齊小區塊接縫處的合印記號，別忘記喔！

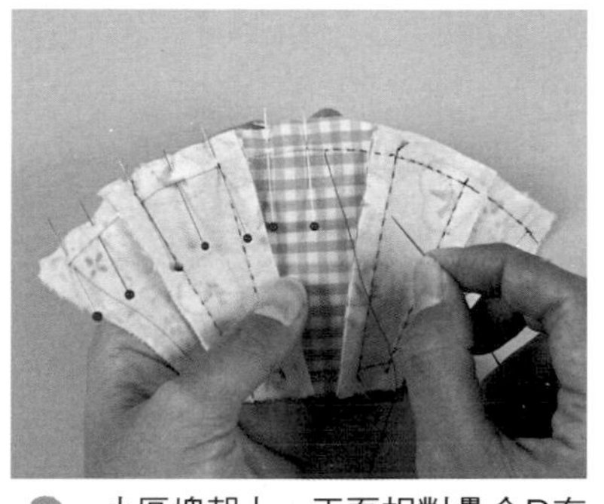

4 小區塊朝上，正面相對疊合D布片，以珠針固定兩端的角上、接縫處、合印記號、兩者間。由布端縫至布端，進行平針縫，縫份一起倒向小區塊。

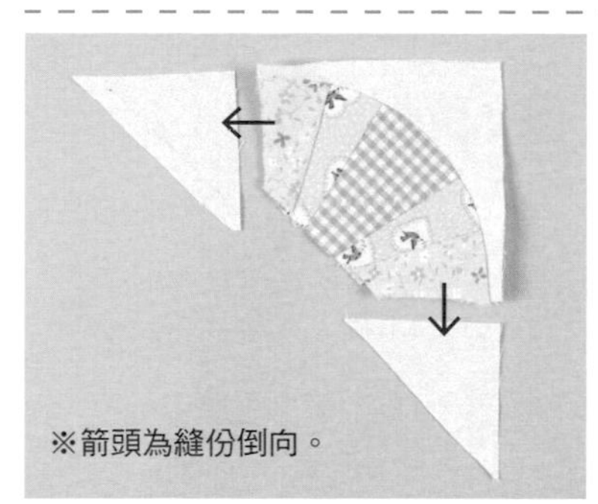

5 步驟4的小區塊接縫E布片，接合成三角形小區塊。並排確認布片的方向。

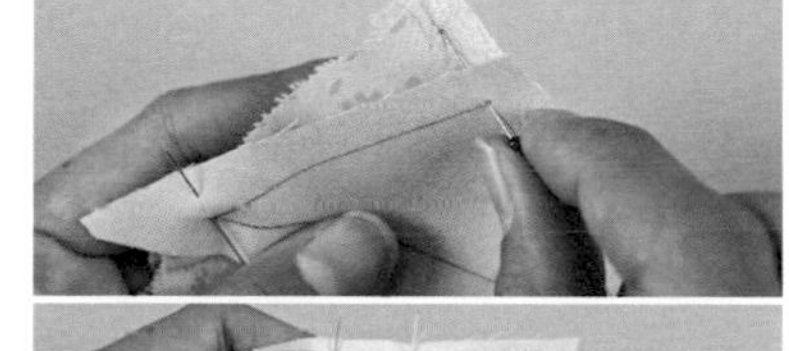

6 正面相對疊合，以珠針固定兩端的角上、中心、兩者間。對齊CC' 布片角上部位時，也確認正面側，將珠針穿入接縫處（上）。由布端縫至布端，進行平針縫。

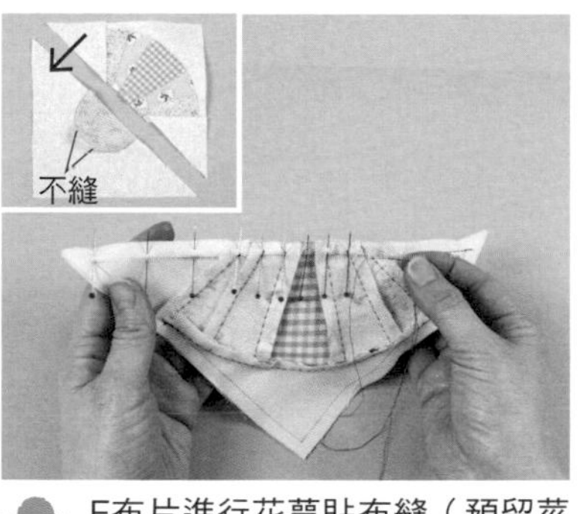

7 F布片進行花萼貼布縫（預留莖部插入部位），接縫步驟6的小區塊。正面相對疊合，以珠針固定兩端的角上、接縫處、兩者間，進行縫合。

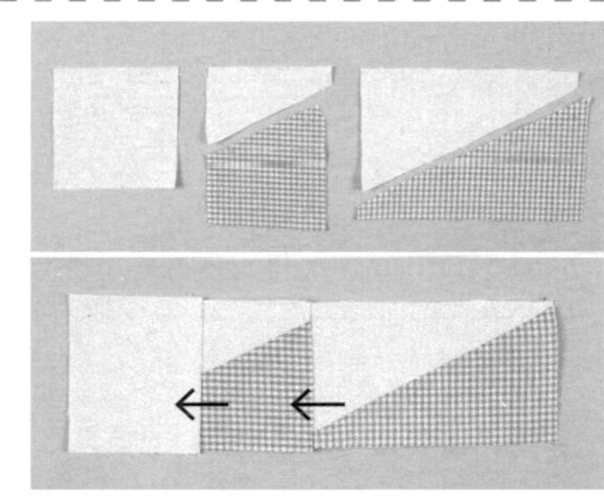

8 製作莖部區塊。拼接H與I布片完成小區塊，接縫2片G布片，縫份倒向主題圖案。接著拼接J布片。G'至I'布片也以相同作法完成縫製。

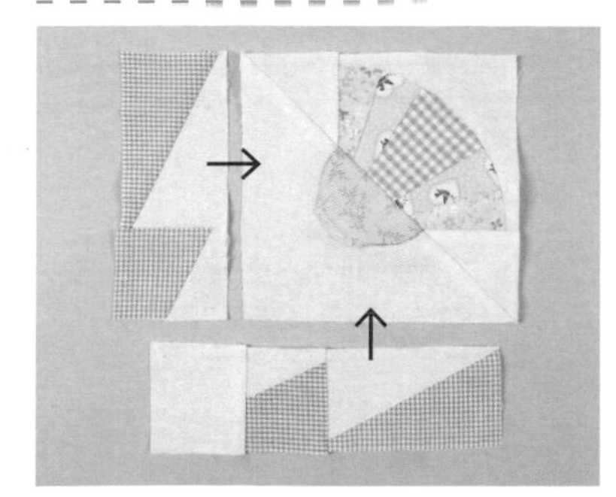

9 齊聚所有的區塊。並排確認以免弄錯葉子區塊的方向。首先，接縫步驟7與G'至I'的區塊。

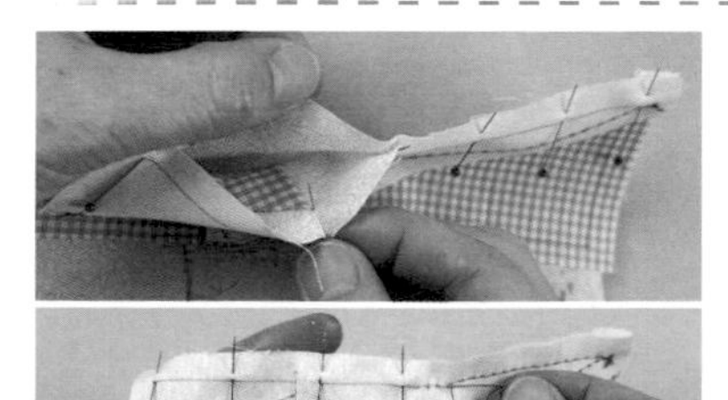

10 正面相對疊合，以珠針固定兩端的角上、中心、兩者間。以珠針固定時也確認正面側，將G'與I'布片的角上部位處理得更加漂亮。由布端縫至布端，進行平針縫。

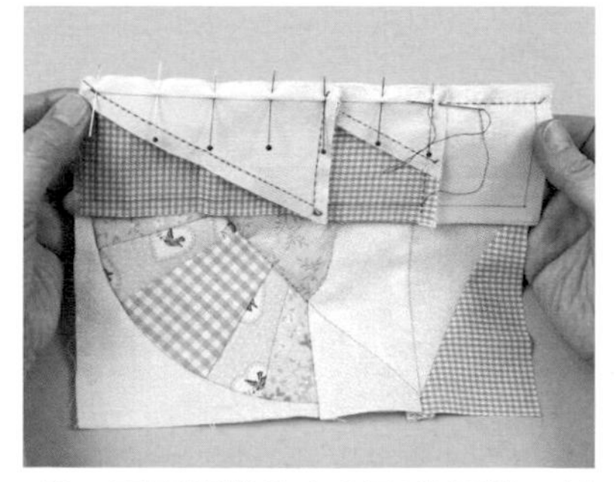

11 正面相對疊合G至I的區塊，以珠針固定，由布端縫至布端，進行平針縫。縫合接縫處時，接縫處進行一針回針縫，避免綻開。

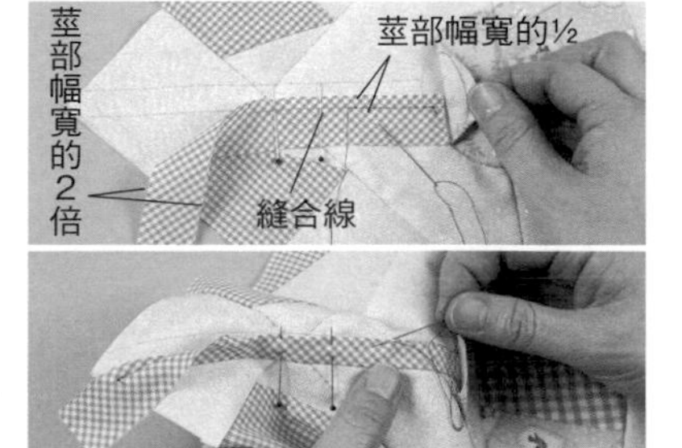

12 進行莖部貼布縫。斜裁布片，正面相對對齊縫合線與記號，以珠針固定，進行平針縫。翻向正面，摺入縫份，進行立針縫。花萼貼布縫時預留的莖部插入部位也縫合即完成。

春日裡的手作小旅行

漫遊城市三層包

光影下的城市，隨著四季更迭時而朦朧時而明朗，
運用多彩的美式風味布料，呈現明媚春光與夜之繁華。

攝影場地協助／臺灣喜佳股份有限公司
作品設計、製作、示範教學、作法文字提供／李如婕老師
攝影／Muse Cat Photography吳宇童
企畫編輯／黃璟安　採訪執行／陳姿伶

原寸紙型 A 面

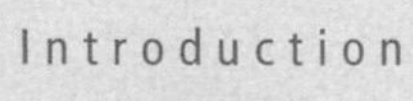

師資介紹

李如婕老師

臺灣喜佳南區才藝中心主任。
國立嘉義家職教師赴公民營研習講師。
教學資歷10年，
著作<<都會時尚拉鍊包>>作者群之一。

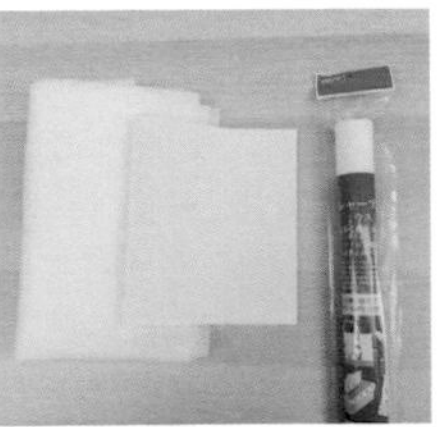

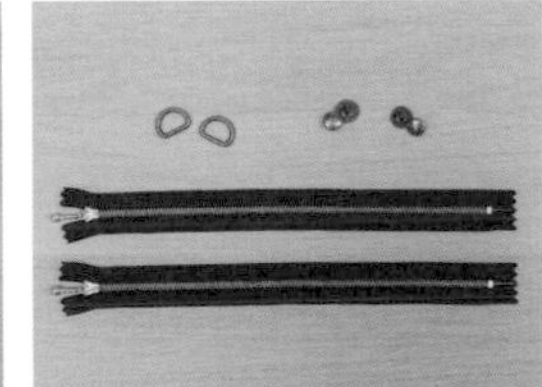

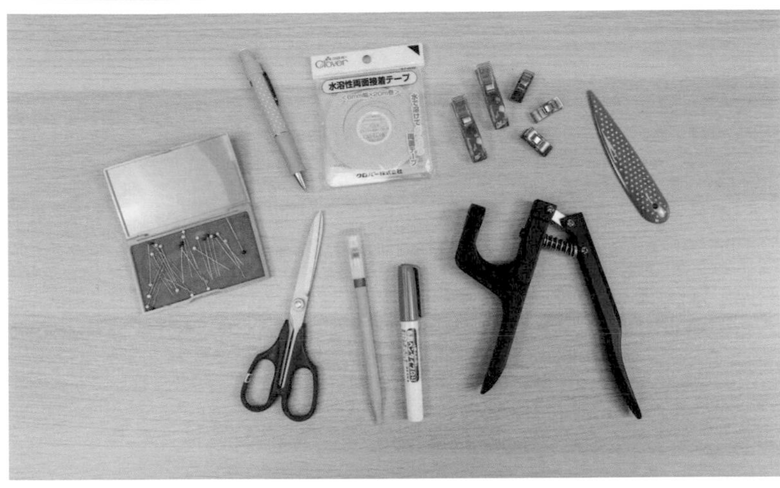

材料

- 印花布
- 素帆布
- 素色棉布
- 麂皮布
- 25公分拉鍊2條
- 美國奇異襯
- Vilene紙襯(藍)
- 日本機縫棉
- 厚布襯
- 撞釘磁釦
- D型環

運用工具

- 剪布剪刀
- 記號筆
- 拉鍊壓布腳
- 強力夾
- 珠針
- 筆刀
- 骨筆
- 布用口紅膠
- 水溶性雙面膠
- 萬用手夾鉗

使用機型

NV-1800Q

裁布及燙襯說明

印花布：外側袋身粗裁 32×22 cm 二片＋機縫棉＋厚布襯
素帆布：內側袋身依紙型裁剪2片＋厚布襯不含縫份
吊耳布：3.5×8 cm 1條
裡　布：袋身依紙型裁剪4片

HOW TO MAKE

1-1

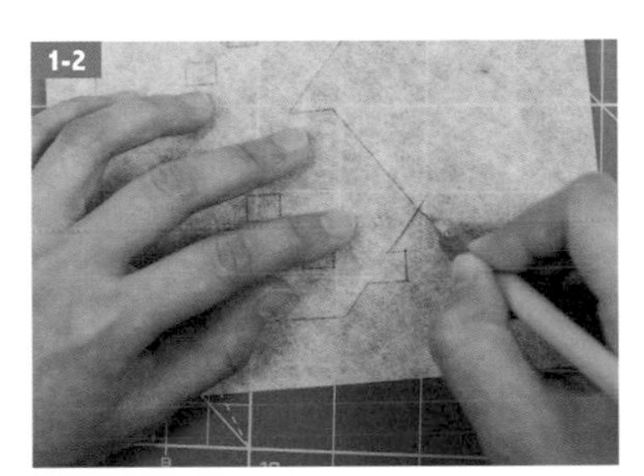

1-2

1-3

1-4

1. 於Vilene紙襯之膠面描繪出房屋輪廓，使用筆刀依線條裁切房屋輪廓與窗框，再將裁切好的房屋放於素色布料上，以熨斗中溫熨燙黏貼完成。

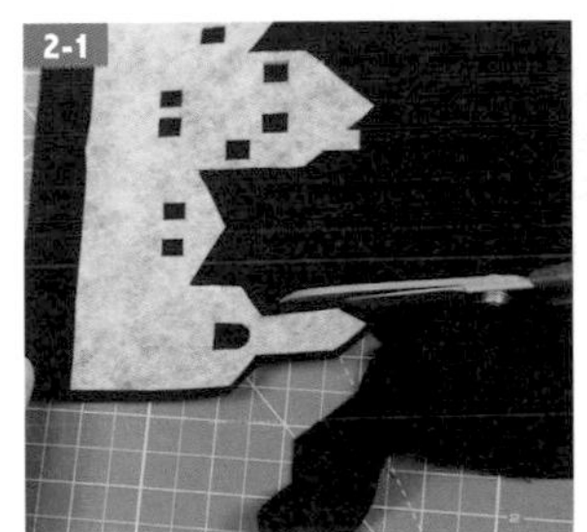

2-1

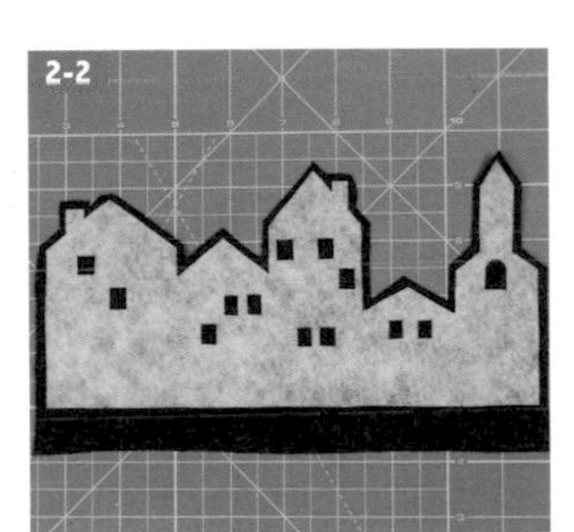

2-2

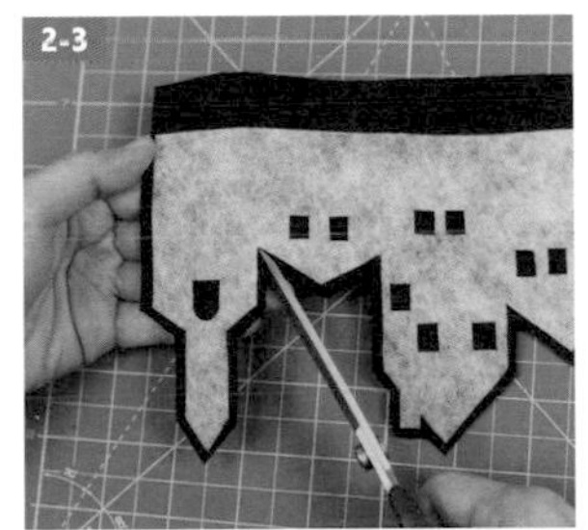

2-3

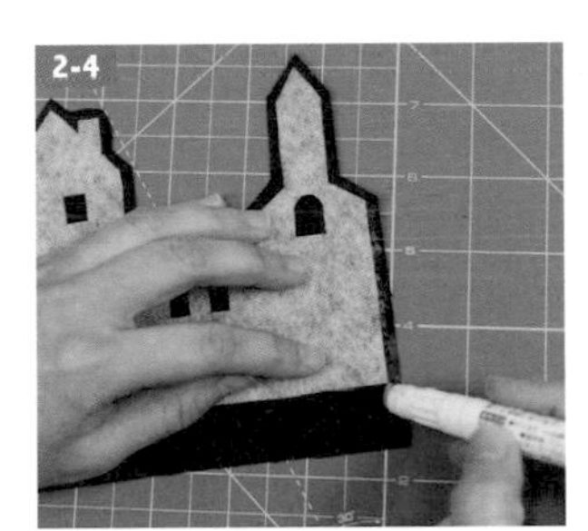

2-4

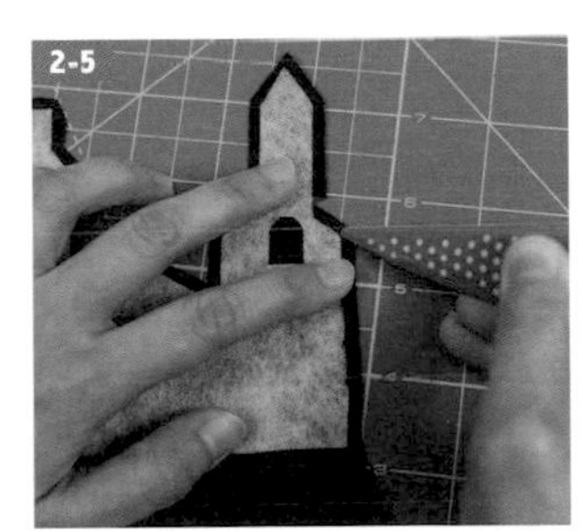

2-5

2. 修剪房屋外圍縫份至0.5cm，房屋下方可預留2至3cm，並於每一個轉角處縫份剪牙口，接著於縫份處塗上布用口紅膠，再以骨筆將縫份內摺黏貼固定，依序將房屋外圍縫份黏貼完成。

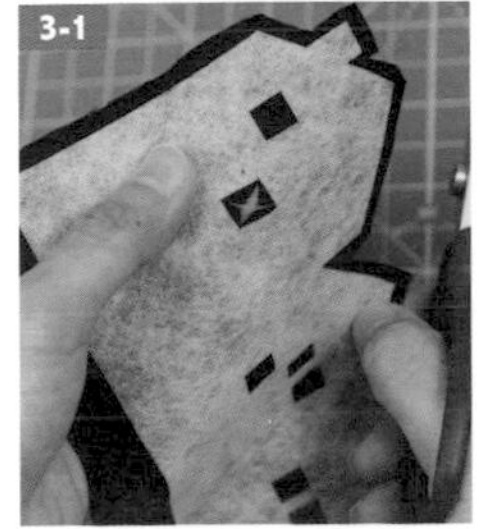

3-1

3-2

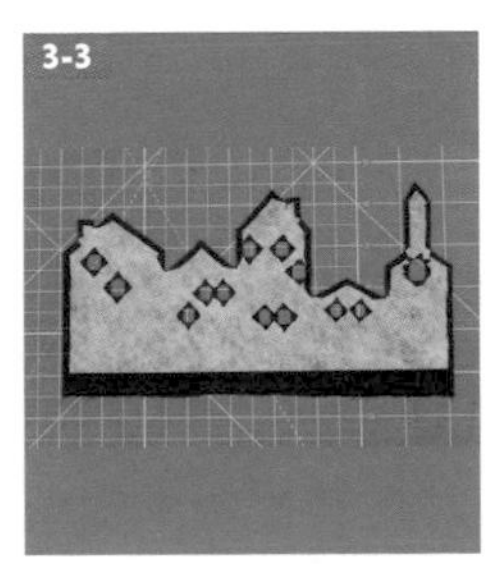

3-3

3. 窗框布料剪出X型，塗上布用口紅膠黏貼縫份，將所有窗框縫份黏貼完成。

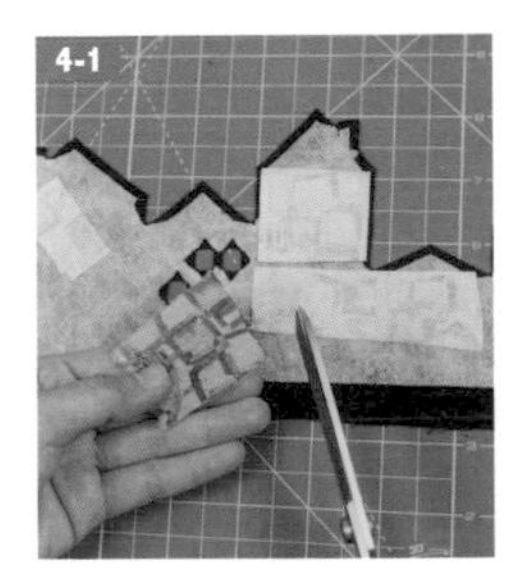

4-1

4-2

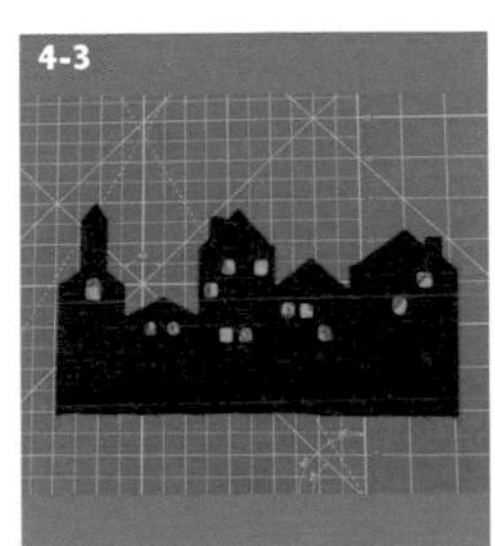

4-3

4. 將印花布配合窗框位置剪出適合大小，再以布用口紅膠黏貼於窗框處，完成窗戶套色。

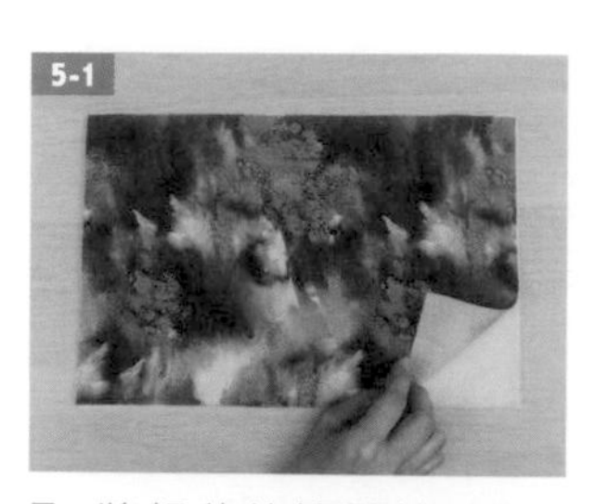

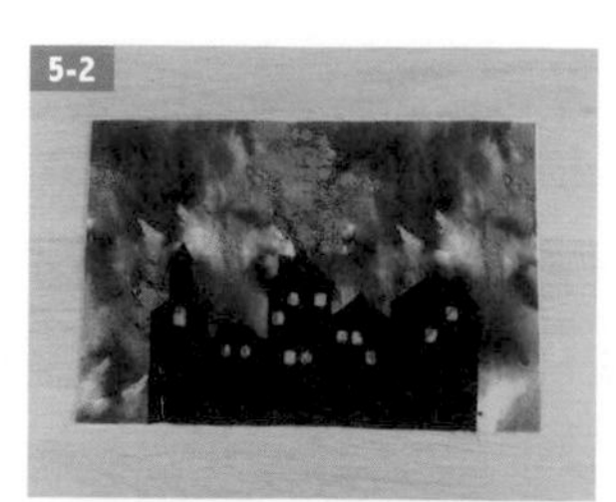

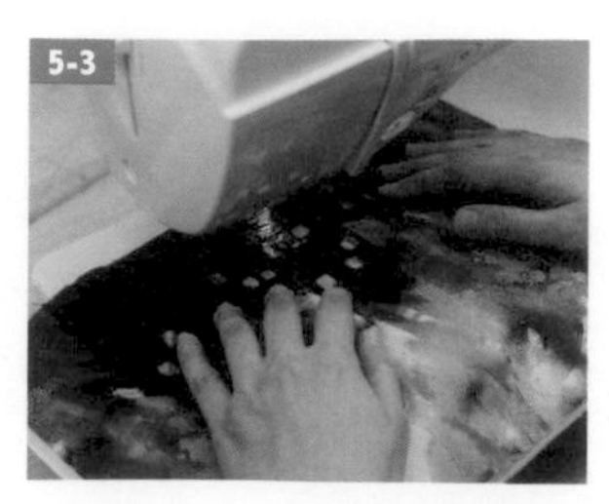

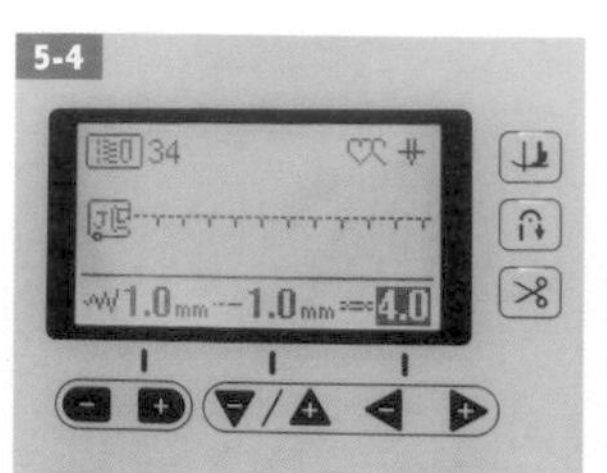

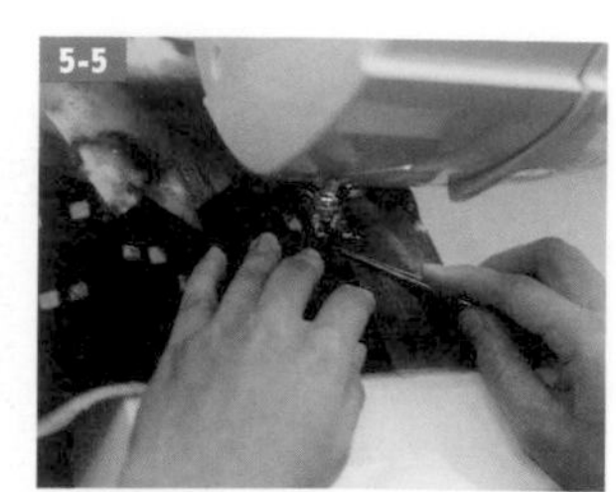

5. 將粗裁的機縫棉與厚布襯熨燙黏貼，再將袋身之印花布疊放，房屋以珠針固定後使用縫紉機貼布縫花樣車縫房屋窗框與外輪廓。

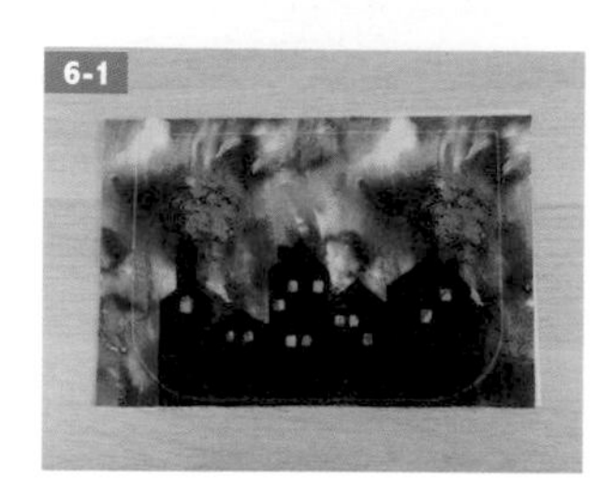

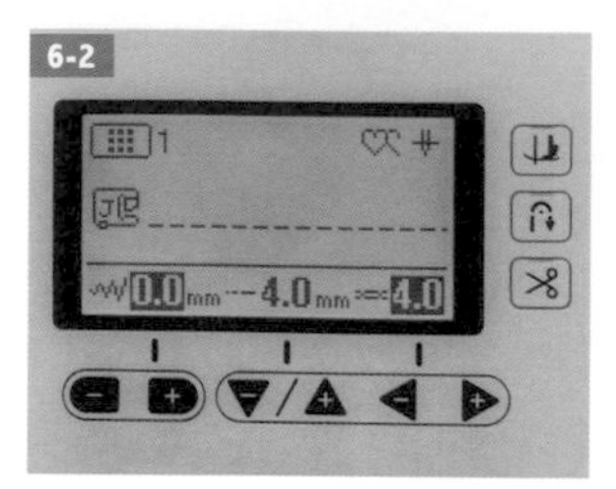

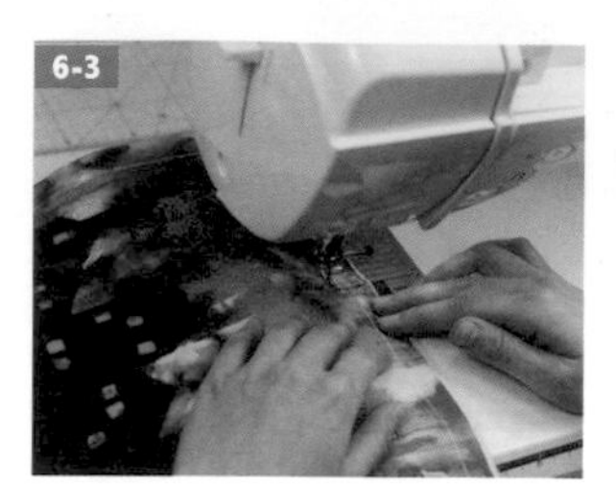

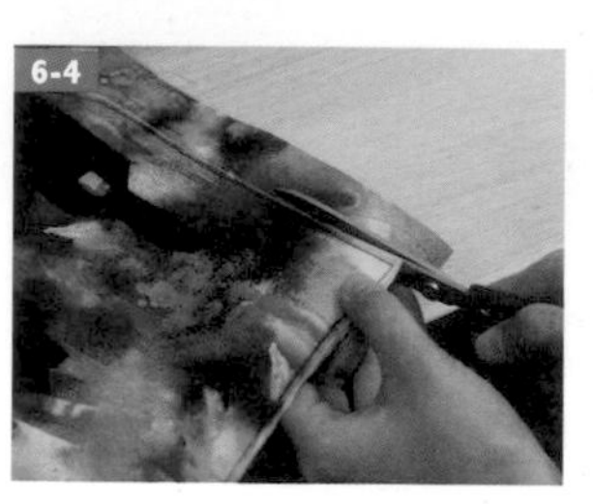

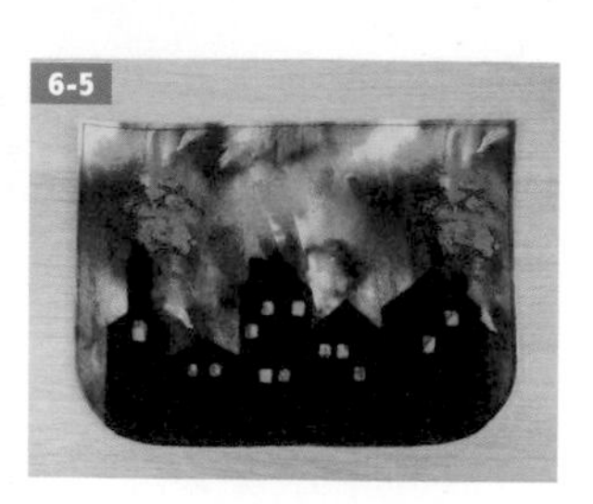

6. 依紙型描繪袋身輪廓，調整縫紉機大針目於輪廓線內0.3cm疏車一圈後剪下，完成第一面外側袋身。

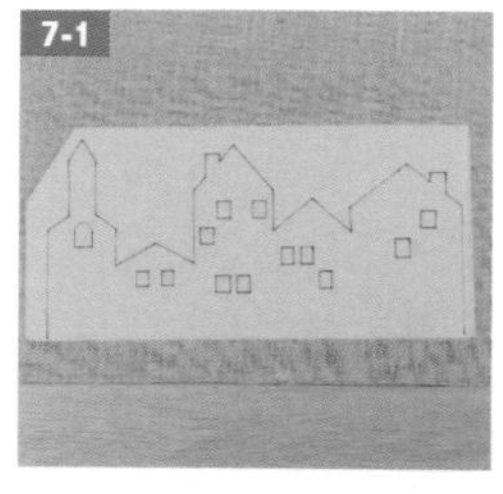

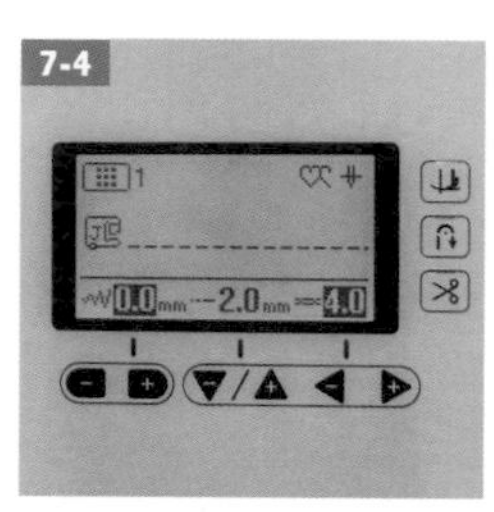

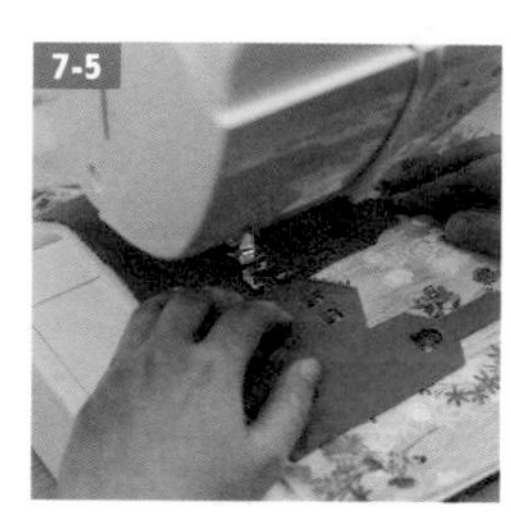

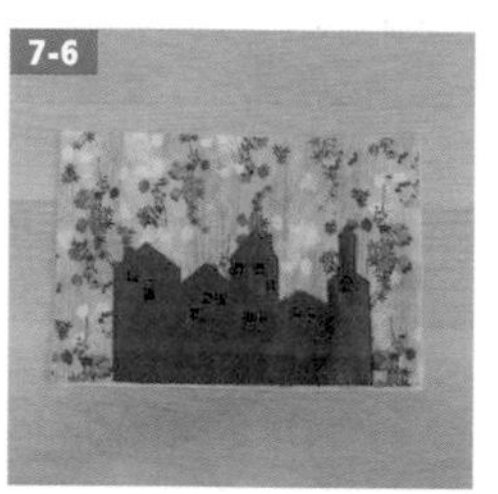

7. 於奇異襯上描繪房屋圖型後黏貼於麂皮布背面，切割出房屋造型後撕除背膠紙，依喜好於窗戶位置套色，放置於另一面外側袋身布(＋機縫棉＋厚布襯)黏貼固定，使用直線針趾於房屋邊緣0.1cm車縫固定。

8. 畫出袋身輪廓以大針目疏車一圈後剪下，完成第二面外側袋身。

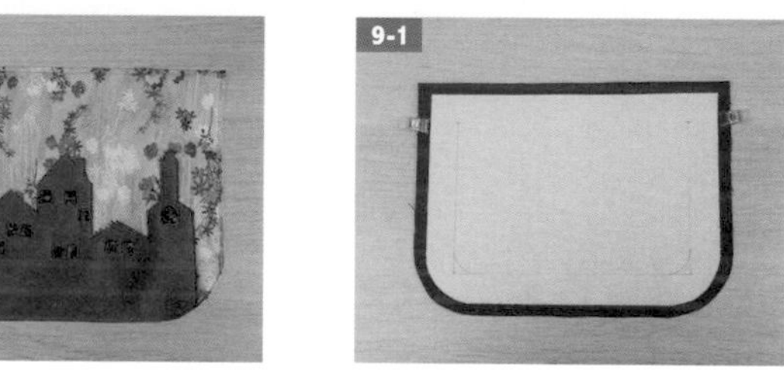

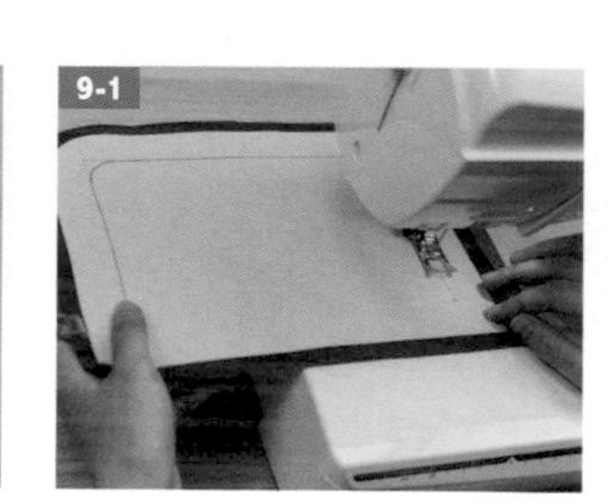

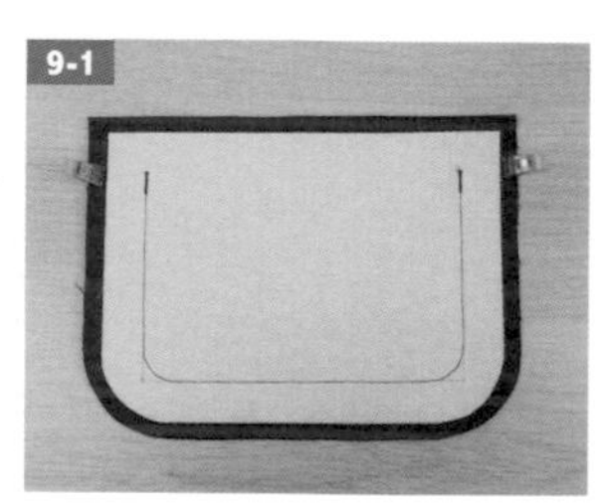

9. 內側袋身布燙上不含縫份之厚布襯，將兩片袋身正面相對，畫出夾層位置後車縫，兩端以重趾縫花樣加強車縫。

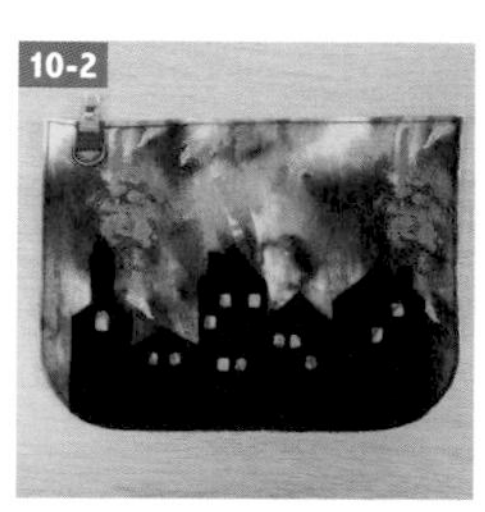

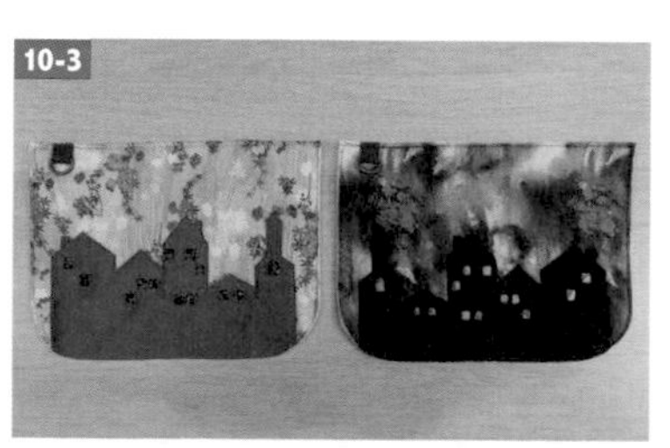

10. 將吊耳布兩長邊往中間摺燙後壓線0.2cm，對半剪成二段並各自穿入D型環，車縫於外側袋身邊緣往內2cm處。

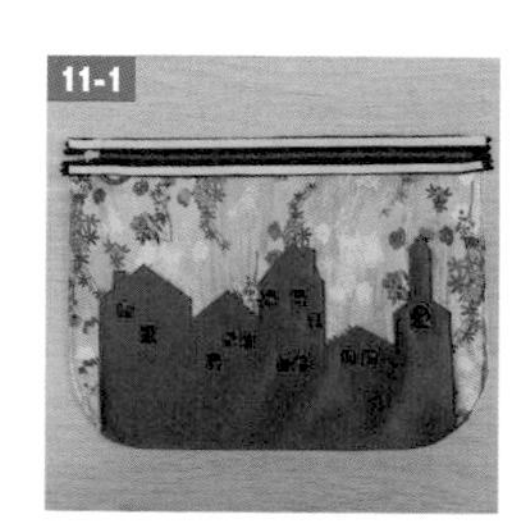

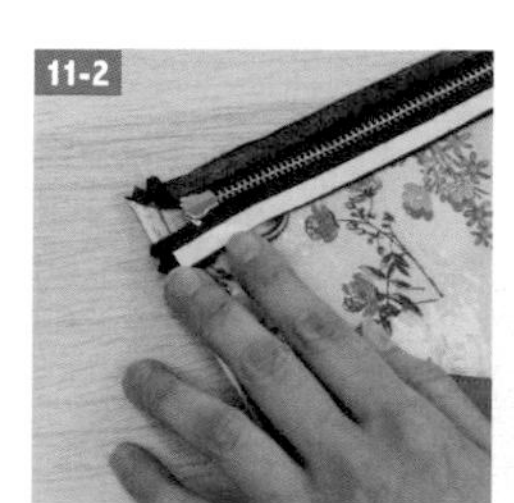

11. 取25cm拉鍊正反兩側皆貼上水溶性雙面膠，先黏貼於其中一片外側袋身，拉鍊頭尾的縫份以反摺方式處理。

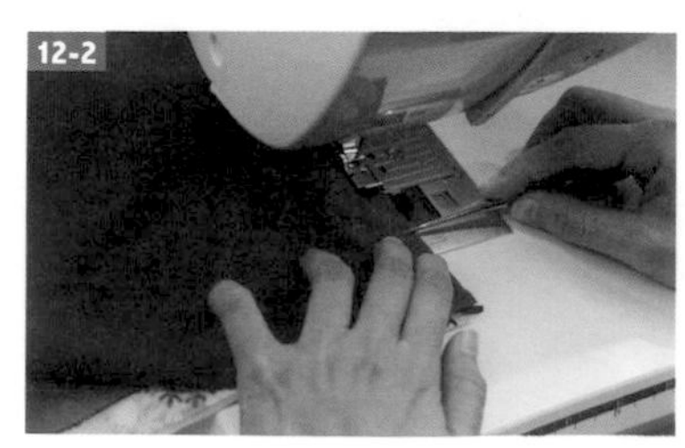

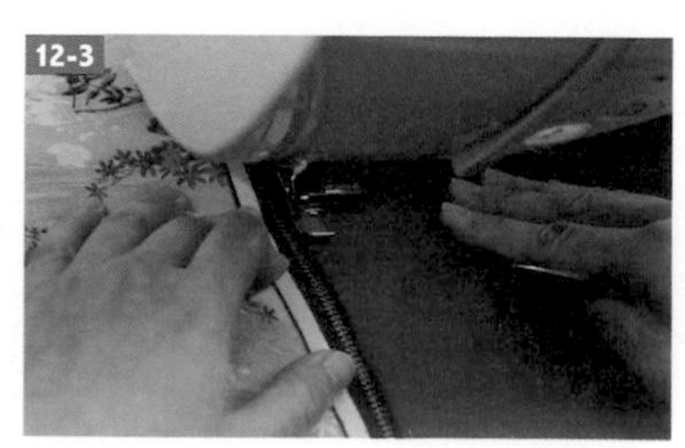

12. 再黏貼其中一片裡袋身布後夾車拉鍊，車縫完之縫份倒向裡布後再壓線0.2cm。

在刺繡中，再次著迷於貓的魅力！

胸針／杯墊／口金包／波奇包／小布包——
不論是貓形胸針或貓刺繡布小物，
都只需基本的刺繡針法＆繡在素色布料上就很有ｆｕ。
請一針一線地愉快縫繡，期待著被滿滿都是貓的生活小物幸福包圍～

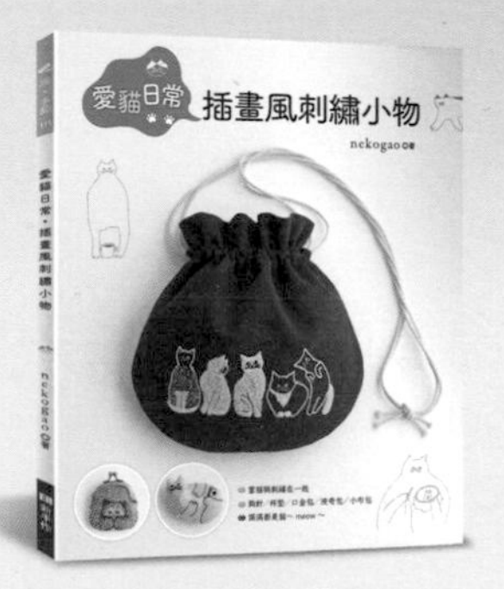

Shinnie 貼布縫圖案集—我喜歡的幸福小事記

粉絲作品大募集

購買新書《Shinnie貼布縫圖案集—我喜歡的幸福小事記》，取書中圖案創作個人作品（作品形式不限）**投稿至臉書社團《Shinnie貼布屋》，經評選入圍者，將有機會得到Shinnie老師準備的精美贈品，**入選作品還能刊登於拼布教室NO.27（2022夏季號）喔！快來與我們分享屬於你喜歡的幸福小事吧！

活動辦法

投稿主題：運用新書《Shinnie貼布縫圖案集—我喜歡的幸福小事記》書中圖案創作作品，形式不限。入選作品將刊登於拼布教室NO.27（2022夏季號）（2022年8月下旬出刊）

活動時間：2022年4/20起，2022年6/25截止收件。7/5前於《雅書堂文化》粉絲專頁公布入選名單。

評選方式：將由Shinnie老師及雅書堂文化出版社共同評選。

投稿方式：搜尋臉書公開社團《Shinnie貼布屋》並加入，活動期間將作品照片投稿至臉書社團《Shinnie貼布屋》，獲得通知入選者需於7/15前準備清晰的作品圖片(解析度300DPI，圖片3MB以上)、連絡資料、創作說明等寄至雅書堂編輯部信箱 elegantbooks21@gmail.com

評選方式：投稿作品將由Shinnie老師與雅書堂文化編輯部共同評選。

獎項及獎品說明

Shinnie評選特優賞：1名

獎品：新書《Shinnie貼布縫圖案集—我喜歡的幸福小事記》手作圍裙＋拼布教室NO.27（2022夏季號）1本

Shinnie評選優選賞：1名

獎品：新書《Shinnie貼布縫圖案集—我喜歡的幸福小事記》手作餐墊組＋拼布教室NO.27（2022夏季號）1本

Shinnie評選佳作賞：1名

獎品：新書《Shinnie貼布縫圖案集—我喜歡的幸福小事記》手作口金包＋拼布教室NO.27（2022夏季號）1本

雅書堂文化入圍賞：7名

獎品：拼布教室NO.27（2022夏季號）1本

粉絲專頁：「Shinnie貼布屋」
https://www.facebook.com/groups/735230550995727

注意事項

本活動僅限台灣地區讀者參加，作品投稿圖片格式不符雜誌刊登需求，將不予刊登，敬請見諒。贈品將於2022年9月統一寄出(贈品寄送僅限台灣地區)。雅書堂文化有最終活動解釋及修改之權利。

自行配置，進行製圖吧！

試著將書中出現的圖案進行製圖吧！由於是為了易於製圖而圖案化，與原本構圖有些微差異的圖，只要配合喜歡的大小製圖，即可應用於各式各樣的作品。另外也將一併介紹基本的接縫順序。請連同P.86以後作品的作法，一起當作作品製作的參考依據。

※箭頭為縫份倒向。

荷包牡丹（P.4）

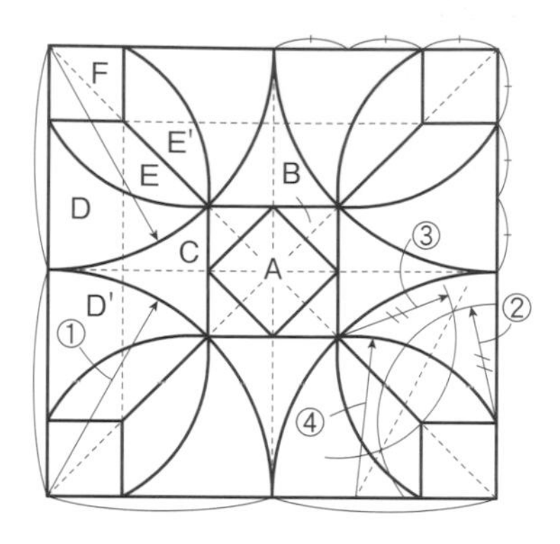

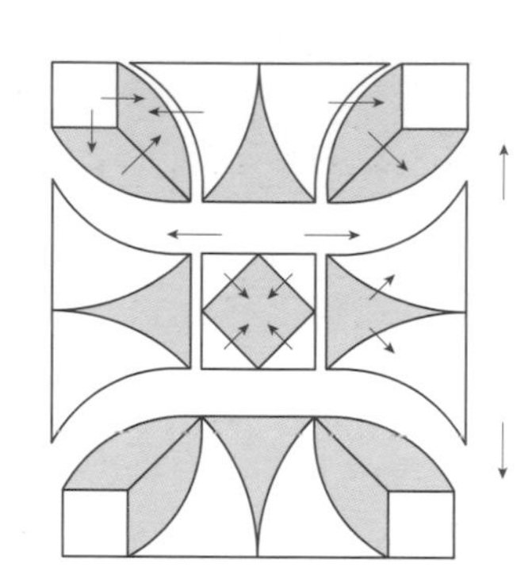

鳳梨（P.5）

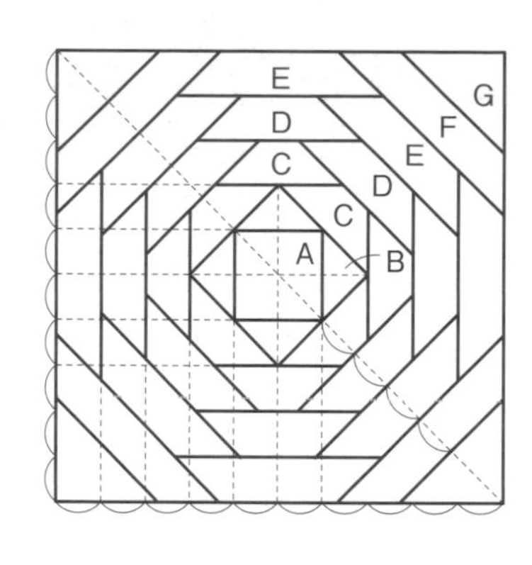

※縫份皆倒向外側。

華盛頓拼圖（P.8）

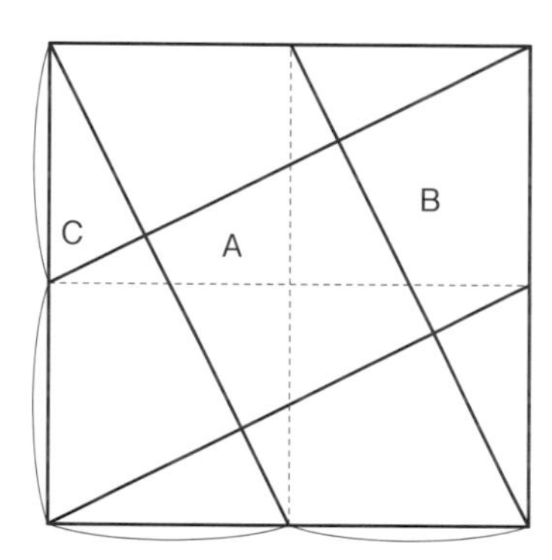

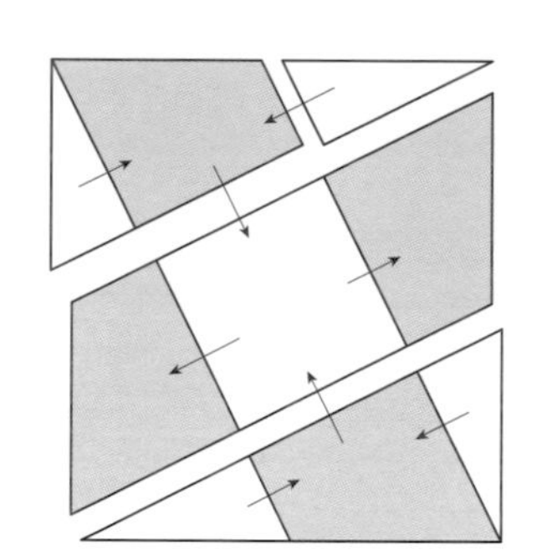

小木屋（P.11）

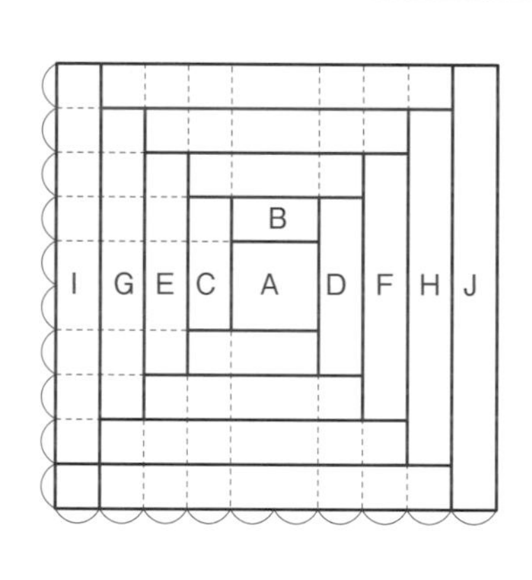

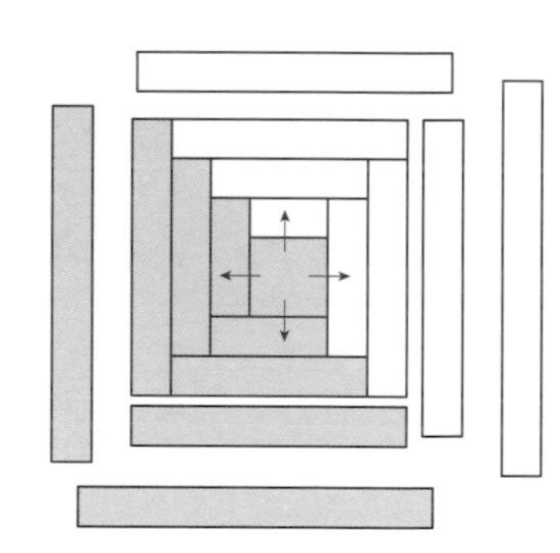

※縫份皆倒向外側。

扭轉線軸的變化款（P.13）

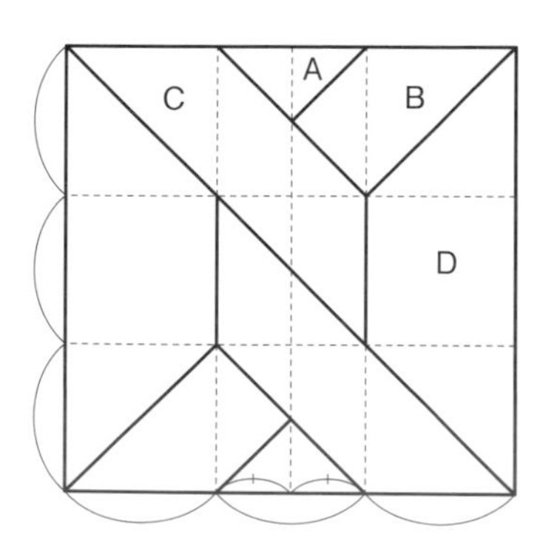

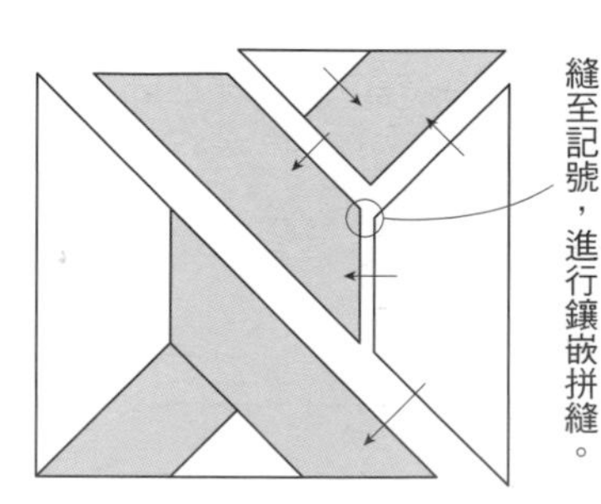

被切割的寶石（P.15）

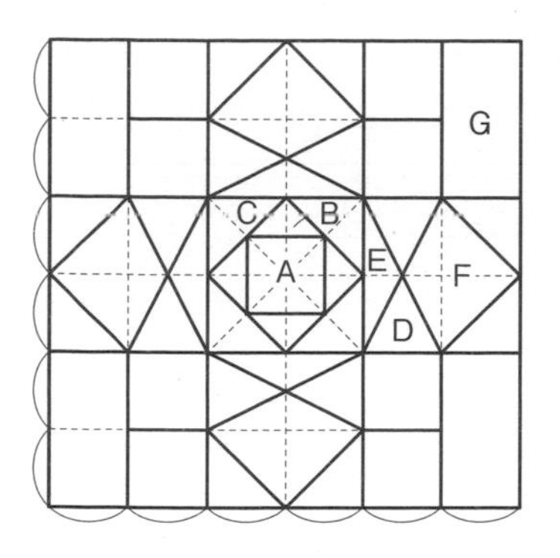

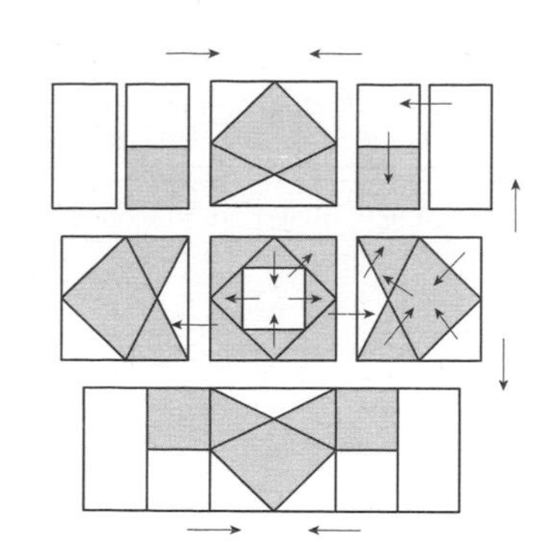

複習製圖的基礎

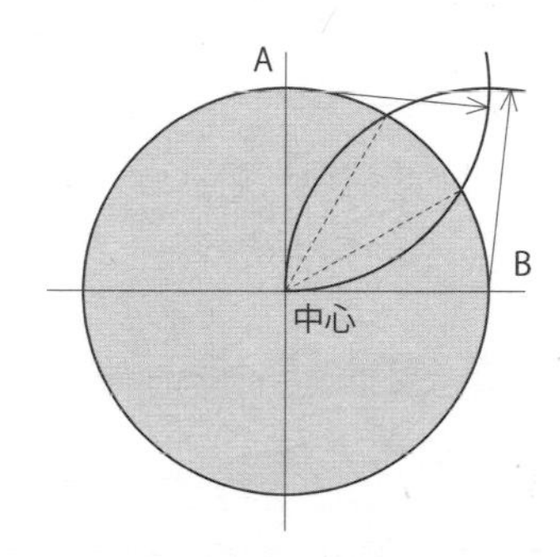

將1/4圓分割成3等分……分別由AB兩點為中心，
畫出通過圓心的圓弧，得出兩弧線相交的交點。

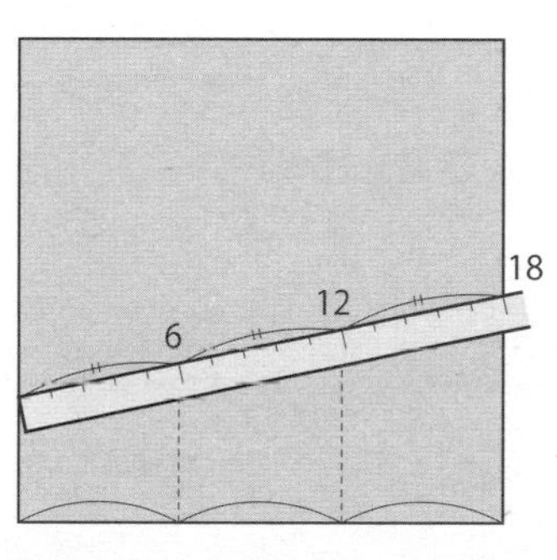

分割成3等分……選取方便分成3等分的寬度，
斜放上定規尺，並於被分成3等分的點上，
畫出垂直線。

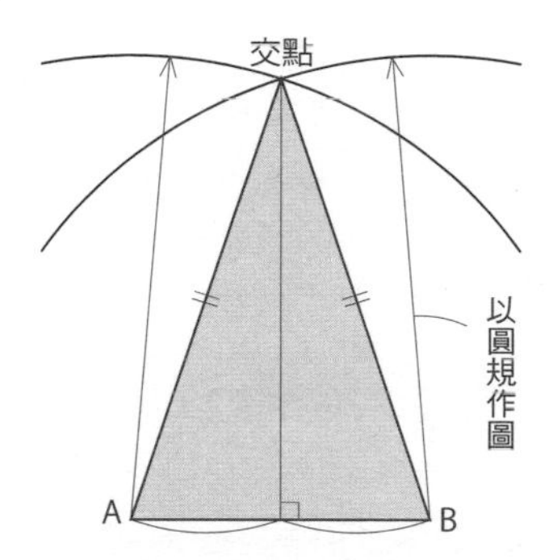

等邊三角形……決定底邊線段AB，
並由端點A為圓心，取任意長度的線段為半徑，
畫弧。這次改以端點B為圓心，
並以相同長度的線段畫弧，得出交點。

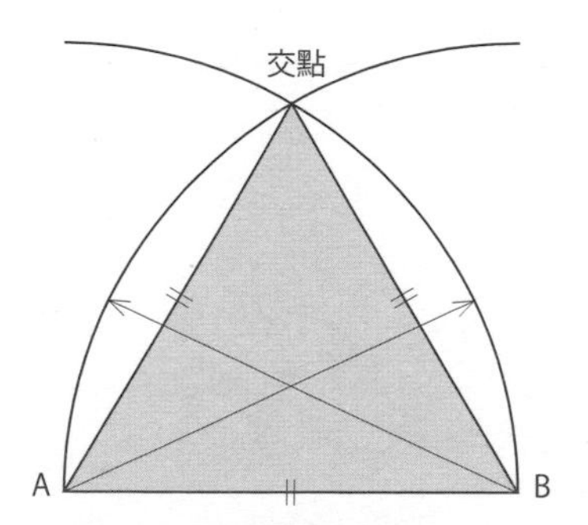

正三角形……先決定線段AB的邊長，
再分別以端點AB為圓心，
以此線段為半徑畫弧，得出交點。

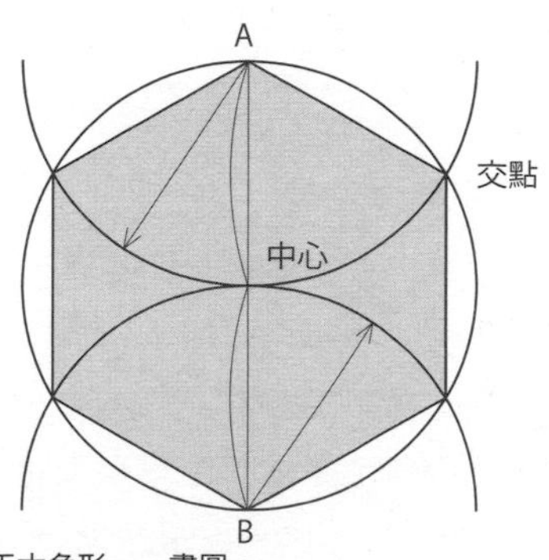

正六角形……畫圓，
並畫上一條通過圓心的線段AB。
分別由AB兩點為中心，
畫出通過圓心的圓弧，得出各交點。

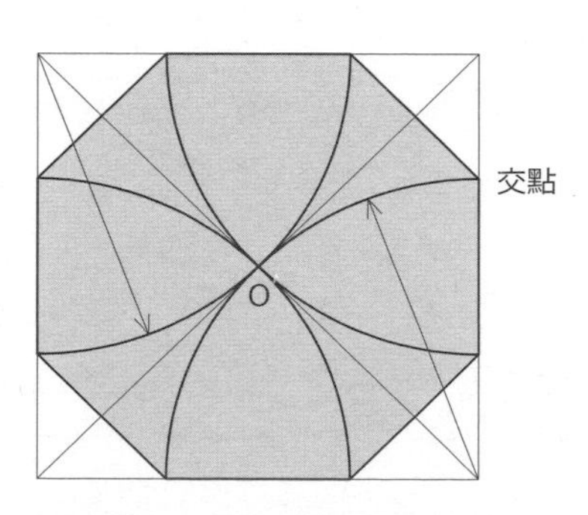

正八角形……取正方形對角線的交點為O。
再分別由四個邊角畫出穿過交點O的圓弧，
得出各交點。

一定要學會の

拼布基本功

基本工具

針

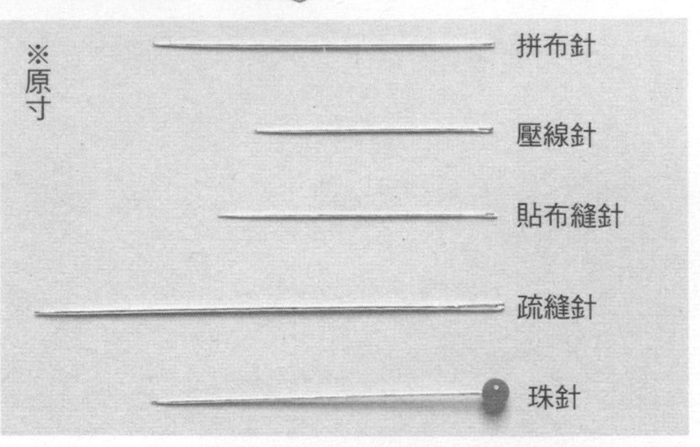

配合用途有各式各樣的針。拼布針為8至9號洋針，壓線針細且短，貼布縫針像絹針一樣細又長，疏縫針則比較粗且長。

線

拼布適用60號的縫線，壓線建議使用上過蠟、有彈性的線。但若想保有柔軟度，也可使用與拼布一樣的線。疏縫線如圖示，分成整捲或整捆兩種包裝。

記號筆

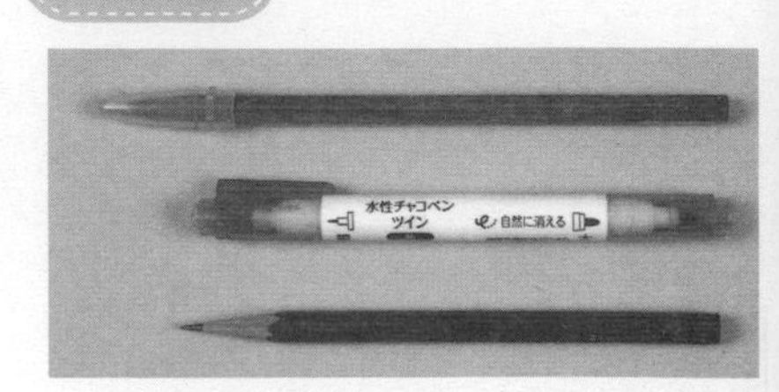

一般是使用2B鉛筆。深色布以亮色系的工藝用鉛筆或色鉛筆作記號，會比較容易看見。氣消筆或水消筆在描畫壓線線條時很好用。

頂針器

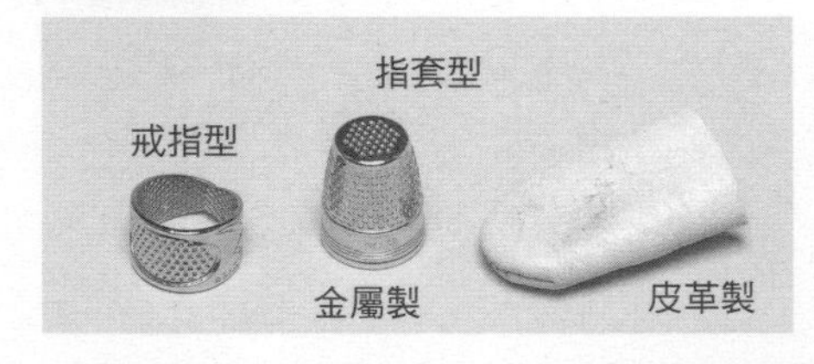

平針縫與壓線時的必備工具。一旦熟練使用，縫出的針趾就會漂亮工整。戒指型主要用於平針縫，金屬或皮革製的指套則用於壓線。

壓線框

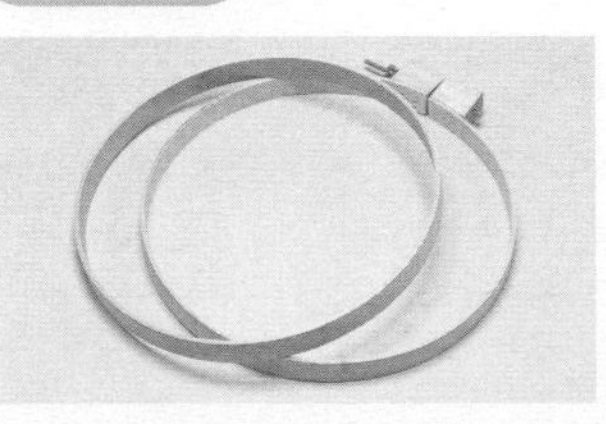

繡框的放大版。壓線時將布框入撐開。直徑30至40cm是好用的尺寸。

拼布用語

◆圖案（Pattern）◆

拼縫三角形或四角形的布片，展現幾何學圖形設計。依圖形而有不同名稱。

◆布片（Piece）◆

組合圖案用的三角形或四角形等的布片。以平針縫縫合布片稱為「拼縫」（Piecing）。

◆區塊（Block）◆

由數片布片縫合而成。有時也指完成的圖案。

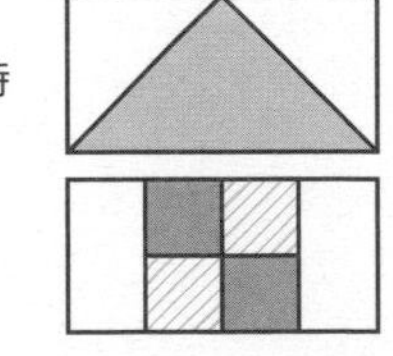

◆表布（Top）◆

尚未壓線的表層布。

◆鋪棉◆

夾在表布與底布之間的平面棉襯。適用密度緊實的薄鋪棉。

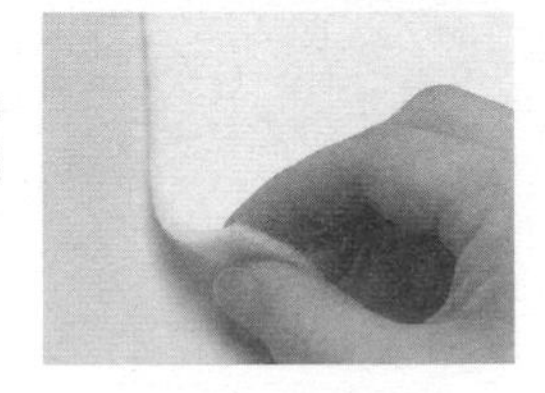

◆底布◆

鋪棉的底布。夾在表布與底布之間。適用織目疏鬆、針容易穿過的材質。薄布會讓壓線的陰影無法漂亮呈現於表層，並不適合。

◆貼布縫◆

另外縫合上其他的布。主要是使用立針縫（參照P.83）。

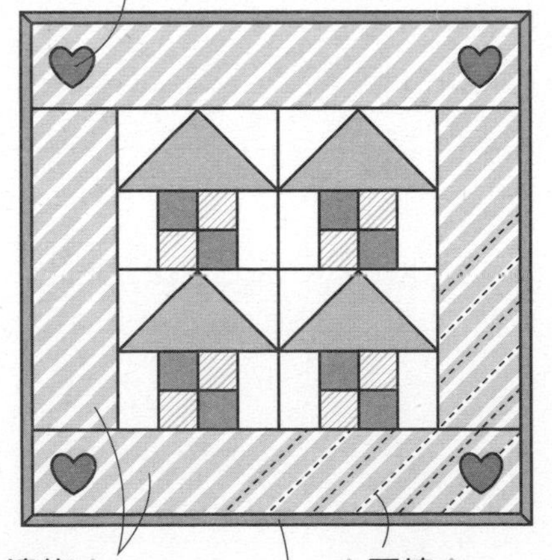

◆大邊條◆

接縫在由數個圖案縫合的表布邊緣的布。

◆壓線◆

重疊表布、鋪棉與底布，壓縫3層。

◆包邊◆

以斜紋布條包覆完成壓線的拼布周圍或包包的袋口縫份。

◆壓線線條◆

在壓線位置所作的記號。

主要步驟

製作布片的紙型。

使用紙型在布上作記號後裁布，準備布片。

拼縫布片，製作表布。

在表布描畫壓線線條。

重疊表布、鋪棉、底布進行疏縫。

進行壓線。

包覆四周縫份，進行包邊。

拼縫前準備工作

下水

新買的布在縫製前要水洗。即使是統一使用相同材質的布拼縫，由於縮水狀況不一，有時作品完成下水仍舊出現皺縮問題。此外，以水洗掉新布的漿，會更好穿縫，且能預防褪色。大片布就由洗衣機代勞，洗後在未完全乾燥時，一邊整理布紋，一邊以熨斗整燙。

關於布紋

原寸紙型上的箭頭所指方向代表布紋。布紋是指直橫交織而成的紋路。直橫正確交織，布就不會歪斜。而拼布不同於一般裁縫，布紋要對齊直布紋或橫布紋任一方都OK。斜紋是指斜向的布紋。與直布紋或橫布紋呈45度的稱為正斜向。

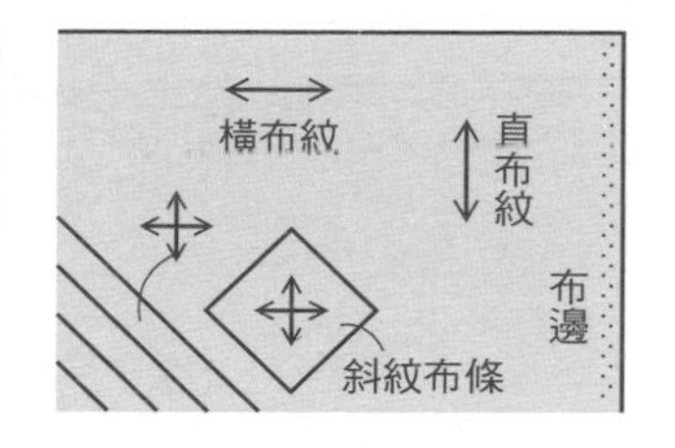

製作紙型

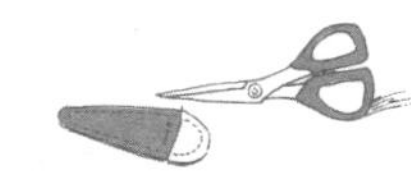

將製好圖的紙，或是自書本複印下來的圖案，以膠水黏貼在厚紙板上。膠水最好挑選不會讓紙起皺的紙用膠水。接著以剪刀沿著線條剪開，註明所需數量、布紋，並視需要加上合印記號。

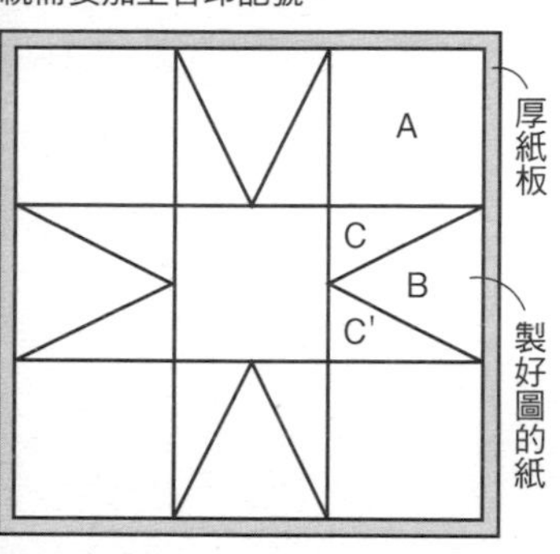

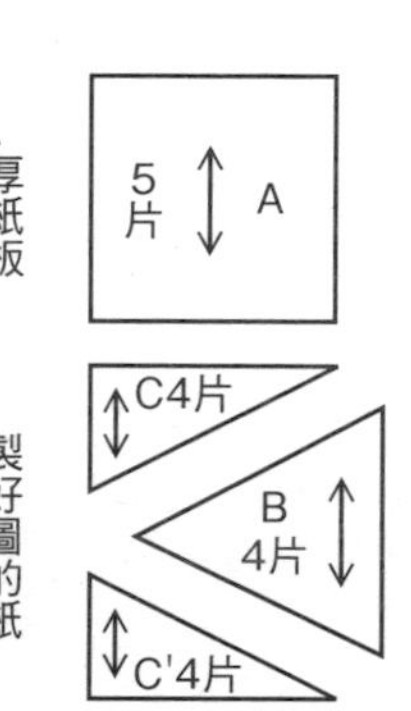

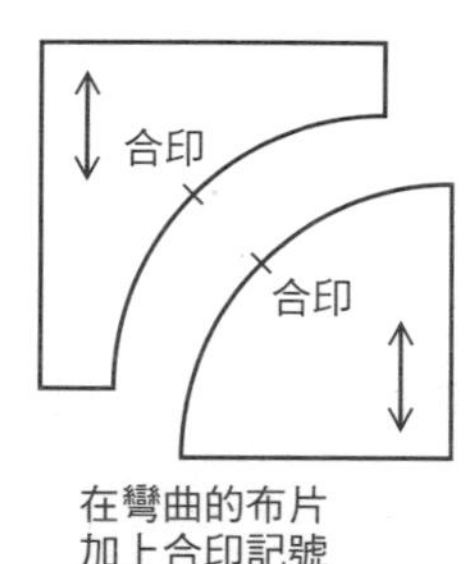

在彎曲的布片加上合印記號

作上記號後裁剪布片

紙型置於布的背面，以鉛筆作上記號。在貼上砂紙的裁布墊上作記號，布比較不會滑動。縫份約為0.7cm，不必作記號，目測即可。

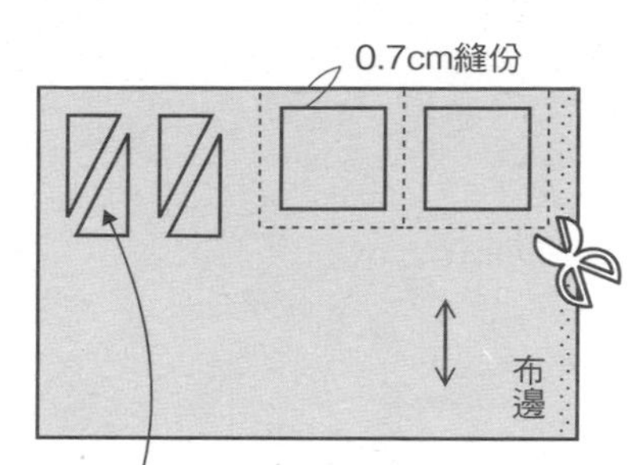

形狀不對稱的布片，在紙型背後作上記號。

拼縫布片

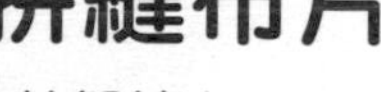

◆始縫結◆

縫前打的結。手握針，縫線繞針2、3圈，拇指按住線，將針向上拉出。

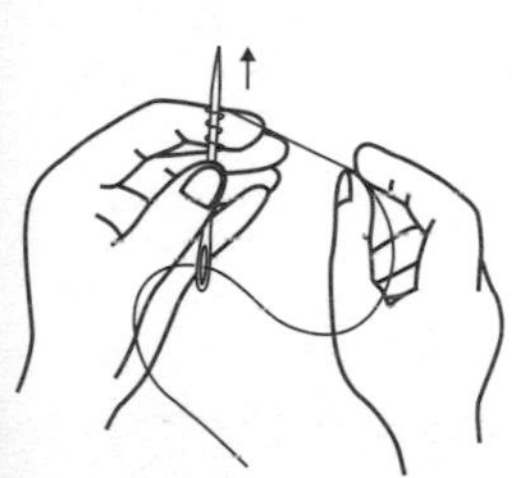

1 2片布正面相對，以珠針固定，自珠針前0.5cm處起針。

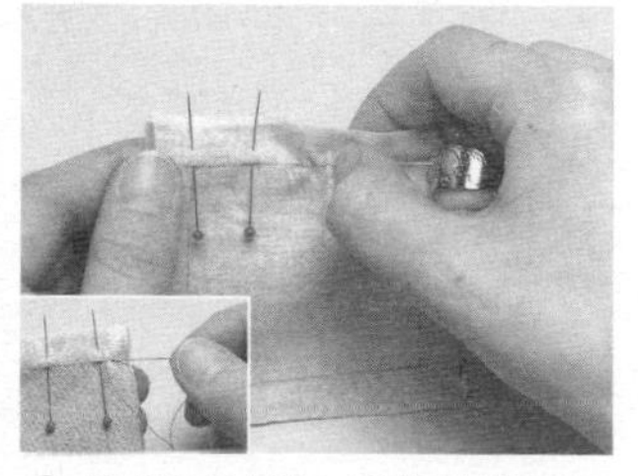

2 進行回針縫，手指確實壓好布片避免歪斜。

3 以手指稍微整理縫線，避免布片縮得太緊。

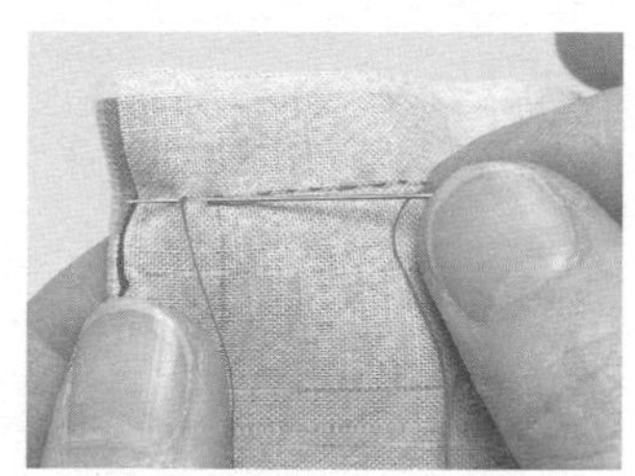

4 在止縫處回針，並打結。留下約0.6cm縫份後，裁剪多餘布片。

◆止縫結◆

縫畢，將針放在線最後穿出的位置，繞針2、3圈，拇指按住線，將針向上拉出。

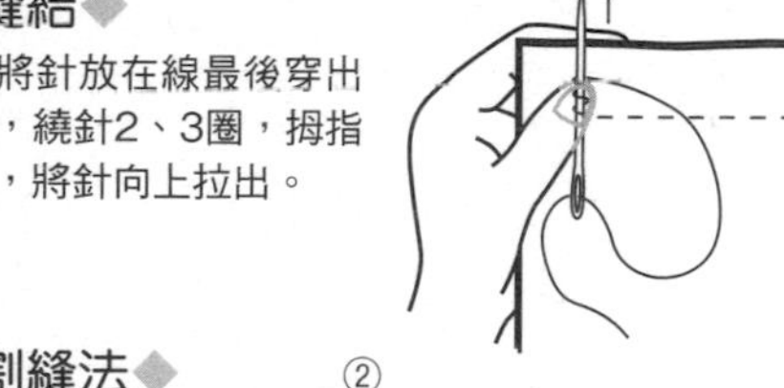

◆分割縫法◆

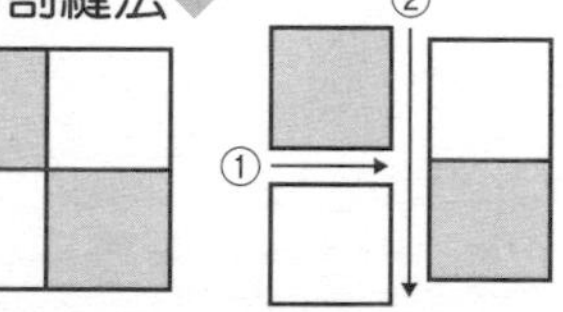

直線方向由布端縫到布端時，分割成帶狀拼縫。

◆鑲嵌縫法◆

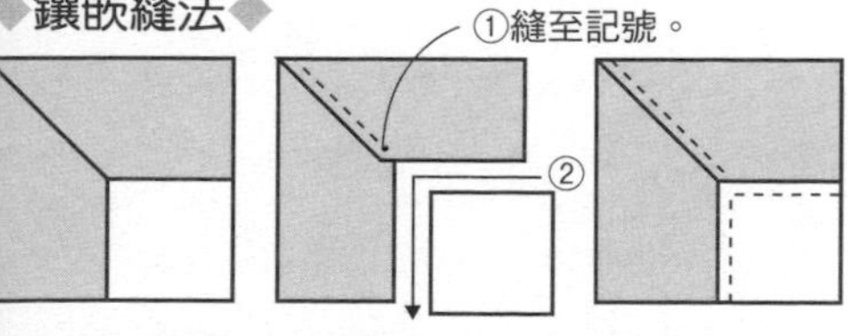

無法使用直線的分割縫法時，在記號處止縫，再嵌入布片縫合。

各式平針縫

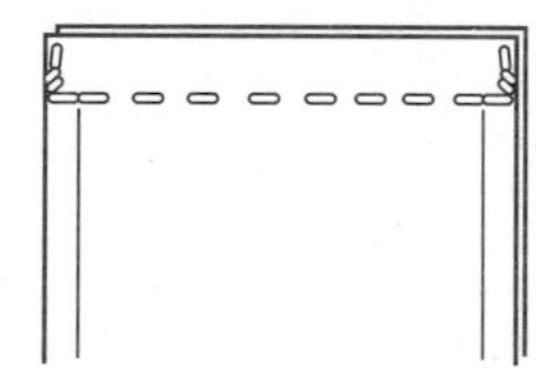

由布端到布端
兩端都是分割縫法時。

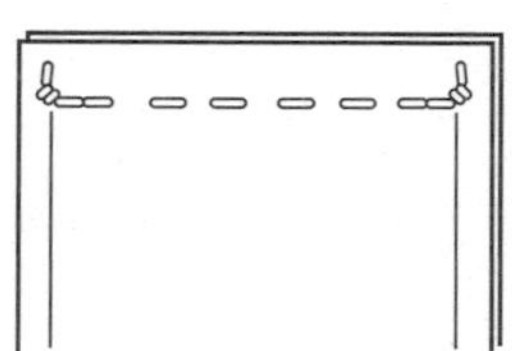

由記號縫至記號
兩端都是鑲嵌縫法時。

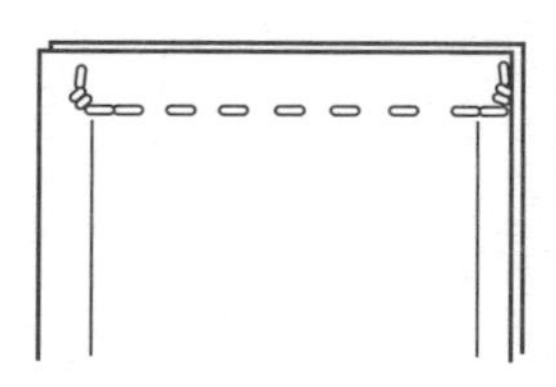

由布端縫至記號
縫至記號側變成鑲嵌縫法時。

縫份倒向

縫份不熨開而倒向單側。朝著要倒下的那一側，在針趾向內1針的位置摺疊縫份，以指尖往下按壓。

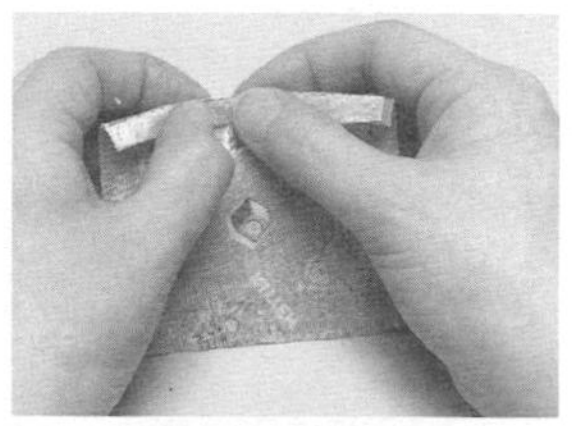

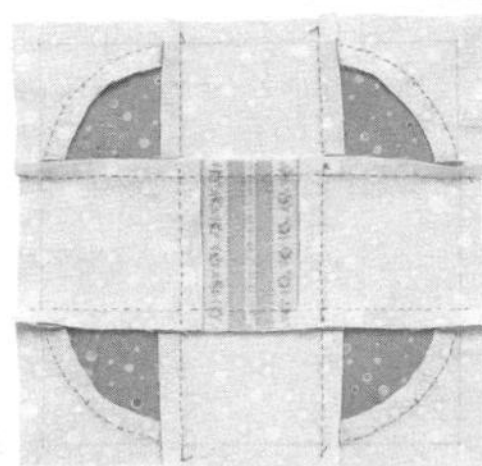

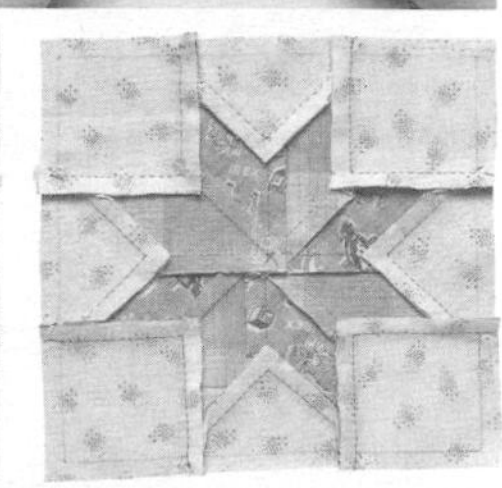

基本上，縫份是倒向想要強調的那一側，彎曲形則順其自然的倒下。其他還有全部朝同一方向倒下，或是倒向外側等，各式各樣的倒向方法。碰到像檸檬星（右）這種布片聚集在中心的狀況，就將菱形布片兩兩縫合成縫份倒向同一個方向的區塊，整合成上下的帶狀布後，再彼此縫合。

描畫壓線線條，進行疏縫

以熨斗整燙表布，使縫份固定。接著在表面描畫壓線記號。若是以鉛筆作記號，記得不要畫太黑。在畫格子或條紋線時，使用上面有平行線及方眼格線的尺會很方便。

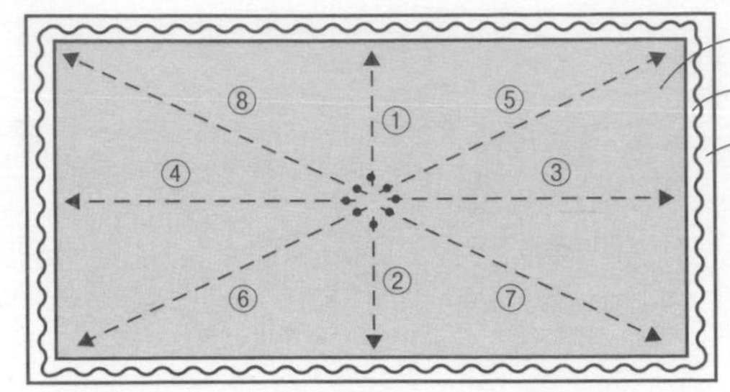

表布（正面）
鋪棉
底布（背面）

準備稍大於表布的底布與鋪棉，依底布、鋪棉、表布的順序重疊，以手撫平，再以珠針重點固定。由中心向外側進行疏縫。上圖是放射狀疏縫的例子。

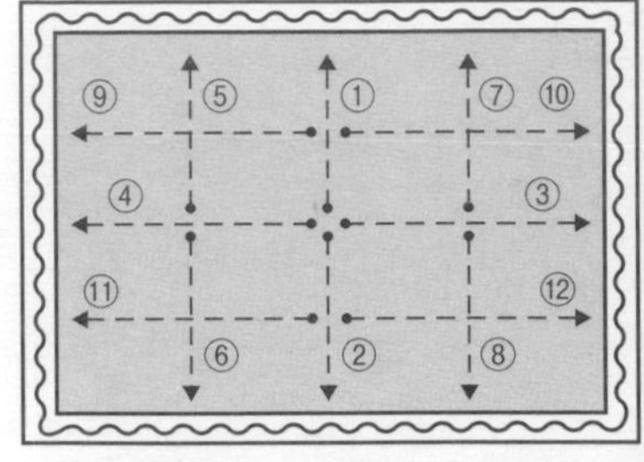

格狀疏縫的例子。適用拼布小物等。

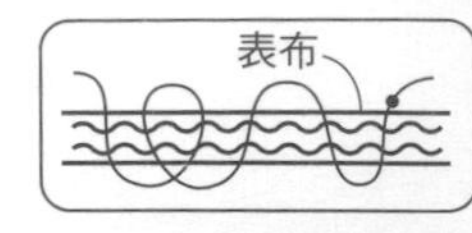

止縫作一針回針縫，不打止縫結，直接剪掉線。

壓線

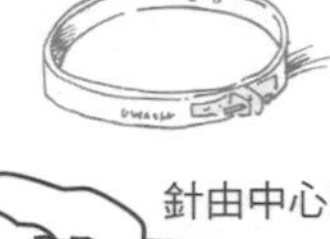

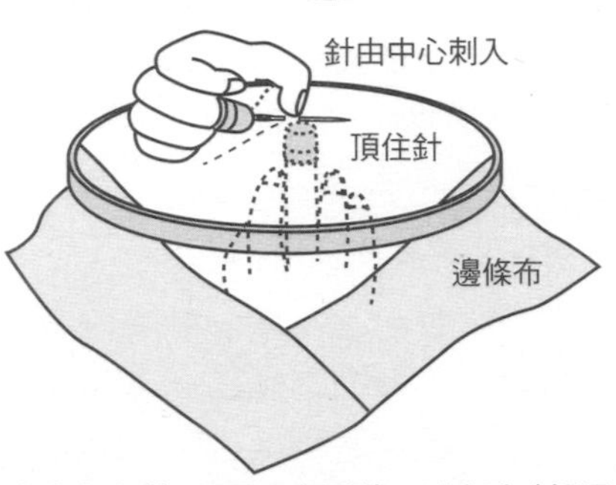

由中心向外，3層一起壓線。以右手（慣用手）的頂針指套壓住針頭，一邊推針一邊穿縫。左手（承接手）的頂針指套由下方頂住針。使用拼布框作業時，當周圍接縫邊條布，就要刺到布端。

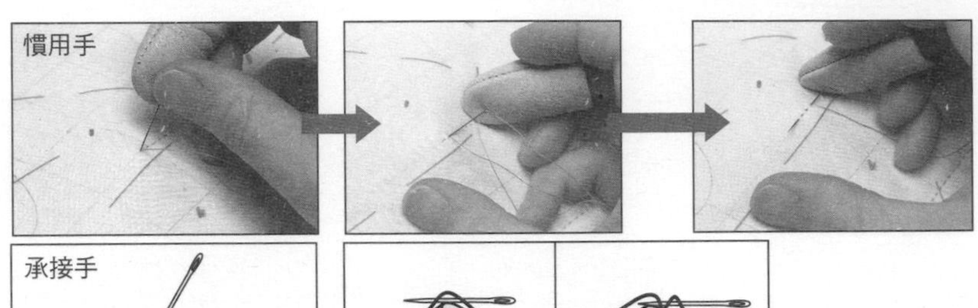

針由上刺入，以指套頂住。→以指套將布往往上提，在指套邊作出一個山形，再以慣用手的指套推針，貫穿山腰。→以指套往左錯開，製造下個一山形，再依同樣方式穿縫。

每穿縫2、3針，就以指套壓住針後穿出。

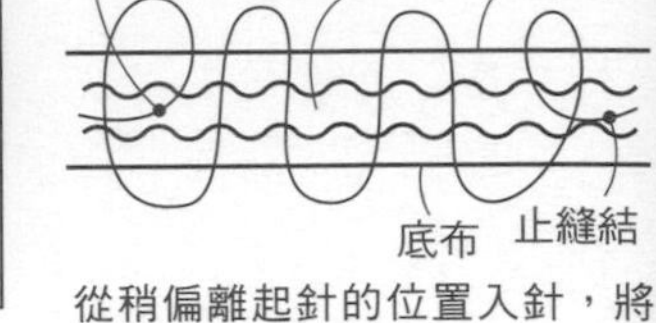

從稍偏離起針的位置入針，將始縫結拉至鋪棉內，縫一針回針縫，止縫也要縫一針回針縫，將止縫結拉至鋪棉內藏起來。

包邊

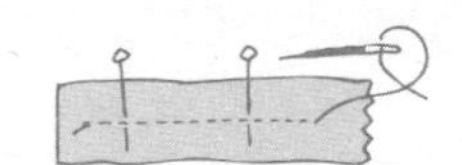

畫框式滾邊

所謂畫框式滾邊，就是以斜紋布條包覆拼布四周時，將邊角處理成及畫框邊角一樣的形狀。

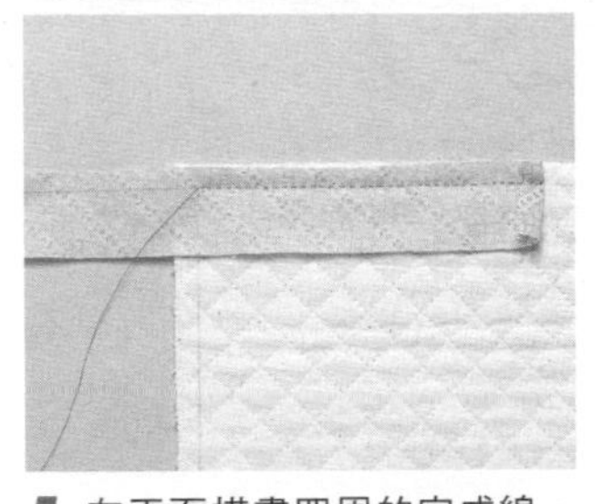

1 在正面描畫四周的完成線。斜紋布條正面相對疊放在拼布上，對齊斜紋布條的縫線記號與完成線，以珠針固定，縫到邊角的記號，在記號縫一針回針縫。

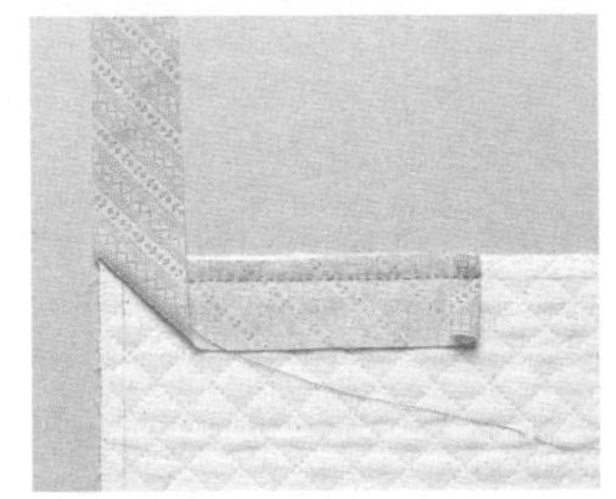

2 針線暫放一旁，斜紋布條摺成45度（當拼布的角是直角時）。重要的是，確實沿記號邊摺疊成與下一邊平行。

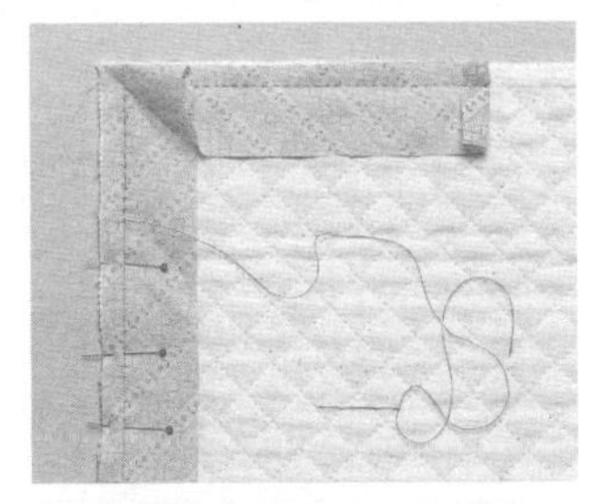

3 斜紋布條沿著下一邊摺疊，以珠針固定記號。邊角如圖示形成一個褶子。在記號上出針，再次從邊角的記號開始縫。

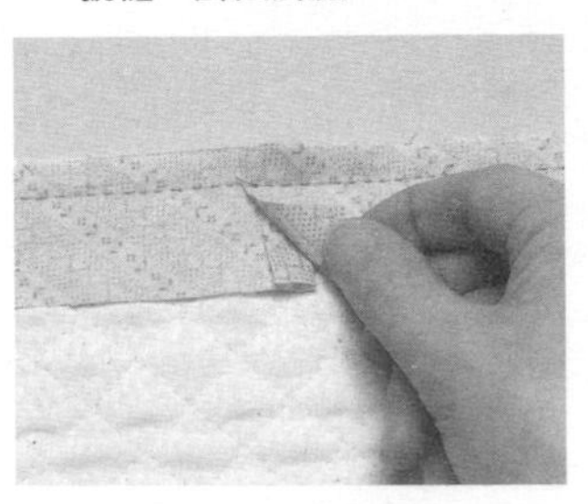

4 布條在始縫時先摺1cm。縫完一圈後，布條與摺疊的部分重疊約1cm後剪斷。

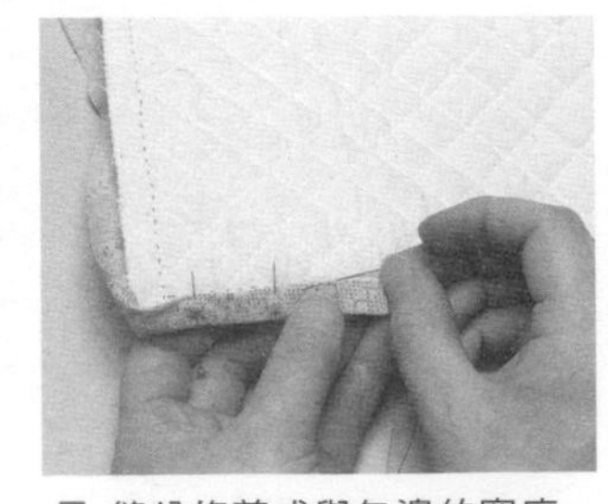

5 縫份修剪成與包邊的寬度，布條反摺，以立針縫縫合於底布。以布條的針趾為準，抓齊滾邊的寬度。

6 邊角整理成布條摺入重疊45度。重疊處縫一針回針縫變得更牢固。漂亮的邊角就完成了！

斜紋布條作法

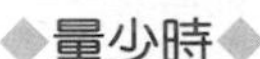

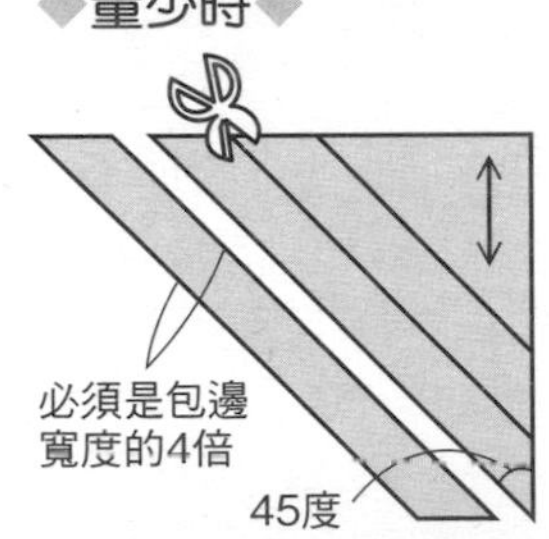

布摺疊成45度，畫出所需寬度。1cm寬的包邊需要4cm、0.8cm寬要3.5cm、0.7cm寬要3cm。包邊寬度愈細，加上布的厚度要預留寬一點。

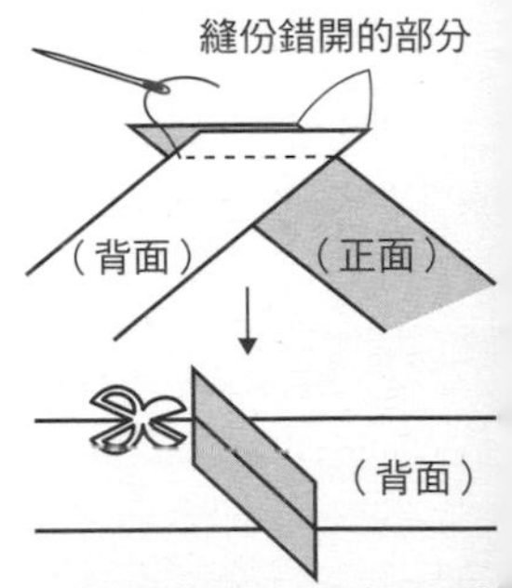

接縫布條時，兩片正面相對，以細針目的平針縫縫合。熨開縫份，剪掉露出外側的部分。

◆量多時◆

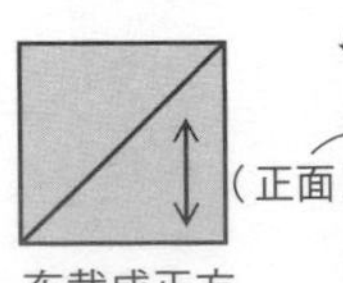

布裁成正方形，沿對角線剪開。

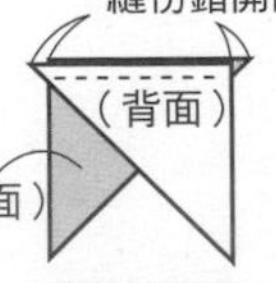

裁開的布正面相對重疊並以車縫縫合。

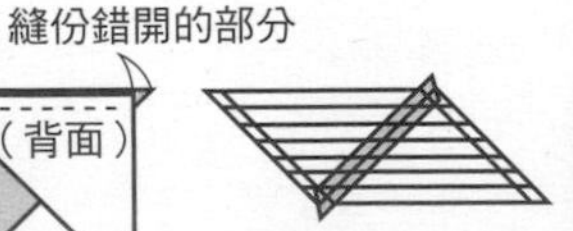

熨開縫份，沿布端畫上需要的寬度。另一邊的布端與畫線記號錯開一層，正面相對縫合。以剪刀沿著記號剪開，就變成一長條的斜紋布。

拼布包縫份處理

A 以底布包覆

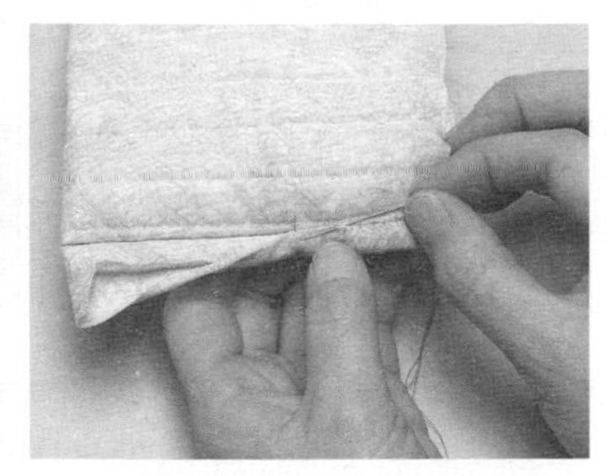

側面正面相對縫合，僅一邊的底布留長一點，修齊縫份。接著以預留的底布包覆縫份，以立針縫縫合。

B 進行包邊（外包邊的作法相同）

適合彎弧部分的處理方式。兩片正面相對疊合（外包邊是背面相對），疏縫固定，斜紋布條正面相對，進行平針縫。

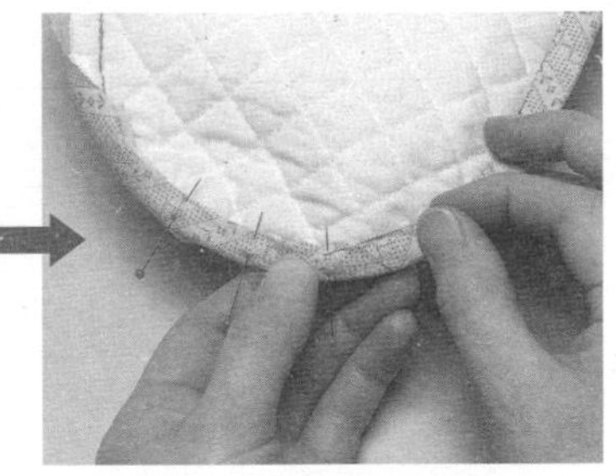

修齊縫份，以斜紋布條包覆進行立針縫，即使是較厚的縫份也能整齊收邊。斜紋布條若是與底布同一塊布，就不會太醒目。

C 接合整理

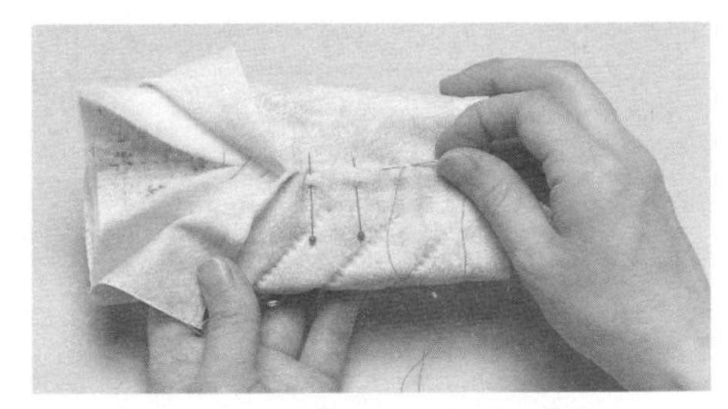

處理後縫份不會出現厚度，可使作品平坦而不會有突起的情形。以脇邊接縫側面時，目脇邊留下2、3cm的壓線，僅表布正面相對縫合，縫份倒向單側。鋪棉接合以粗針目的捲針縫縫合，底布以藏針縫縫合。最後完成壓線。

貼布縫作法

方法A（摺疊縫份以藏針縫縫合）

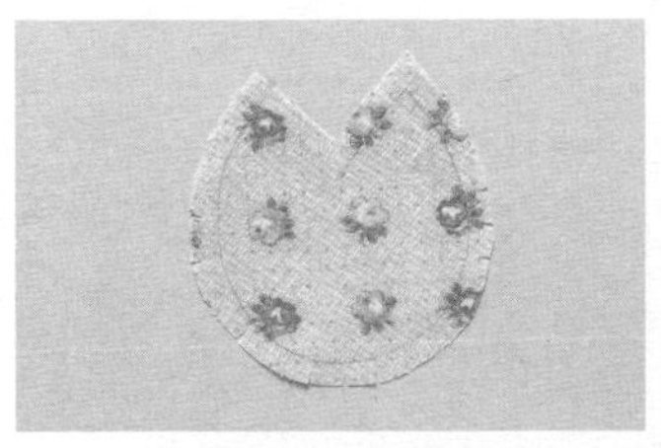

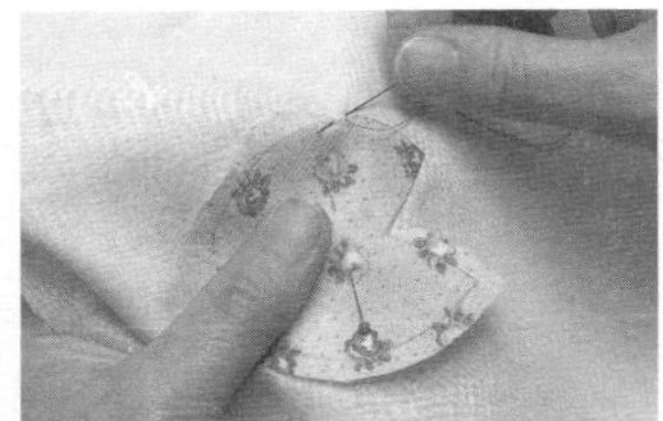

在布的正面作記號，加上0.3至0.5cm的縫份後裁布。在凹處或彎弧處剪牙口，但不要剪太深以免綻線，大約剪到距記號0.1cm的位置。接著疊放在土台布上，沿著記號以針尖摺疊縫份，以立針縫縫合。

方法B（作好形狀再與土台布縫合）

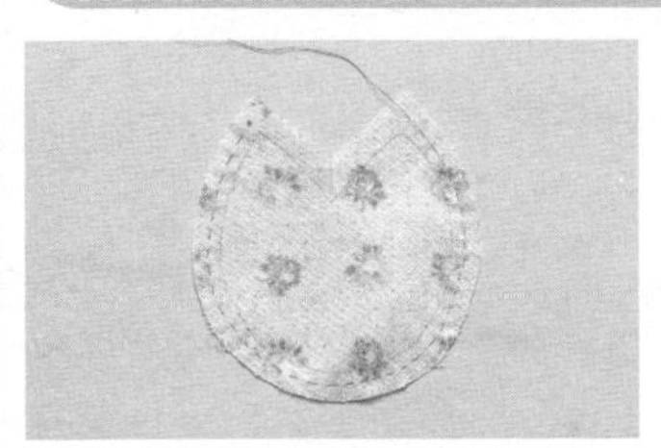

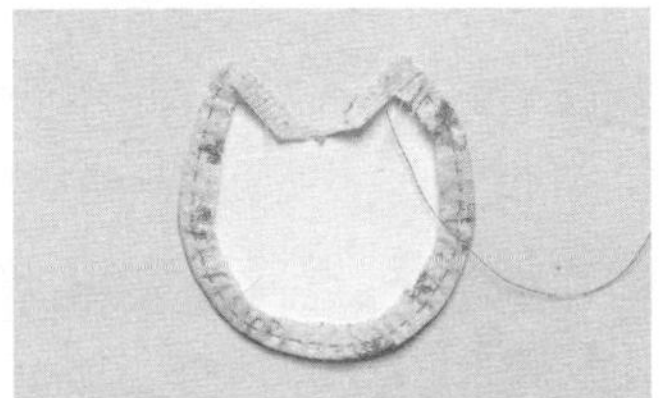

在布的背面作記號，與A一樣裁布。平針縫彎弧處的縫份。始縫結打大一點以免鬆脫。接著將紙型放在背面，拉緊縫線，以熨斗整燙，也摺好直線部分的縫份。線不動，抽掉紙型，以藏針縫縫合於土台布上。

基本縫法

平針縫

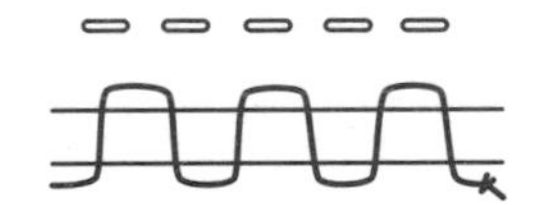

回針縫

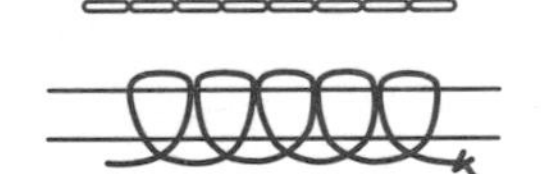

立針縫

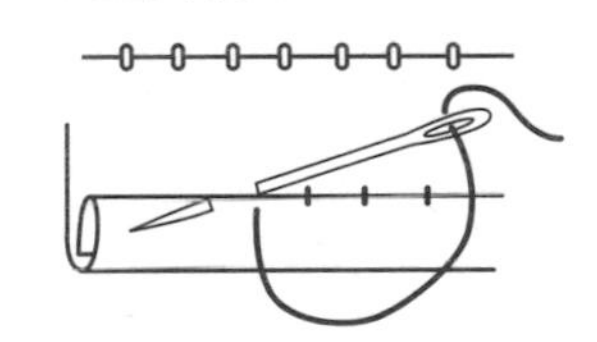

星止縫

捲針縫

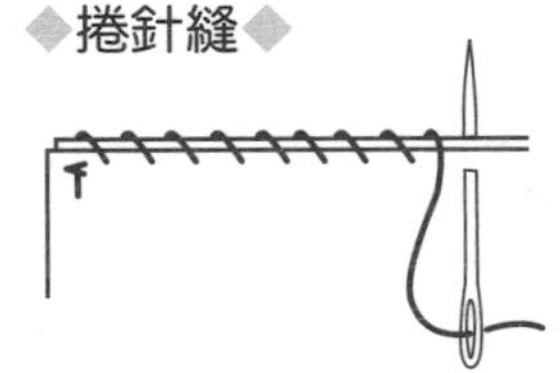

梯形縫

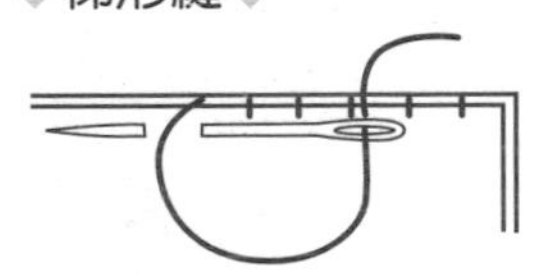

兩端的布交替，針趾與布端呈平行的挑縫

安裝拉鍊

從背面安裝

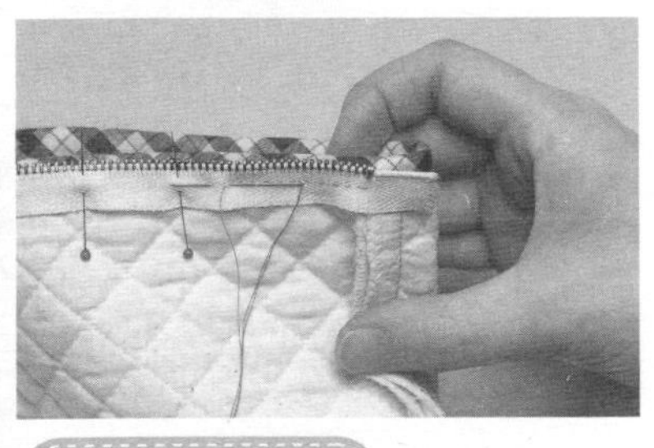

對齊包邊端與拉鍊的鍊齒，以星止縫縫合，以免針趾露出正面。以拉鍊的布帶為基準就能筆直縫合。

※縫合脇邊再裝拉鍊時，將拉鍊下止部分置於脇邊向內1cm，就能順利安裝。

從正面安裝

同上，放上拉鍊，從表側在包邊的邊緣以星止縫縫合。縫線與表布同顏色就不會太醒目。因為穿縫到背面，會更牢固。背面的針趾還可以裡袋遮住。

拉鍊布端可以千鳥縫或立針縫縫合。

包邊繩作法

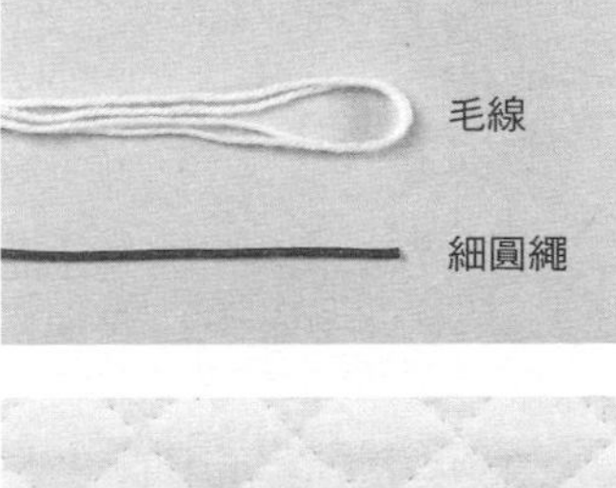

以斜紋布條將芯包住。若想要鼓鼓的效果就以毛線當芯，或希望結實一點就以棉繩或細圓繩製作。棉繩與細圓繩是以用斜紋布條邊夾邊縫合，毛線則是斜紋布條縫合成所需寬度後再穿。

縫合側面或底部時，先暫時固定於單側，再壓緊一邊將另一邊包邊繩縫合固定。始縫與止縫平緩向下重疊。

棉繩或細圓繩

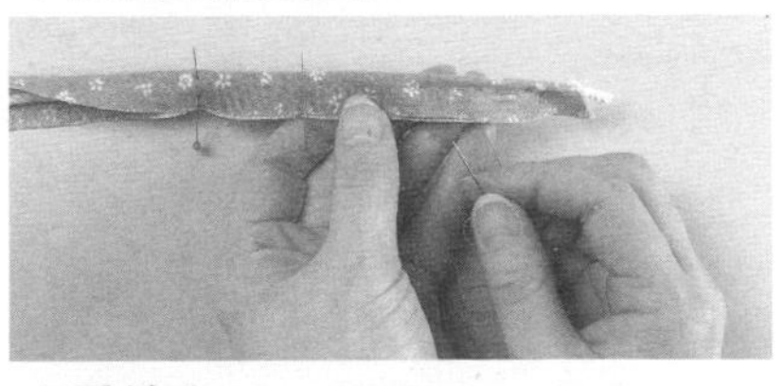

毛線

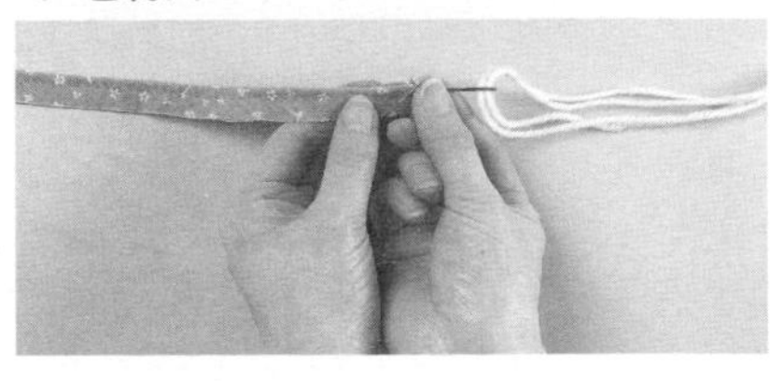

作品紙型＆作法

＊圖中的單位為cm。
＊圖中的❶❷為紙型號碼。
＊完成作品的尺寸多少會與圖稿的尺寸有所差距。
＊關於縫份，原則上布片為0.7cm、貼布縫為0.3至0.5cm，其餘則預留1cm後進行裁剪。
＊附註為原寸裁剪標示時，不留縫份，直接裁剪。
＊P.82至P.85請一併參考。
＊刺繡方法請參照P.109。

P5 No.3 手提袋 ●紙型B面❹

◆材料
各式拼接用布片 袋身用布（包含側身、提把、袋口布表布、吊耳、處理拉鍊端部部分）、鋪棉、胚布（包含襯底墊部分）各110×40cm 滾邊用寬3.5cm斜布條110cm長30cm 拉鍊1條 附活動鉤肩背帶1條 寬2cm三角環2個 包用底板25×6cm

◆作法順序
拼接A布片，完成口袋表布→袋身、側身、口袋的表布疊合鋪棉與胚布，進行壓線→製作吊耳、提把、袋口布→依圖示完成縫製。

完成尺寸　19.5×31cm

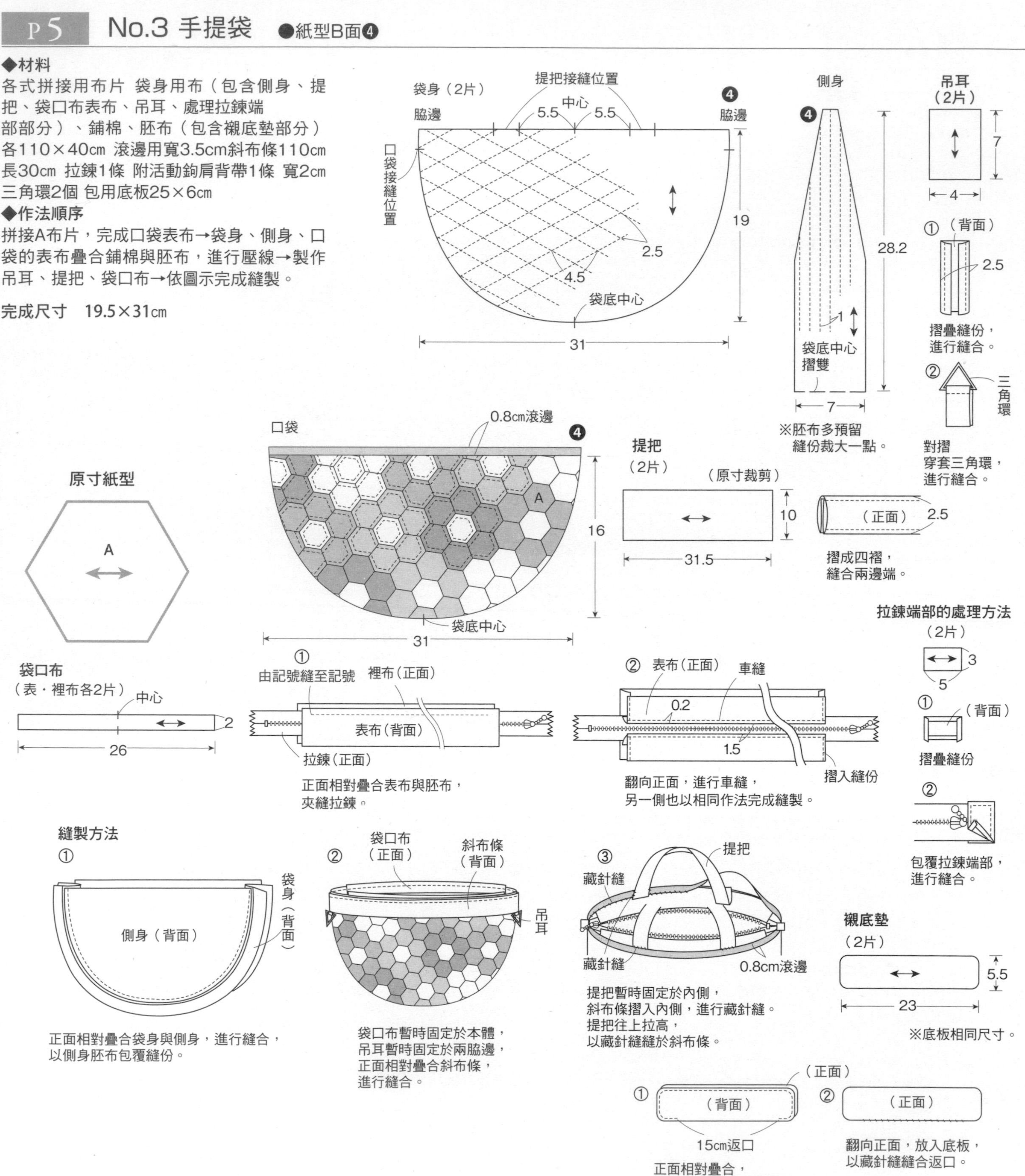

No.2 手提袋 No.4 波奇包

●紙型A面❻（手提袋A至F布片的原寸紙型＆原寸刺繡、壓線圖案）・A面❽

◆材料

手提袋 各式拼接用布片 L用布50×100cm（包含K、M、N布片、袋口裡側貼邊、滾邊、鉤環絆帶部分） 裡袋用布50×70cm 鋪棉、胚布各50×80cm 長48cm提把1組 接著襯15×10cm 長3cm活動鉤、內尺寸1.1cm D型環各1個 直徑0.7cm亮片5片 直徑0.3cm串珠、25號繡線各適量

波奇包 各式拼接用布片 J用布50×30cm（包含滾邊部分） 裡袋、鋪棉、胚布各30×40cm 寬2cm蕾絲30cm 長23cm拉鍊1條 25號繡線適量

◆作法順序

手提袋 拼接布片完成4片圖案，拼接G至J布片，完成2個帶狀區塊→接縫圖案、K布片、帶狀區塊、L、L'・M・N布片，完成表布→疊合鋪棉、胚布，進行壓線→製作本體與裡袋，依圖示完成縫製。

波奇包 拼接布片完成6片圖案，接縫H至J布片，完成表布→疊合鋪棉、胚布，進行壓線→依圖示完成縫製。

◆作法重點

○處理袋口的斜布條包覆袋口部位之後，翻向內側，沿著斜布條邊緣，由表側進行車縫。

完成尺寸 手提袋 32×42cm
波奇包14×25cm

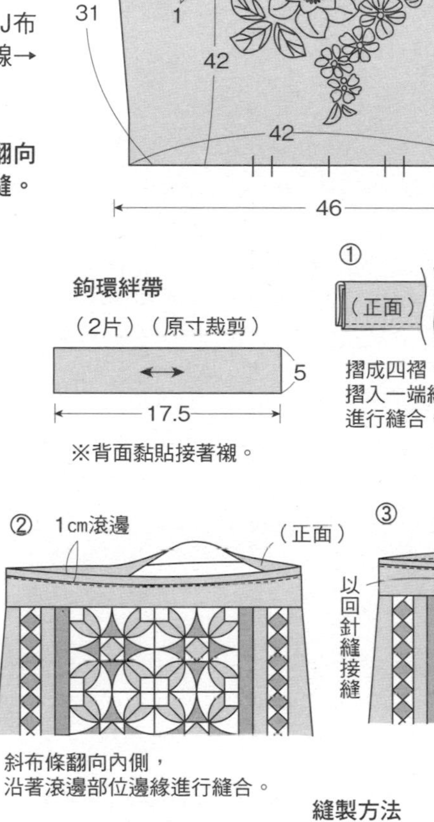

圖案配置圖

D' D F E E' C B A

12

原寸紙型

J I G H

串珠 亮片

裡袋

42

4 袋口裡側貼邊

2

31.5

35.5

脇邊 4.5 袋底中心摺雙 2 脇邊 4.5

46

鉤環絆帶

（2片）（原寸裁剪）

5

17.5

※背面黏貼接著襯。

① 1.3 （正面） 摺成四褶，摺入一端縫份，進行縫合。

② D型環 2.5 穿套D型環，進行縫合。另一條穿套活動鉤。

本體（裡袋相同）

（背面） 脇邊 縫合 9

正面相對，由袋底中心對摺，縫合兩脇邊與側身。

縫製方法

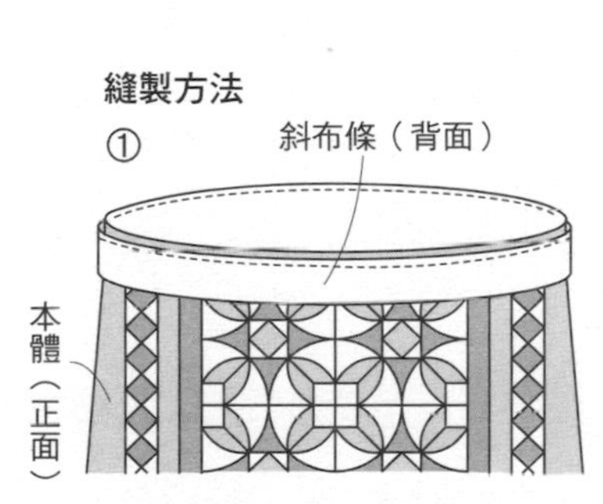

本體正面相對疊合斜布條，進行縫合。

斜布條翻向內側，沿著滾邊部位邊緣進行縫合。

③ 提把 以回針縫接縫

縫合固定提把

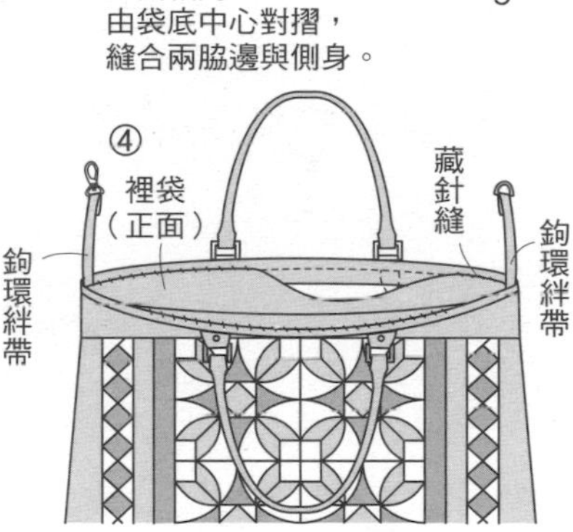

兩脇邊夾入鉤環絆帶，放入裡袋，進行藏針縫。

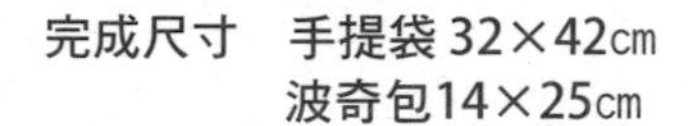

波奇包

I 蕾絲 中心 5 H 1 1 5 1 10 1 袋底中心 31 J 18 0.7 輪廓繡（取2股繡線） 4.5 ❽

脇邊 25 脇邊

※裡袋尺寸相同

圖案配置圖

E B C D G F E D C A

縫製方法

① （背面） 脇邊 4

正面相對由袋底中心對摺，縫合兩脇邊與側身。修剪側身縫份。以相同作法縫合裡袋。

如同手提袋作法，進行袋口滾邊，縫合固定拉鍊。

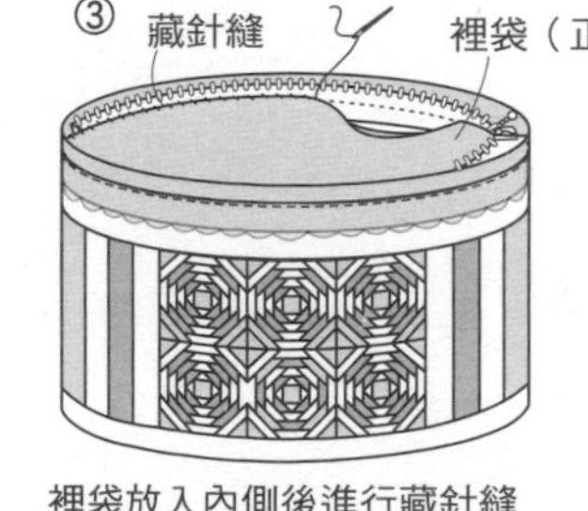

裡袋放入內側後進行藏針縫

原寸紙型

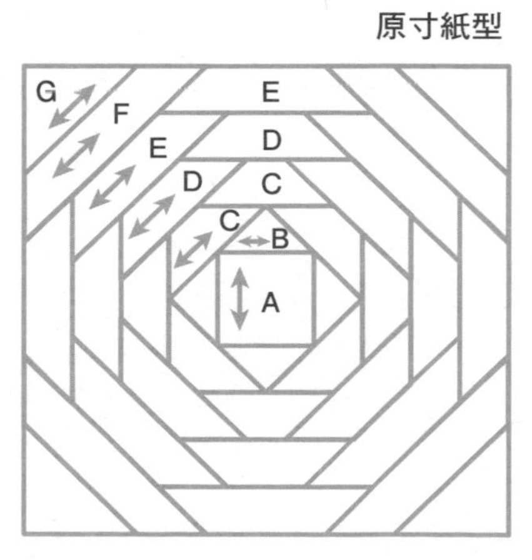

P6 No.5 手提袋 ●紙型B面⑮

◆材料

各式貼布縫、包釦用布片 A用布50×20cm B用布110×170cm（包含C布片、後片、側身、提把、提把裝飾、拉鍊裝飾、口袋裡布E、滾邊、滾邊繩部分） 裡布110×210cm（包含袋口裡側貼邊、袋口布、口袋裡布、內口袋部分）、鋪棉、胚布各70×125cm 接著襯100×85cm 包釦心直徑1.2cm 4顆・1.8cm 4顆・3cm 2顆 長30cm・40cm拉鍊各1條 滾邊繩用直徑0.7cm 繩帶250cm 小圓珠、並太毛線、棉花各適量

◆作法順序

A布片進行貼布縫→A布片上、下進行貼布縫，縫上B與C布片，完成前片表布→前片、後片、側身表布疊合鋪棉與胚布，進行壓線→前片縫上小圓珠→製作後片→製作內口袋→製作袋口布→製作裡布→製作提把→依圖示完成縫製。

完成尺寸　38×46.5cm

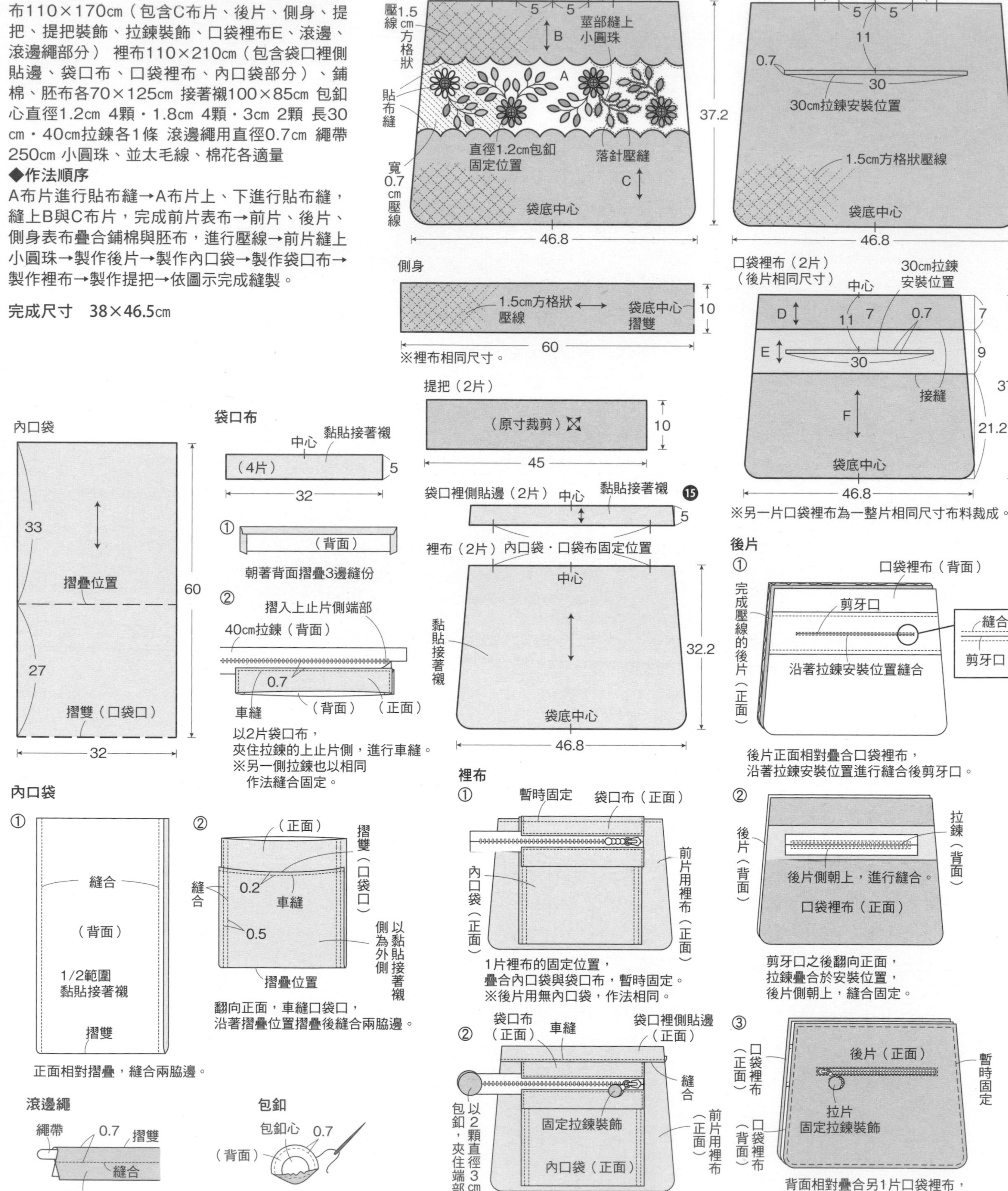

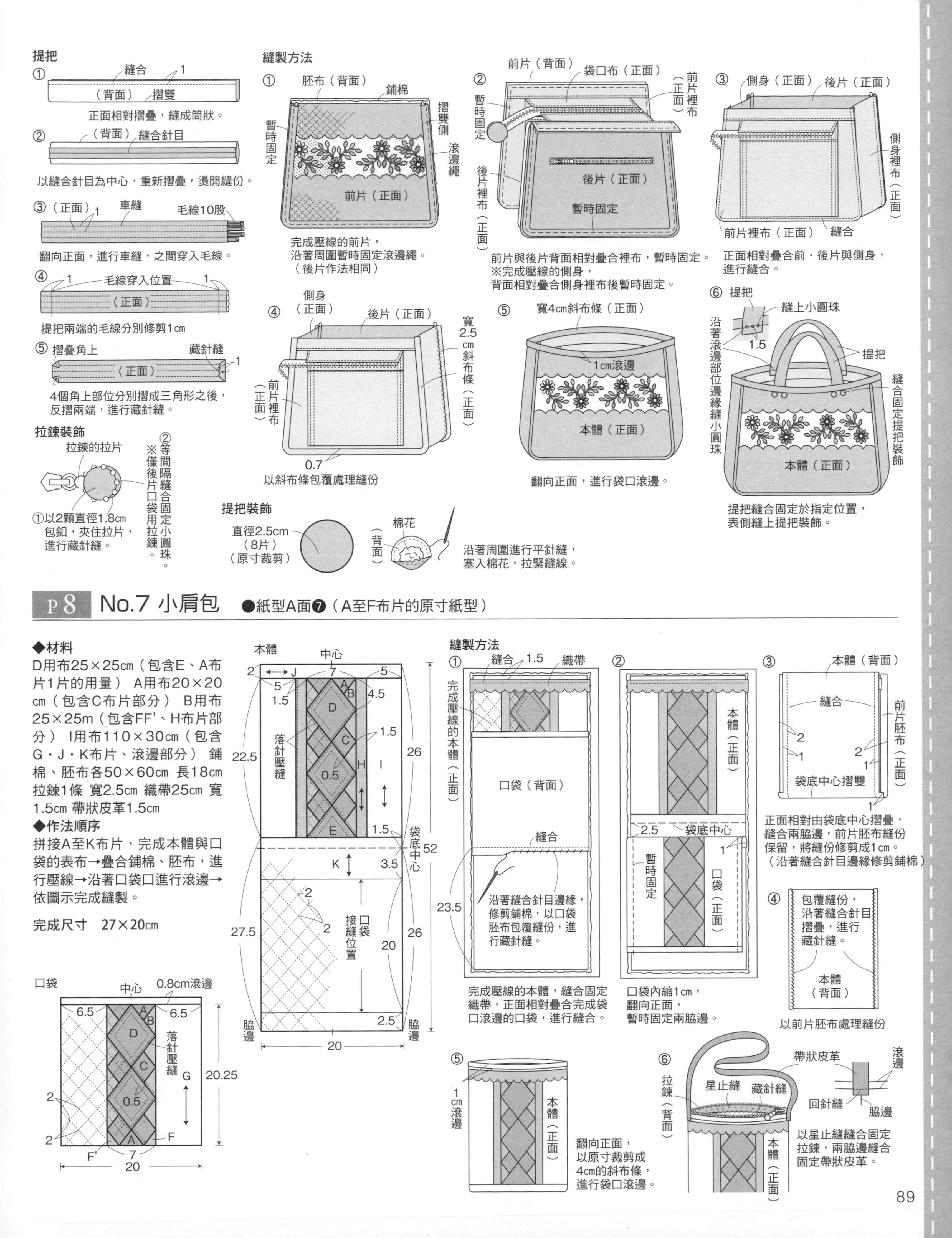

P8 No.7 小肩包 ●紙型A面❼（A至F布片的原寸紙型）

◆材料

D用布25×25cm（包含E、A布片1片的用量） A用布20×20cm（包含C布片部分） B用布25×25m（包含FF'、H布片部分） I用布110×30cm（包含G・J・K布片、滾邊部分） 鋪棉、胚布各50×60cm 長18cm拉鍊1條 寬2.5cm 織帶25cm 寬1.5cm 帶狀皮革1.5cm

◆作法順序

拼接A至K布片，完成本體與口袋的表布→疊合鋪棉、胚布，進行壓線→沿著口袋口進行滾邊→依圖示完成縫製。

完成尺寸　27×20cm

No.8 肩背包

◆材料

BB'用布40×40cm A用布90×40cm（包含C至F布片、吊耳、滾邊部分） 鋪棉、胚布各35×70m（包含拉鍊尾片部分） 長30cm拉鍊1條 內尺寸1.5cm D型環2個 附活動鉤肩背帶1條

◆作法順序

拼接A至C' 布片，完成16片圖案→接縫圖案，周圍接縫D至F布片，完成表布→疊合鋪棉、胚布，進行壓線→製作吊耳→依圖示完成縫製。

完成尺寸　28×30cm

※A至C布片原寸紙型請參照P.110。

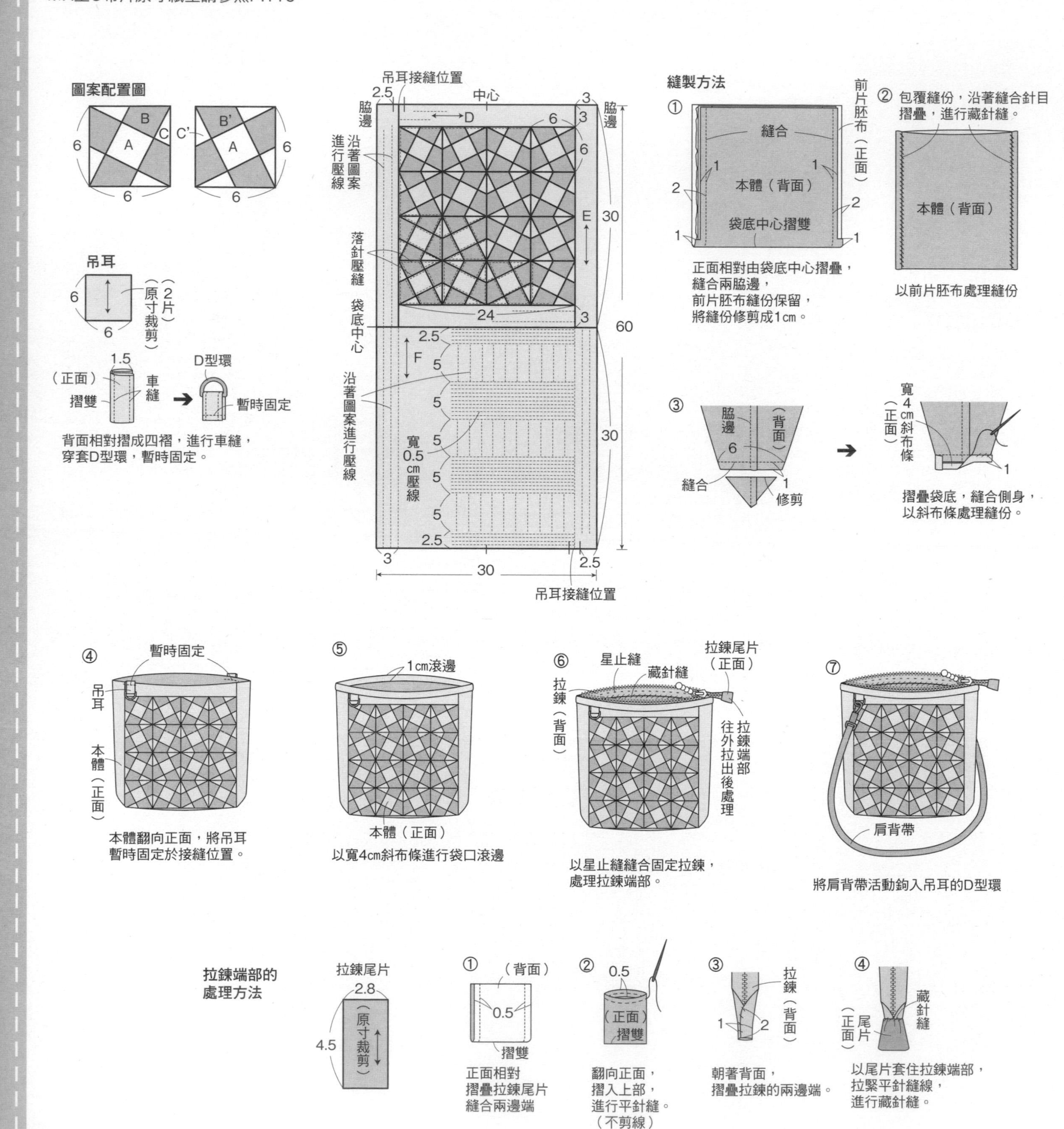

P14 No.17 手提袋

◆**材料**

各式拼接用布片 袋底用布55×30cm（包含滾邊部分） 鋪棉100×30cm 胚布110×30cm（包含提把補強片部分） 寬5.5cm蕾絲80cm 長38cm提把1組

◆**作法順序**

拼接布片完成2片袋身表布→疊合鋪棉、胚布，進行壓線→縫上蕾絲→袋底也以相同作法進行壓線→依圖示完成縫製，接縫提把。

◆**作法重點**

○滾邊時使用寬3cm斜布條。

完成尺寸　24.5×36cm

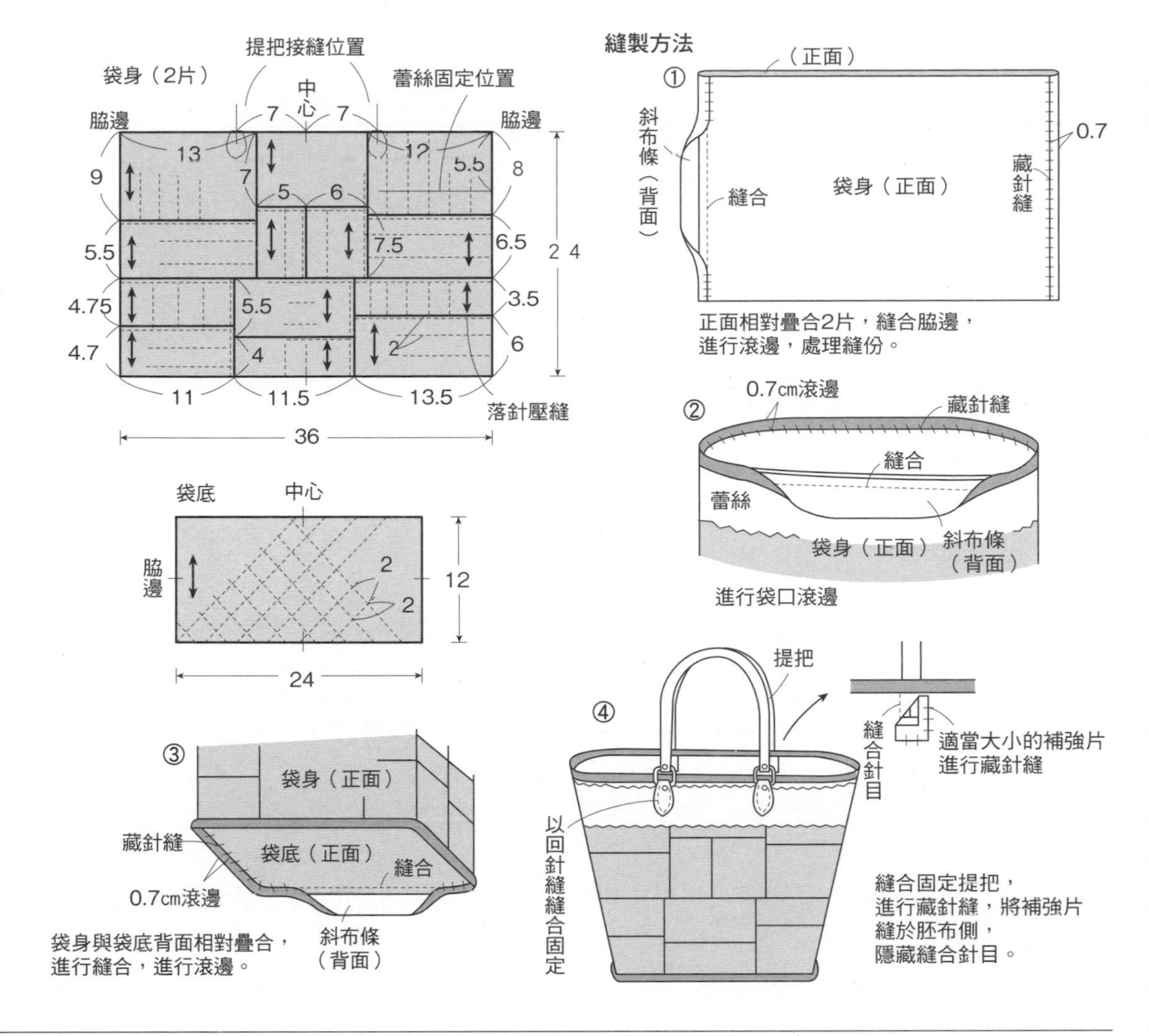

P15 No.19 手提袋

◆**材料**

各式拼接用布片 B用布35×15cm C用布35×20cm 裡袋用布、鋪棉、胚布各35×70cm 寬3.8cm荷葉邊緞帶65cm 寬0.5cm 緞帶130cm 寬4cm 長50cm 提把1組

◆**作法順序**

拼接A布片，接縫B與C布片，固定緞帶，完成表布→疊合鋪棉、胚布，進行壓線→暫時固定提把→依圖示完成縫製，縫合固定荷葉邊緞帶。

完成尺寸　30.5×30cm

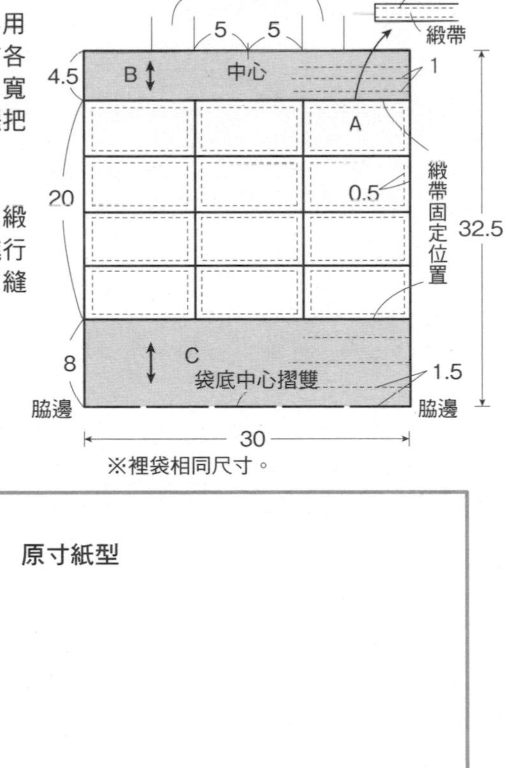

原寸紙型

A

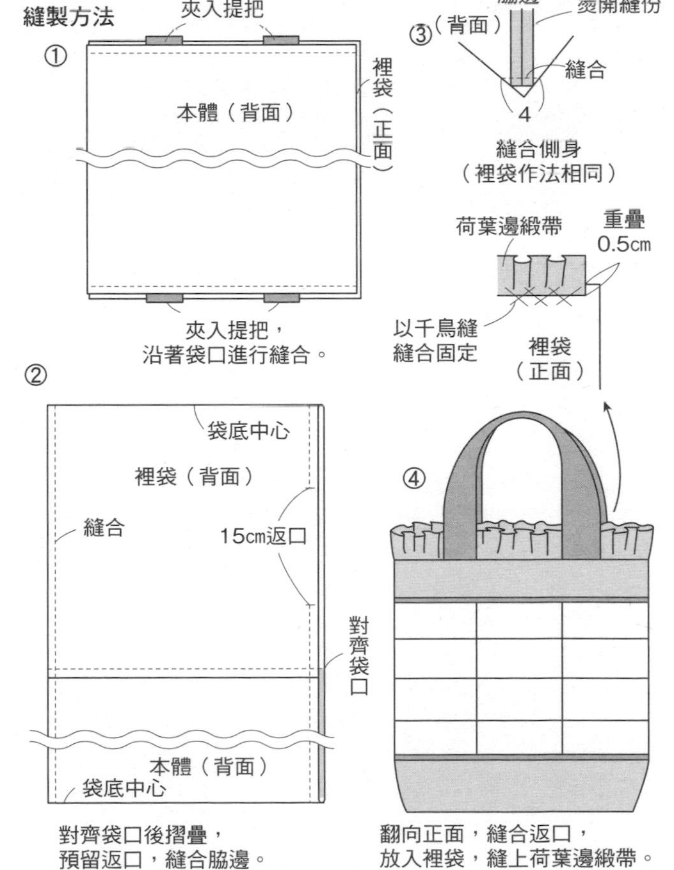

No.20 裝飾墊　No.21 扁平波奇包　●紙型B面❺

◆裝飾墊材料
表布、胚布、鋪棉各30×30㎝ 並太毛線、16號十字繡線白色各適量
◆作法順序
疊合表布、胚布、鋪棉，縫合周圍，依圖示完成縫製。
◆作法重點
○丹麥HEDEBO刺繡方法請參照P.22。

完成尺寸　26×26㎝

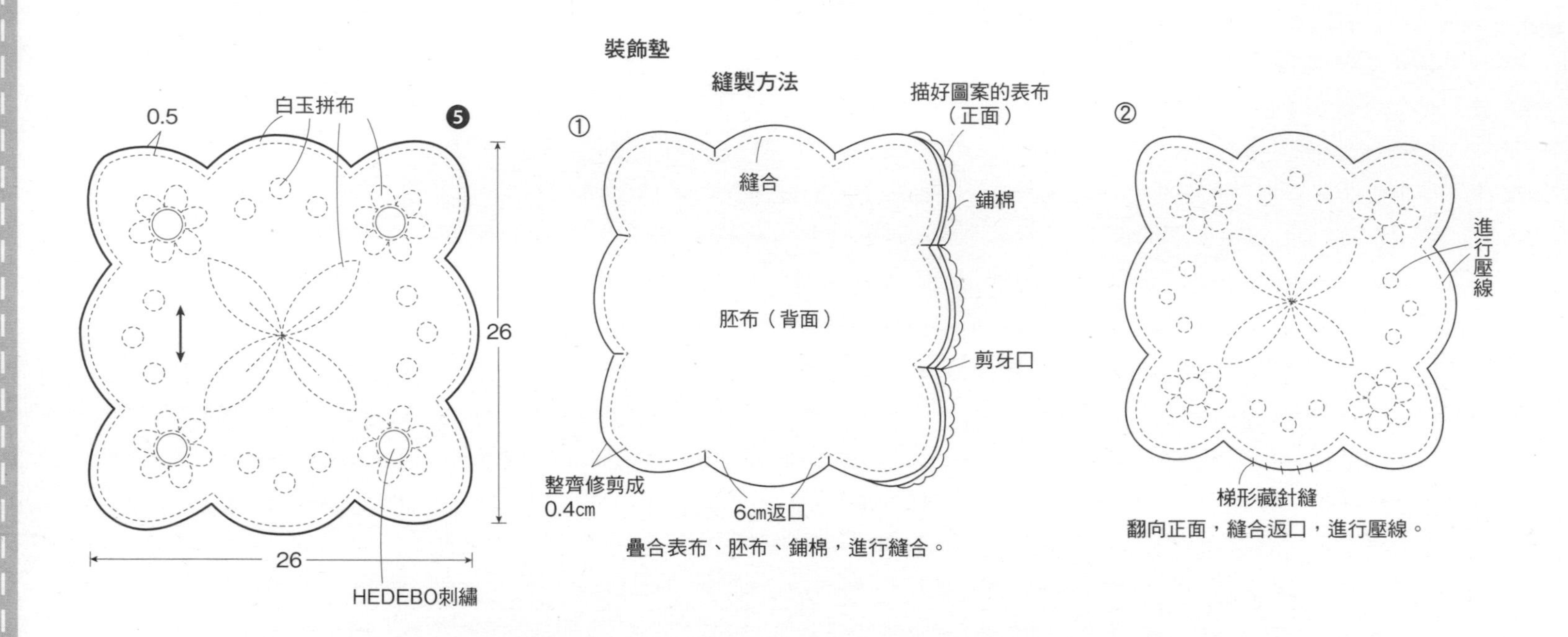

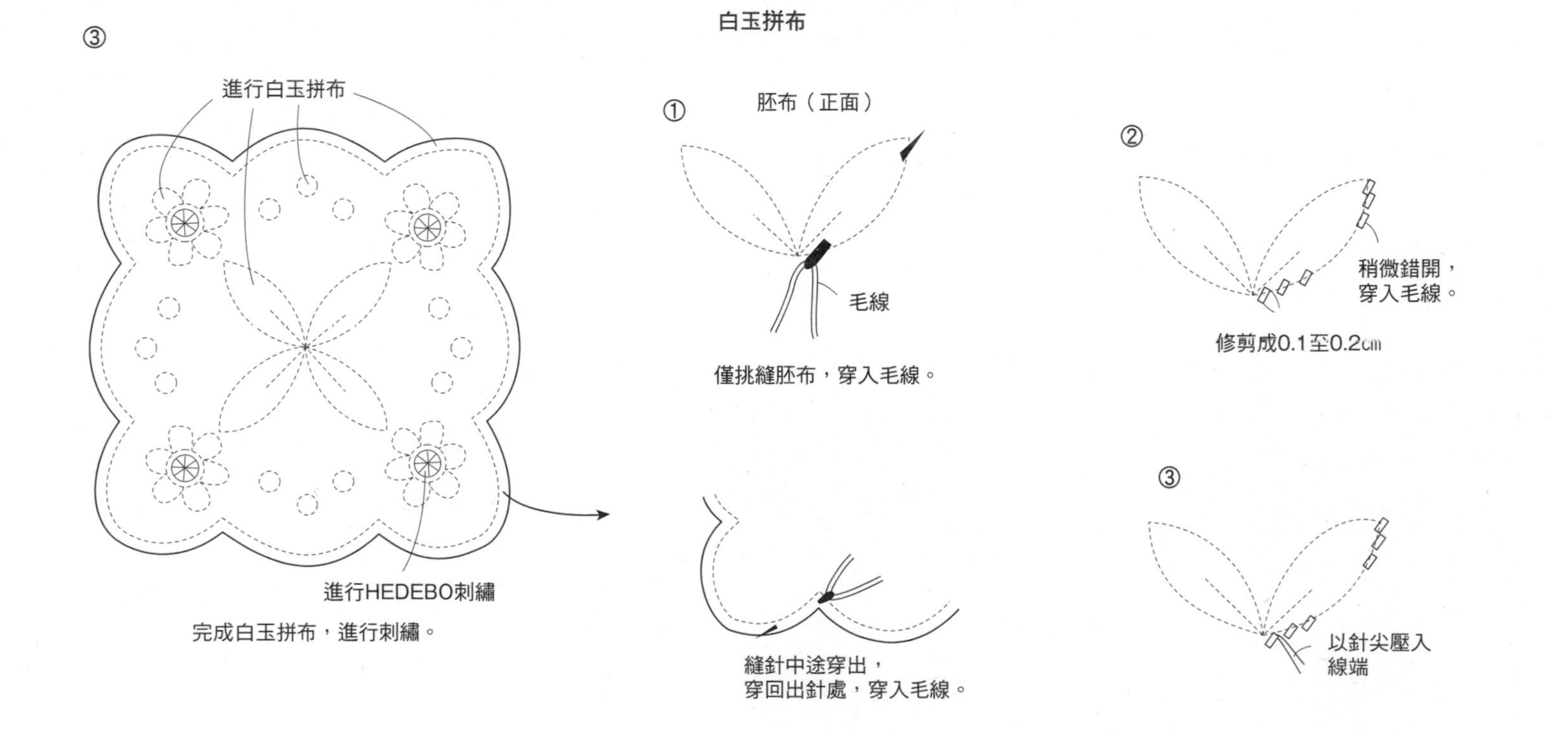

◆扁平波奇包材料
表布、胚布、鋪棉各20×40㎝並太毛線、16號十字繡線白色各適量
◆作法順序
疊合表布、胚布、鋪棉，縫合周圍，依圖示完成縫製。
◆作法重點
○HEDEBO刺繡方法請參照P.22。

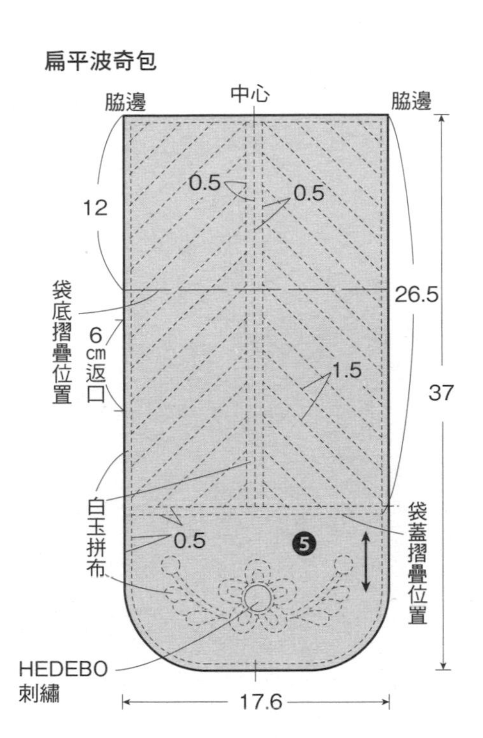

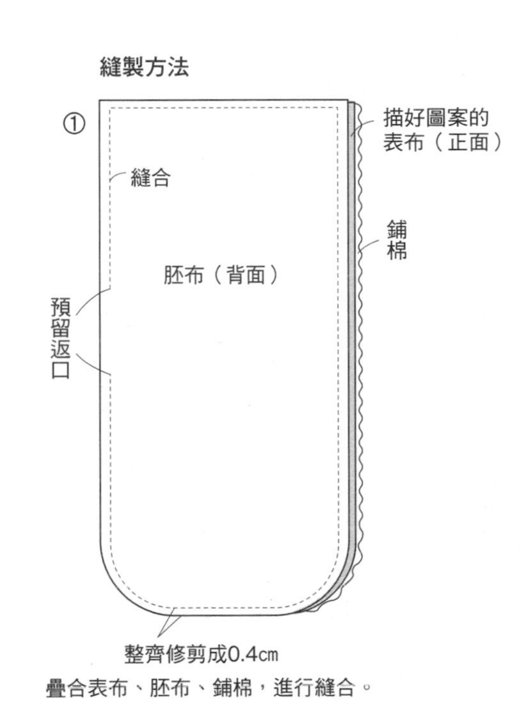

疊合表布、胚布、鋪棉，進行縫合。

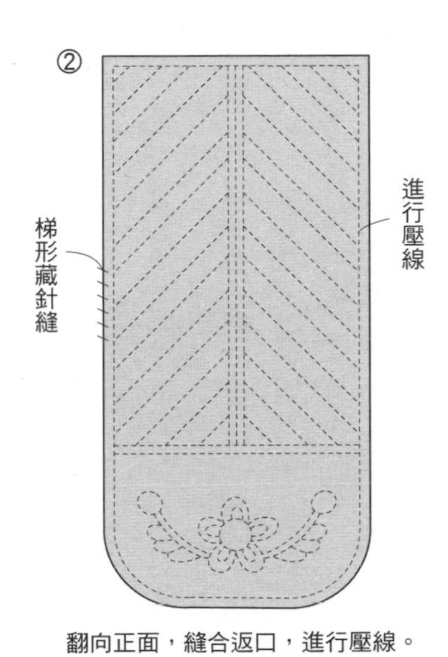

翻向正面，縫合返口，進行壓線。

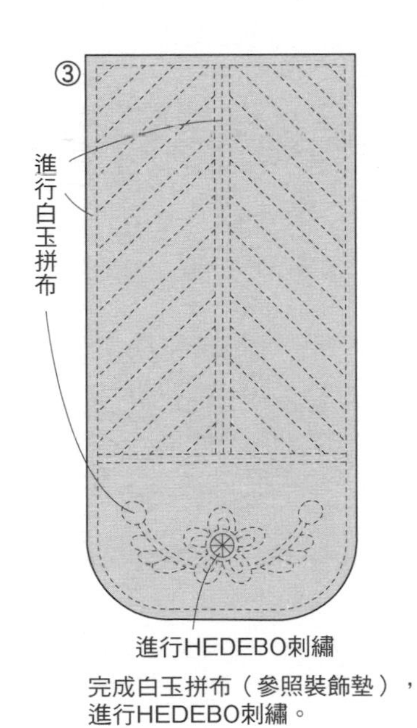

完成白玉拼布（參照裝飾墊），
進行HEDEBO刺繡。

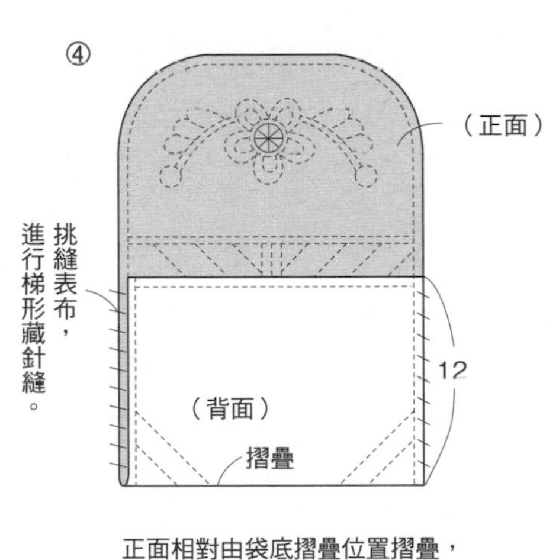

正面相對由袋底摺疊位置摺疊，
縫合兩邊端，翻向正面。

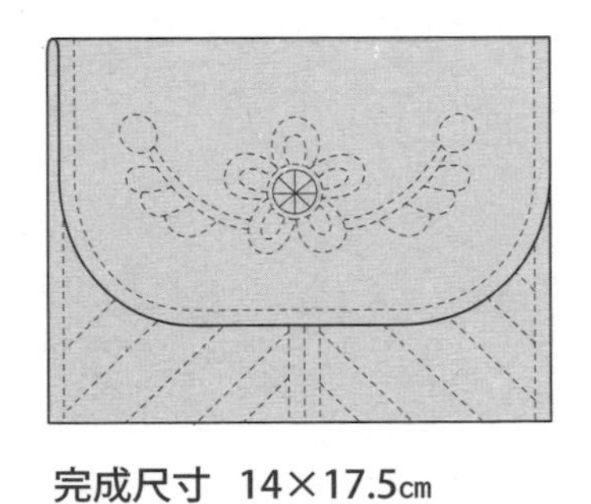
完成尺寸 14×17.5㎝

P15 No.18 迷你手提包 ●紙型B面⑲（前片與後片原寸紙型）

◆材料

各式拼接用布片 前片用表布90×80㎝（包含後片、側身上 下部、吊耳、口袋胚布、滾邊繩、裡布部分） 裡袋用布50×60㎝ 鋪棉55×60㎝ 胚布40×60㎝ 直徑0.3㎝ 東京線200㎝ 長25㎝ 拉鍊、長40㎝ 雙頭拉鍊各1條 內徑2㎝ 三角環2個 長38㎝提把1組

◆作法順序

拼接A至G布片（接縫順序請參照P.81），接縫H至I布片，完成口袋表布→疊合鋪棉、胚布，進行壓線，沿著上部進行藏針縫→前片上部與側身上部疊合鋪棉，進行壓線之後，分別安裝拉鍊→後片與側身下部的表布，疊合鋪棉與胚布，進行壓線→依圖示完成縫製。

◆作法重點

○口袋口側的胚布多預留縫份。

○前片上部與側身上部安裝拉鍊側摺雙，之間夾入鋪棉，進行壓線。

○以寬3.5cm斜布條包覆東京線，完成滾邊繩（請參照P.85）。

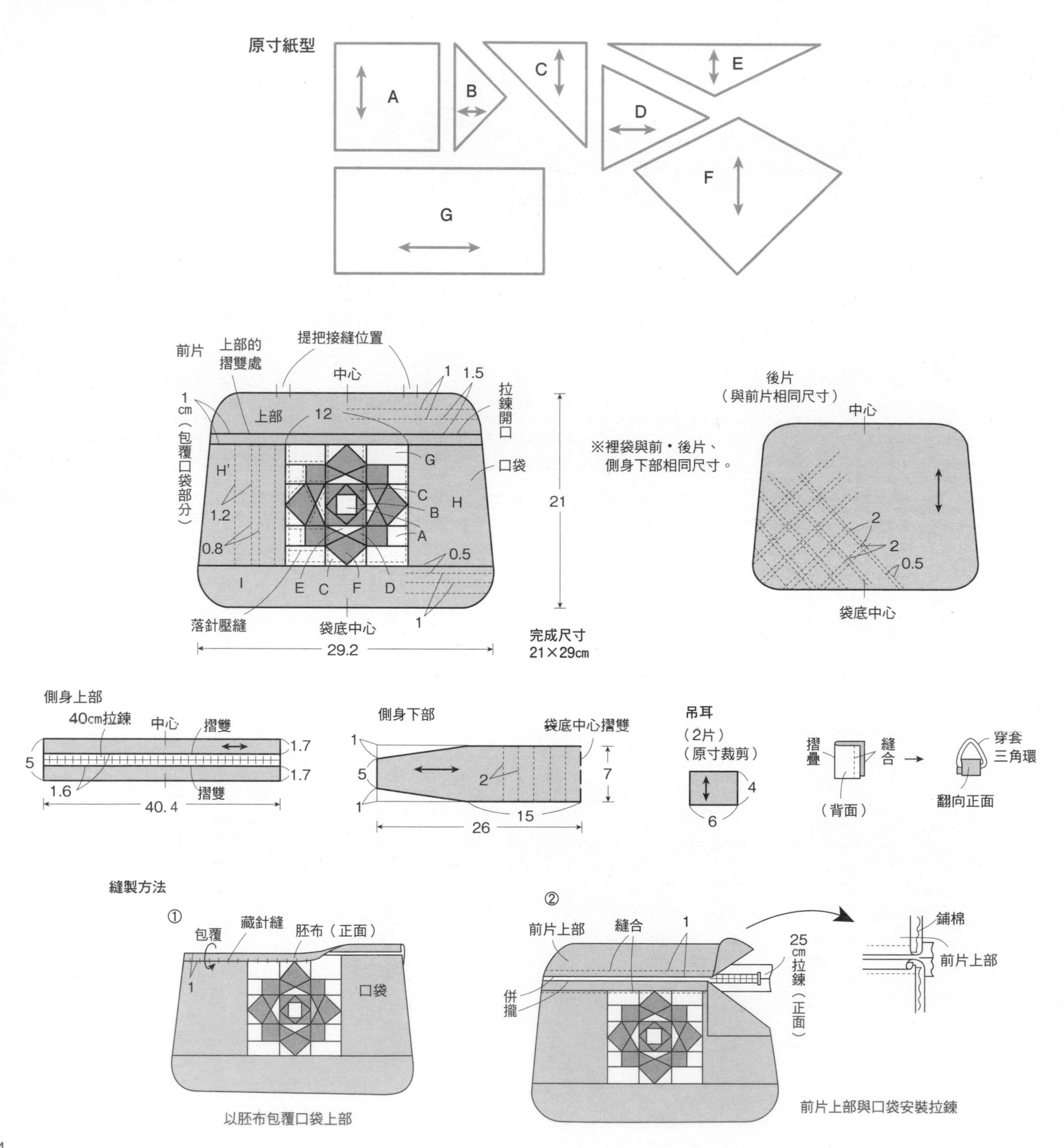

③

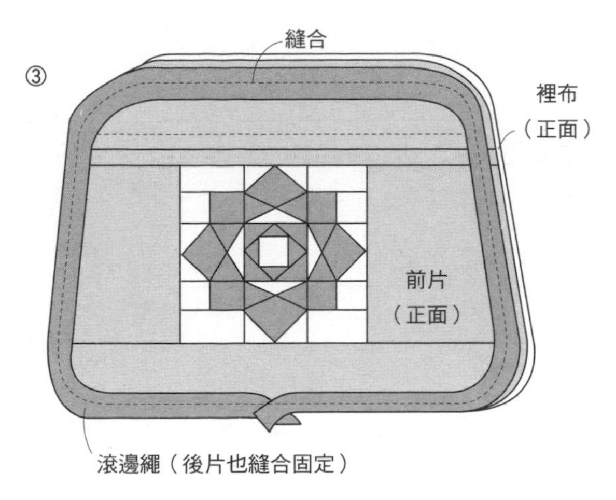

疊合前片與相同尺寸的裡布，縫合固定滾邊繩。

④

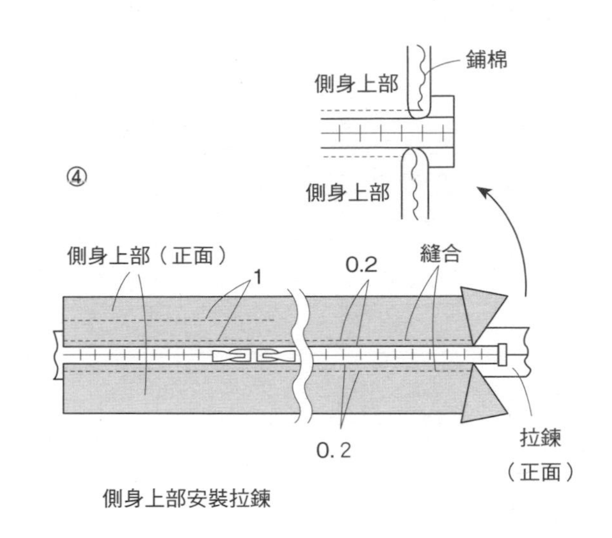

側身上部安裝拉鍊

⑤

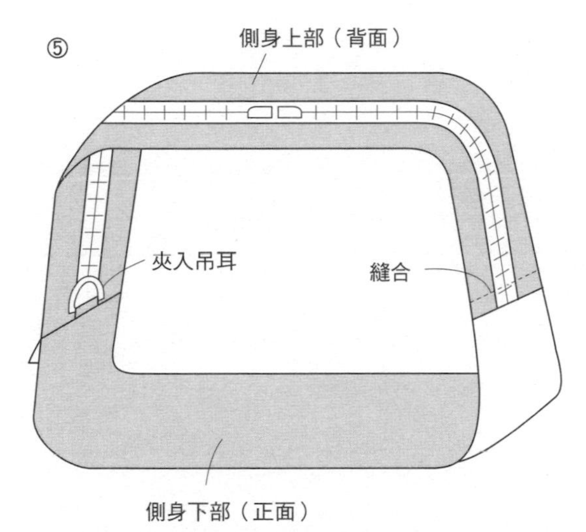

夾入吊耳，側身上部與下部正面相對接縫成圈。

⑥

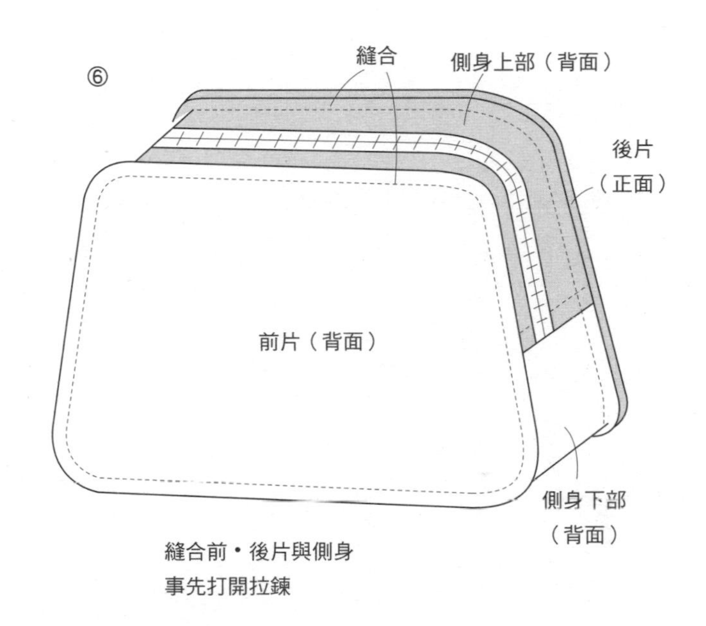

縫合前・後片與側身
事先打開拉鍊

⑦

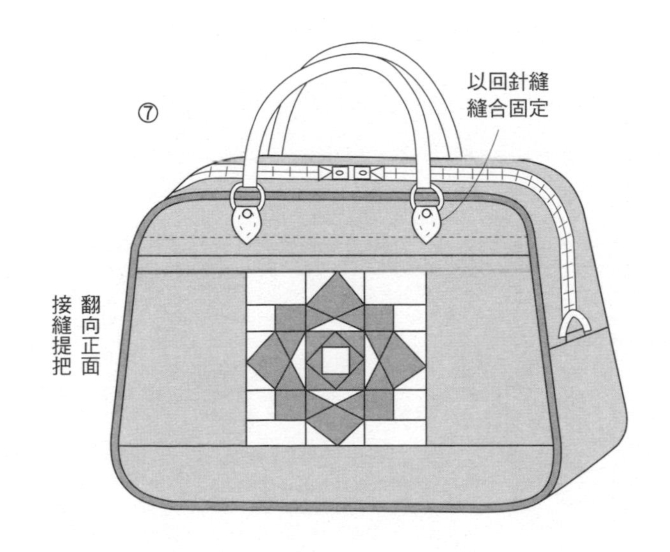

⑧

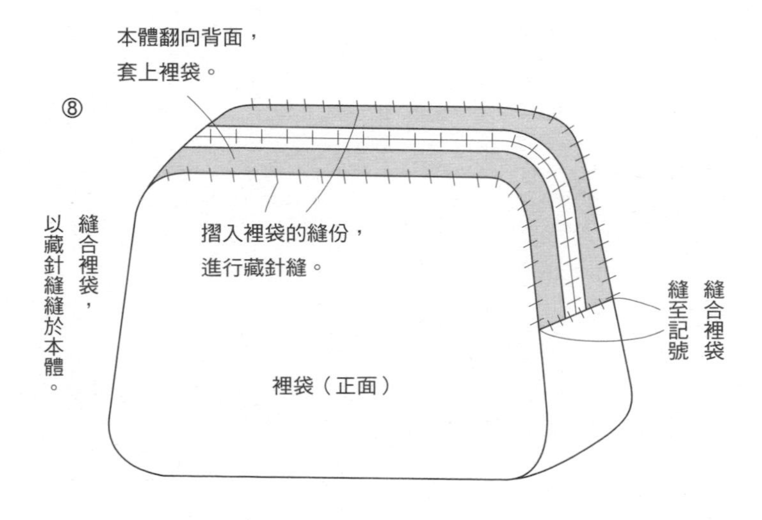

P13 No.16 手提袋 ●紙型A面❹（A至D布片原寸紙型）

◆材料

各式拼接用布片 E用布70×50cm（包含F布片、滾邊部分） 口袋㋒㋑用布30×60cm 鋪棉、胚布各70×40cm 裡袋用布85×45cm（包含袋口裡側貼邊、襯底墊部分） 接著襯75×35cm 長48cm 提把1組 直徑1.8cm 磁釦1組 長20cm 拉鍊2條 包包用底板30×10cm

◆作法順序

拼接布片完成8片圖案，接縫成4×2列→接縫E、F布片，完成表布→疊合鋪棉、胚布，進行壓線→接縫拉鍊口袋→製作口袋㋒、㋑，製作裡袋→依圖示完成縫製。

◆作法重點

○接縫提把後進行藏針縫，將袋口裡側貼邊的下邊縫於裡袋。

完成尺寸 29×36cm

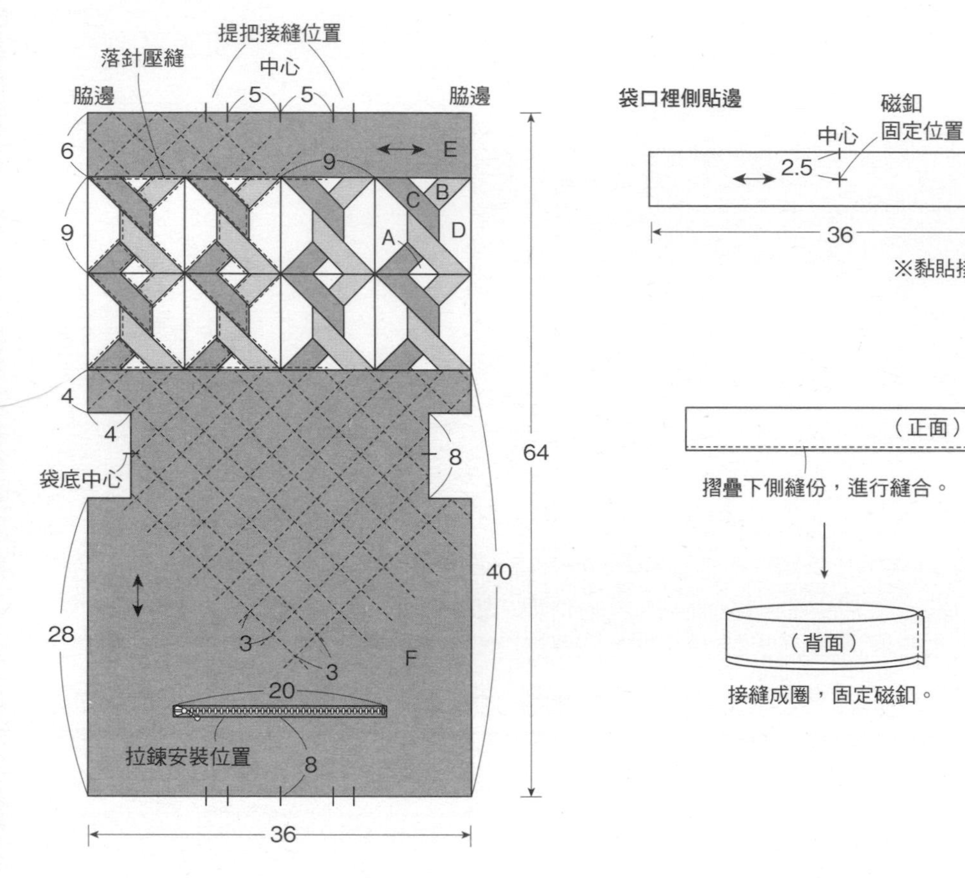

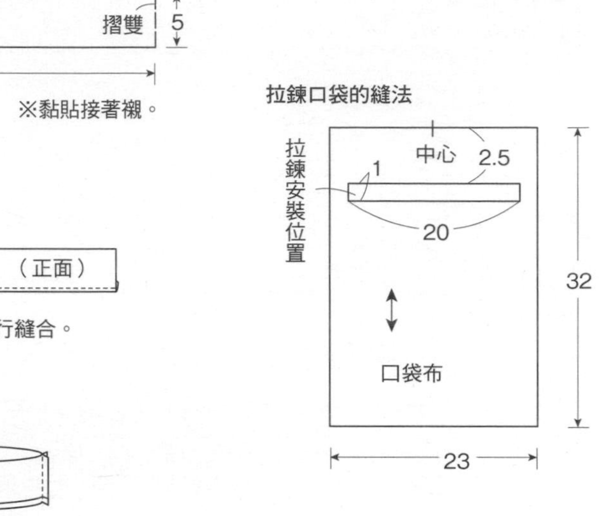

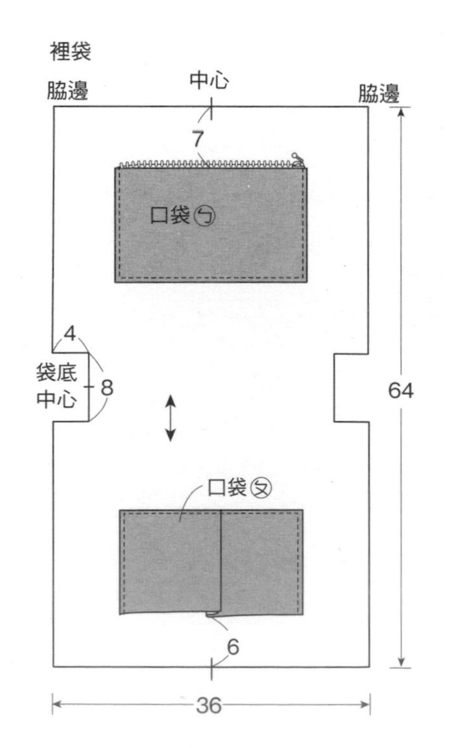

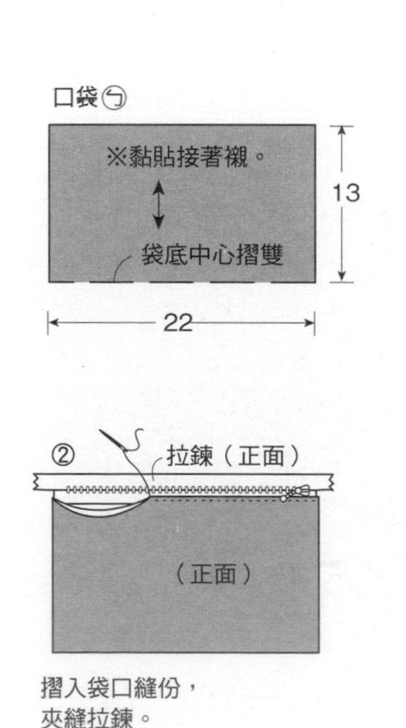

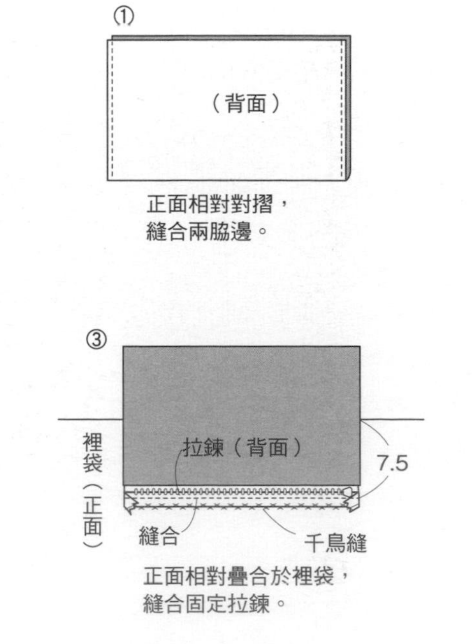

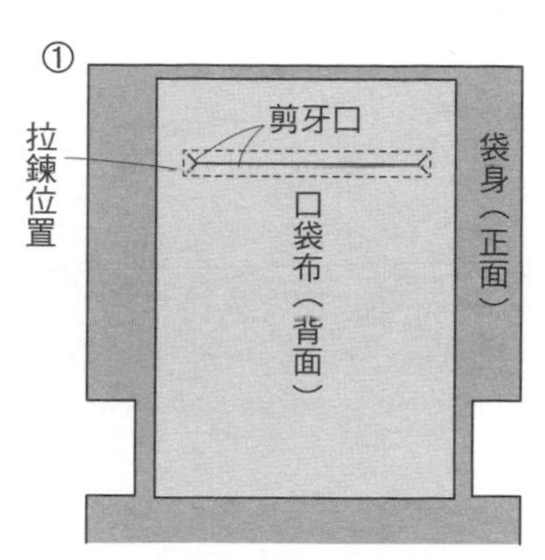

袋身正面相對疊合口袋布，
沿著口袋口周圍進行縫合之後，
剪牙口。

剪牙口之後，
將口袋布翻向袋身背面側。

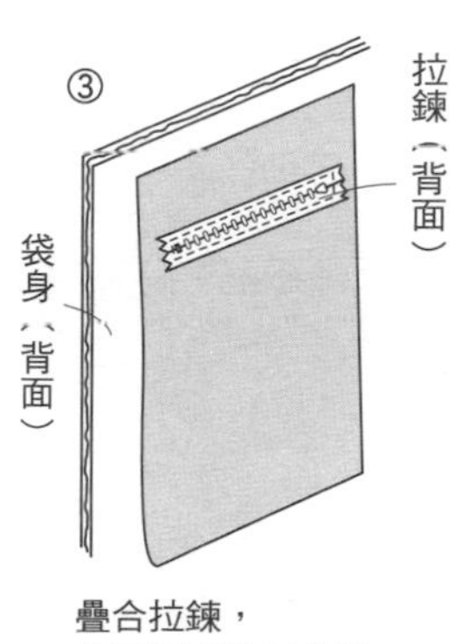

疊合拉鍊，
由正面側進行車縫。

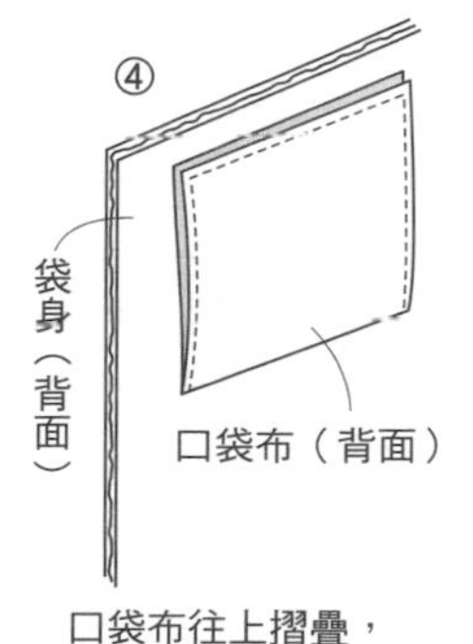

口袋布往上摺疊，
縫合固定於本體的胚布。

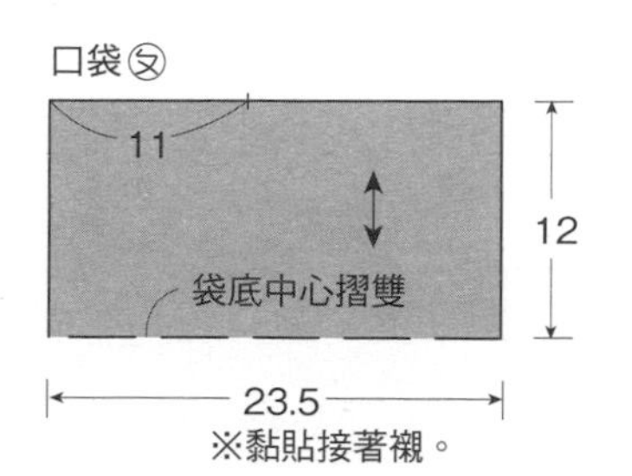

※黏貼接著襯。

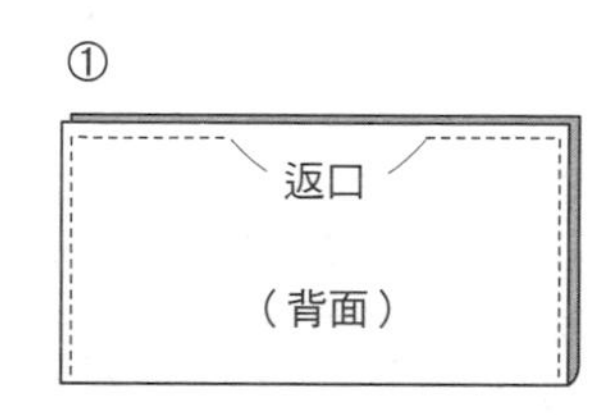

正面相對對摺，
預留返口，縫合周圍。
翻向正面，縫合返口。

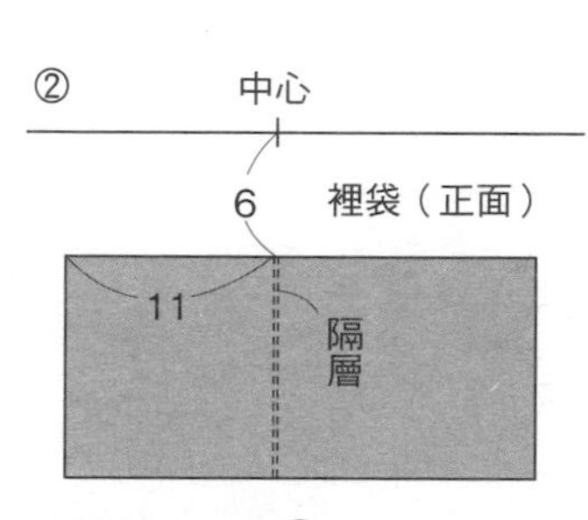

裡袋疊合口袋㉄，
沿著隔層位置車縫2道。

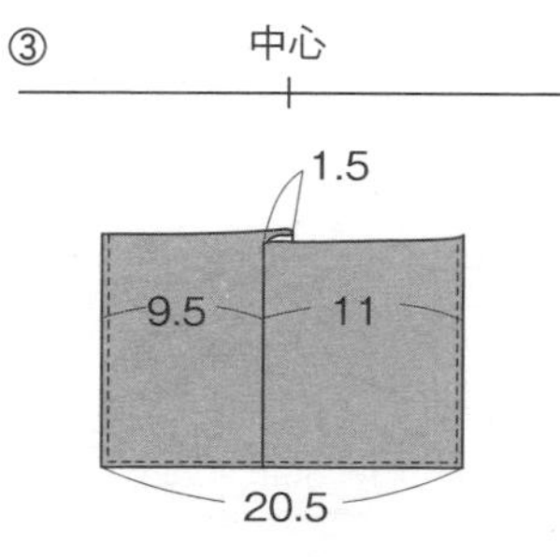

打褶後暫時固定，
縫合周圍。

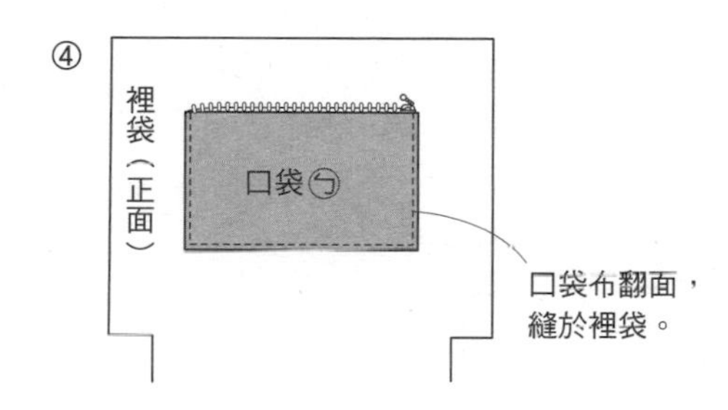

口袋布翻面，
縫於裡袋。

裡袋

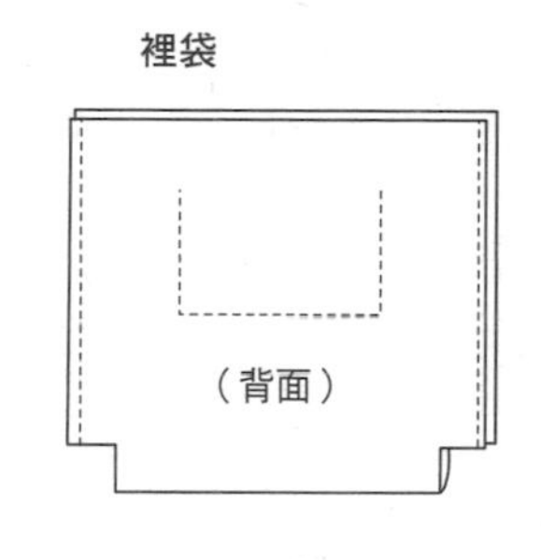

正面相對，
由袋底中心對摺，
縫合兩脇邊與側身。

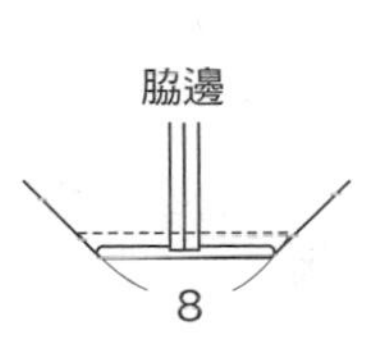

襯底墊

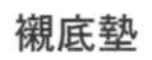

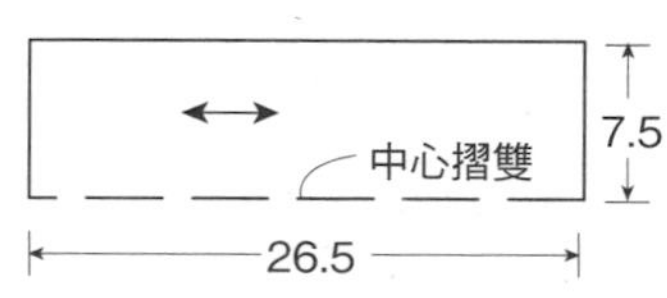

正面相對對摺，
縫合2邊。

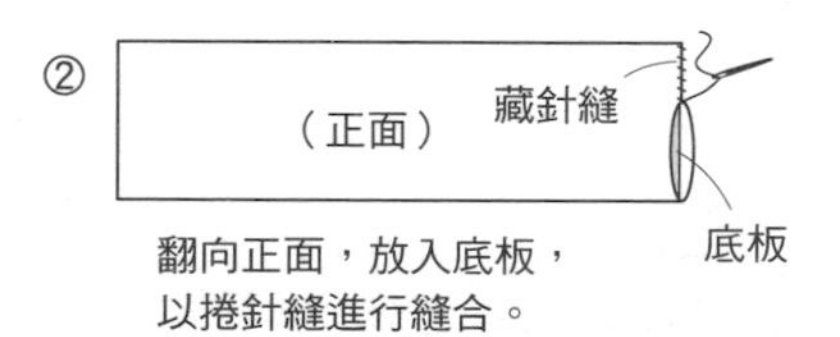

翻向正面，放入底板，
以捲針縫進行縫合。

縫製方法

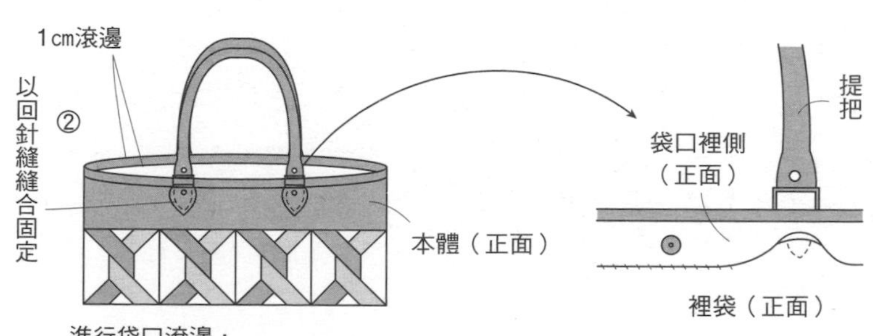

裡袋放入本體之後，
將袋口裡側貼邊置於裡袋上，
暫時固定。

進行袋口滾邊，
避開袋口裡側貼邊，接縫提把，
袋口裡側貼邊以藏針縫縫於裡袋。

P12 No.15 手提袋 ●紙型B面㉑

◆材料
各式拼接用布片 後片用布60×45cm（包含側身、口袋部分） 鋪棉、胚布、裡布各100×45cm 滾邊用寬3.5cm 斜布條90cm 厚接著襯30×40cm 直徑1.5cm 包釦心3顆 長32cm提把1組 寬3.5cm 蕾絲60cm
◆作法順序
拼接A至C布片，完成前片表布→前・後片、側身的表布，疊合鋪棉、胚布（側身黏貼接著襯），進行壓線→製作口袋→依圖示完成縫製。
◆作法重點
○前片與後片的裡布黏貼接著襯。

完成尺寸 25.5×28cm

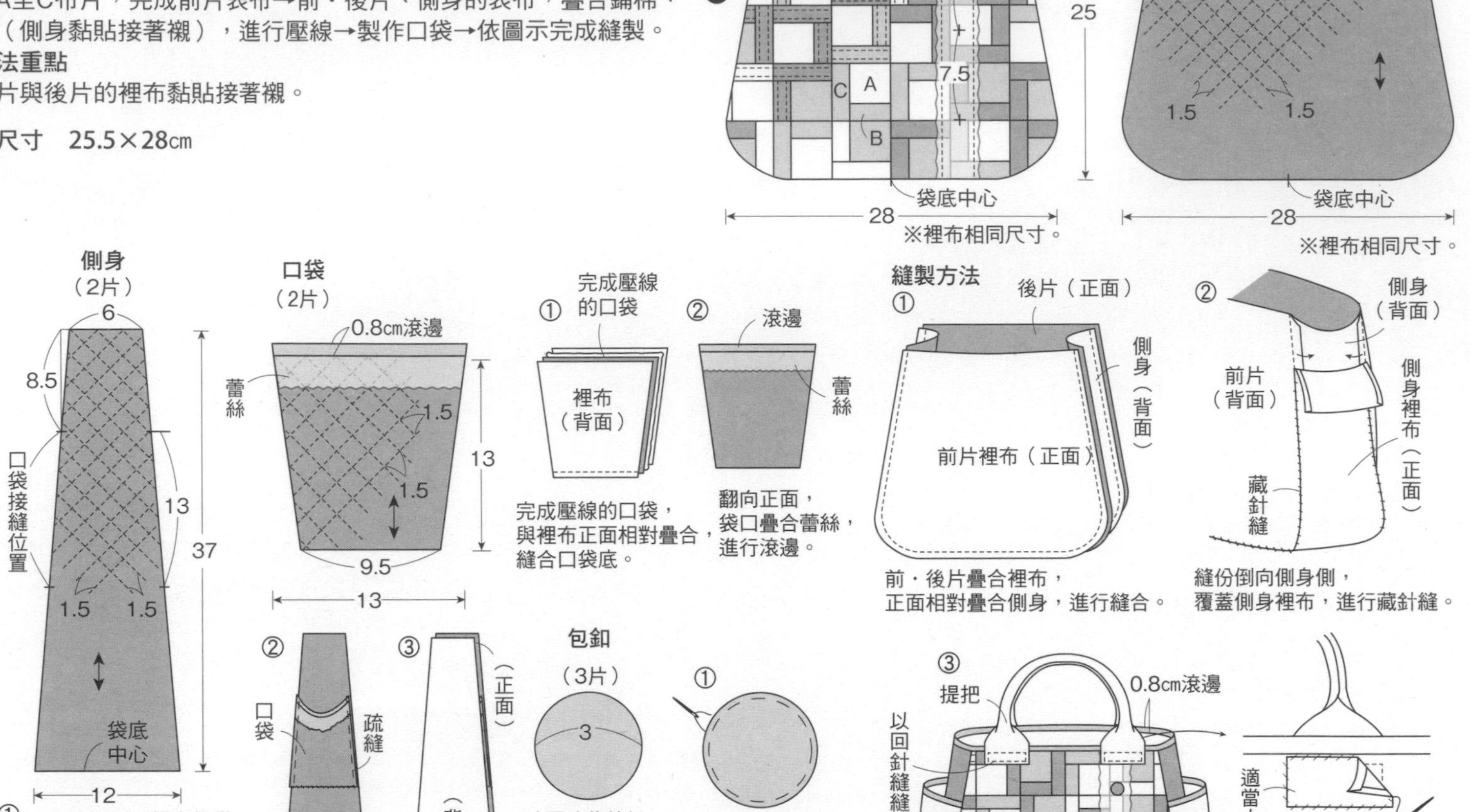

P10 No.12 手提袋

◆材料
各式拼接用布片 G至I布片用布40×80cm（包含袋口裡側貼邊、滾邊、吊耳部分）鋪棉、胚布、裡袋用布各55×70cm 內尺寸13cm 木製提把1組
◆作法順序
參照P.70，拼接布片，完成16片圖案，接縫G至I布片，完成表布→拼接D至F布片，完成口袋表布→分別疊合鋪棉、胚布，進行壓線→沿著口袋周圍進行滾邊→依圖示完成縫製。

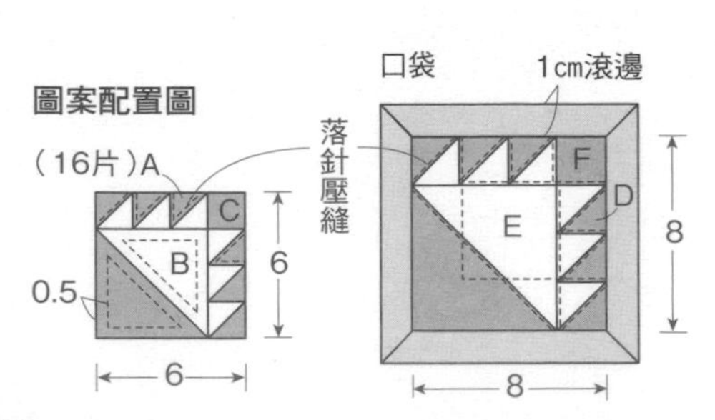

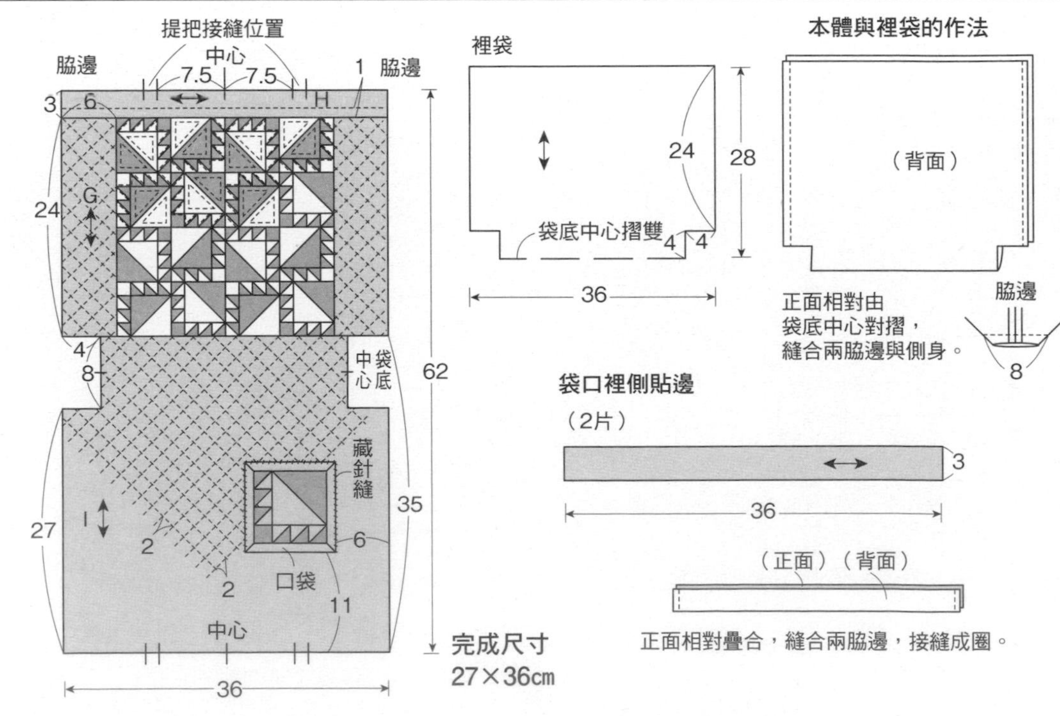

No.14 手提袋 ●紙型B面❷（口袋的原寸紙型）

◆材料

各式拼接用布片 B用布90×30cm（包含後片、袋底、滾邊部分） 口袋用布25×25cm 鋪棉、胚布各100×45cm 裡袋用布70×60cm（包含口袋裡布、襯底墊部分） 厚接著襯10×30cm 寬1.5cm 3cm 蕾絲各60cm 直徑1.3cm塑膠按釦1組 長43cm 提把1組 包包用底板8×26cm

◆作法順序

拼接A布片，接縫B布片，完成前片表布→前片與後片表布疊合鋪棉、胚布，進行壓線→製作口袋，縫合固定於後片→製作裡袋，依圖示完成縫製。

◆作法重點

○袋底三層，先黏貼厚接著襯，再疊合裡布，進行壓線。

完成尺寸 28×28cm

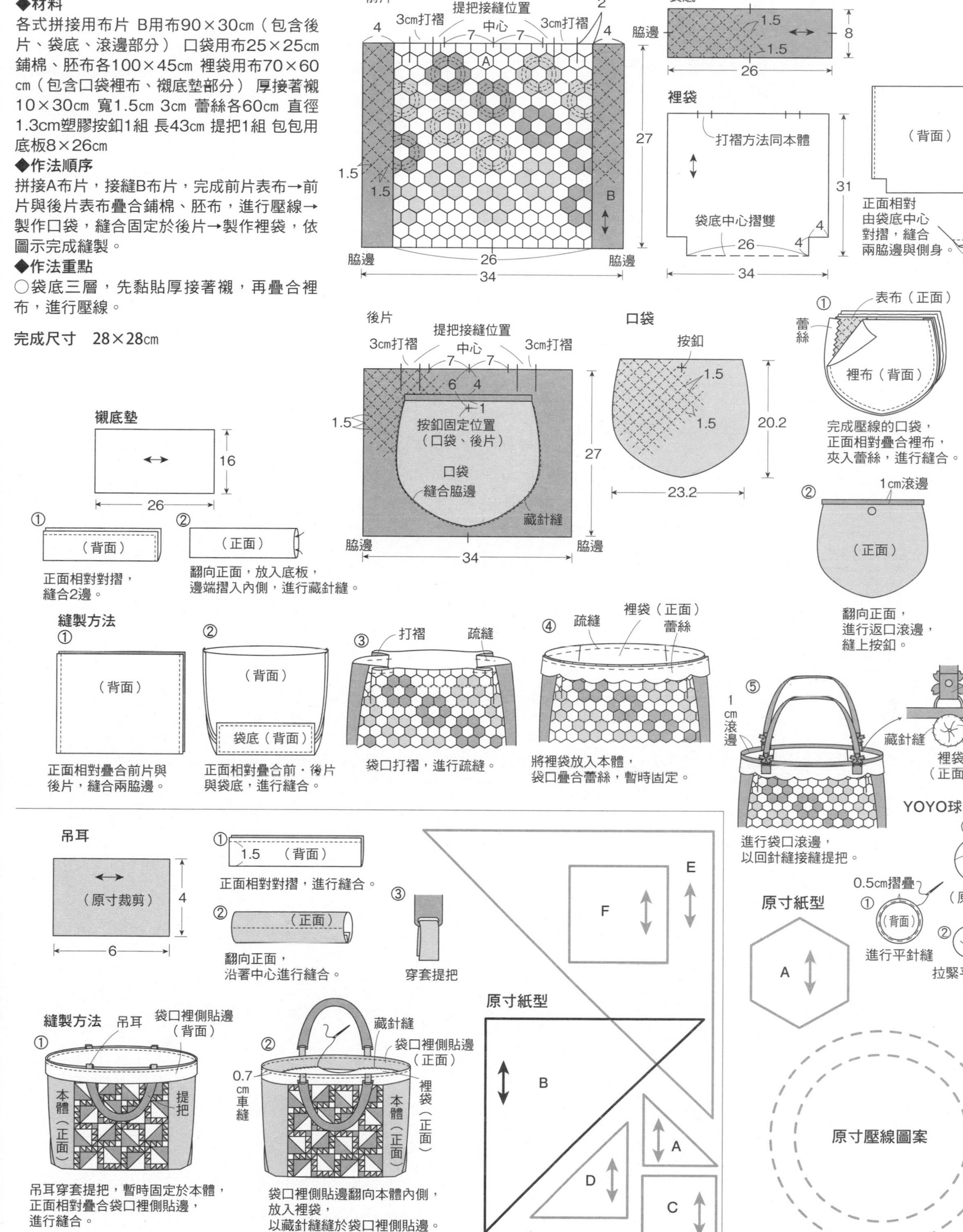

P9 No.9至No.11 動物造型波奇包 ●紙型A面❶

◆材料

兔子 各式花飾、耳朵貼布縫用布片 頭部用布45×35cm（包含鼻子、耳朵、身體、手、腳、包釦部分）身體用花布35×25cm 寬2.5cm 緞帶30cm 直徑1.2cm 包釦心 5顆

貓熊 各式花飾、腳底用布片 頭部用布45×30cm（包含身體部分） 耳朵用黑布45×35cm（包含臉部模樣用布、身體用布、手、腳、包釦用部分） 直徑1.2cm包釦心5顆

熊 各式花飾、蝴蝶結、腳底用布片 頭部用布50×50cm（包含耳朵背面、身體、手、腳、包釦部分） 鼻子用布20×10cm（包含耳朵正面、腳底部分） 寬2.5cm 緞帶30cm 直徑1.2cm 包釦心2顆

3款相同 身體裡布60×20cm（包含頭部底側部分） 眼睛用直徑0.4cm 串珠2顆 直徑0.8cm 補強釦2顆 直徑0.3cm蠟繩80cm 長15cm 拉鍊1條 單膠鋪棉35×40cm 中厚接著襯50×20cm 25號繡線、棉花各適量

◆作法順序（相同）

製作頭部、鼻子、耳朵後彙整→製作身體→製作手、腳→將頭部、手、腳縫合固定於身體部位→製作花飾，縫合固定。

◆作法重點

○預留縫份0.7cm。
○貓熊、熊的各部位作法，請參照兔子作法。
○手臂縫上補強釦，確實地固定於身體內側。

完成尺寸　高22×23cm

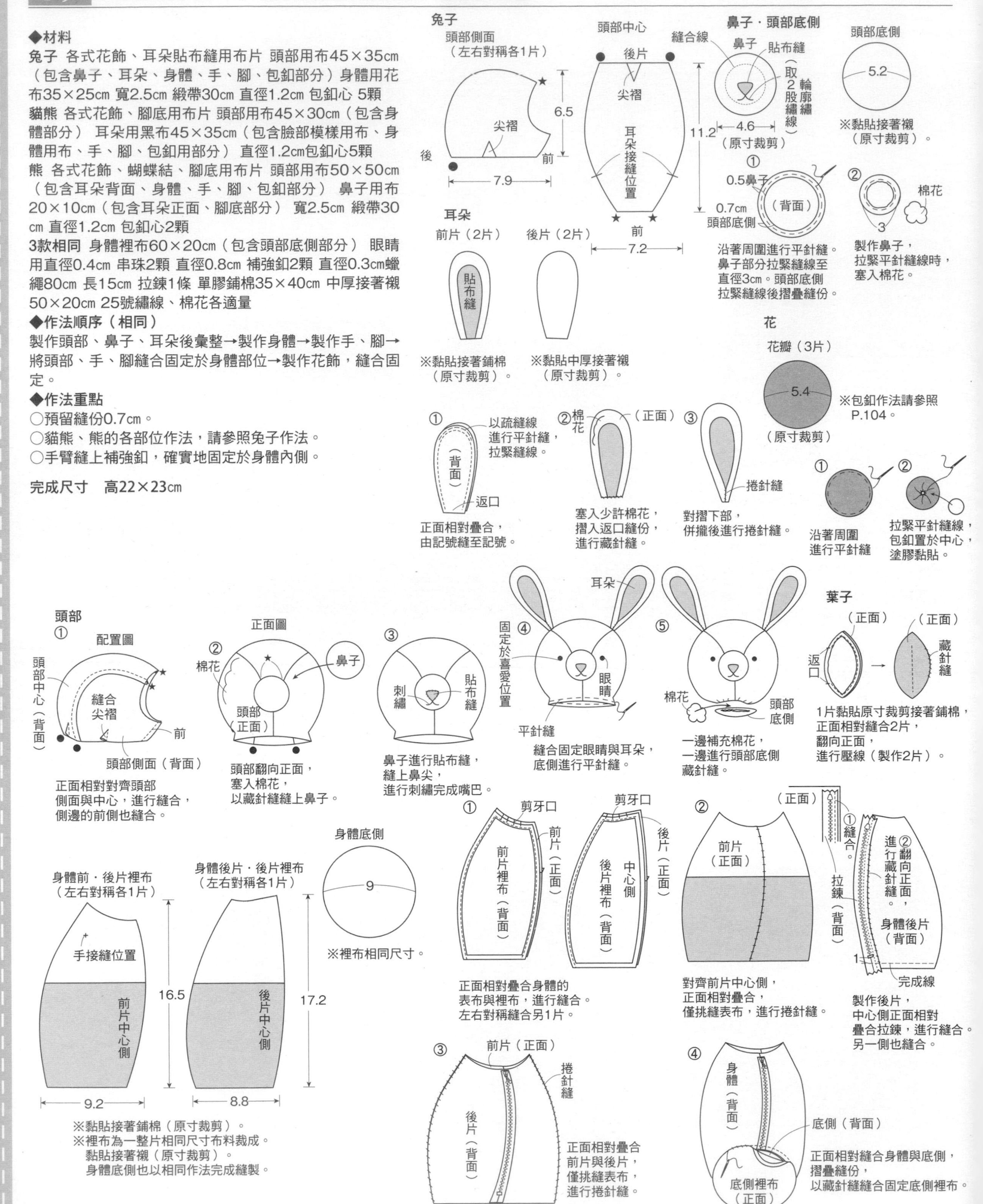

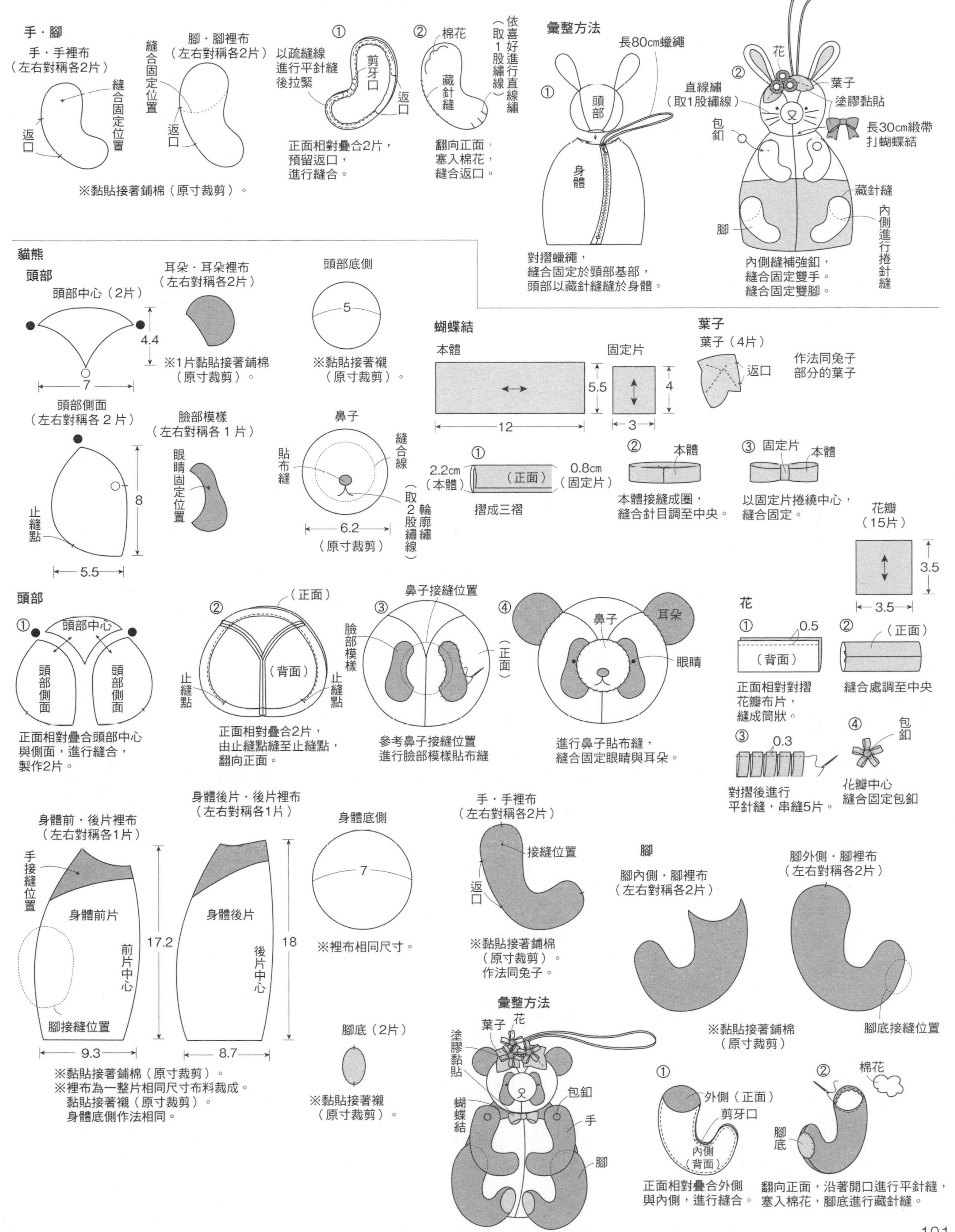

手・腳
手・手裡布
（左右對稱各2片）
縫合固定位置
返口
腳・腳裡布
（左右對稱各2片）
縫合固定位置
返口
※黏貼接著鋪棉（原寸裁剪）。
①
以疏縫線
進行平針縫
後拉緊
剪牙口
返口
正面相對疊合2片，
預留返口，
進行縫合。
②
棉花
藏針縫
依喜好進行直線繡（取1股繡線）
翻向正面，
塞入棉花，
縫合返口。
彙整方法
長80cm蠟繩
①
頭部
身體
對摺蠟繩，
縫合固定於頭部基部，
頭部以藏針縫縫於身體。
②
花
直線繡
（取1股繡線）
葉子
塗膠黏貼
包釦
長30cm緞帶
打蝴蝶結
藏針縫
腳
內側進行捲針縫
內側縫補強釦，
縫合固定雙手。
縫合固定雙腳。
貓熊
頭部
頭部中心（2片）
4.4
7
耳朵・耳朵裡布
（左右對稱各2片）
※1片黏貼接著鋪棉
（原寸裁剪）。
頭部底側
5
※黏貼接著襯
（原寸裁剪）。
頭部側面
（左右對稱各 2 片）
止縫點
8
5.5
臉部模樣
（左右對稱各 1 片）
眼睛固定位置
鼻子
貼布縫
縫合線
（取2股繡線輪廓繡）
6.2
（原寸裁剪）
蝴蝶結
本體
5.5
12
固定片
4
3
①
2.2cm
（本體）
（正面）
0.8cm
（固定片）
摺成三褶
②
本體
本體接縫成圈，
縫合針目調至中央。
③
固定片
本體
以固定片捲繞中心，
縫合固定。
葉子
葉子（4片）
返口
作法同兔子
部分的葉子
花瓣
（15片）
3.5
3.5
頭部
①
頭部中心
頭部側面
頭部側面
正面相對疊合頭部中心
與側面，進行縫合，
製作2片。
②
（正面）
（背面）
止縫點
止縫點
正面相對疊合2片，
由止縫點縫至止縫點，
翻向正面。
③
鼻子接縫位置
臉部模樣
（正面）
參考鼻子接縫位置
進行臉部模樣貼布縫
④
鼻子
耳朵
眼睛
進行鼻子貼布縫，
縫合固定眼睛與耳朵。
花
①
0.5
（背面）
正面相對對摺
花瓣布片，
縫成筒狀。
②
（正面）
縫合處調至中央
③
0.3
對摺後進行
平針縫，串縫5片。
④
包釦
花瓣中心
縫合固定包釦
身體前・後片裡布
（左右對稱各1片）
手接縫位置
身體前片
前片中心
17.2
腳接縫位置
9.3
身體後片・後片裡布
（左右對稱各1片）
身體後片
後片中心
18
8.7
※黏貼接著鋪棉（原寸裁剪）。
※裡布為一整片相同尺寸布料裁成。
黏貼接著襯（原寸裁剪）。
身體底側作法相同。
身體底側
7
※裡布相同尺寸。
腳底（2片）
※黏貼接著襯
（原寸裁剪）。
手・手裡布
（左右對稱各2片）
接縫位置
返口
※黏貼接著鋪棉
（原寸裁剪）。
作法同兔子。
腳
腳內側・腳裡布
（左右對稱各2片）
腳外側・腳裡布
（左右對稱各2片）
※黏貼接著鋪棉
（原寸裁剪）
腳底接縫位置
彙整方法
葉子
花
塗膠黏貼
包釦
蝴蝶結
手
腳
①
外側（正面）
剪牙口
內側
（背面）
正面相對疊合外側
與內側，進行縫合。
②
棉花
腳底
翻向正面，沿著開口進行平針縫，
塞入棉花，腳底進行藏針縫。

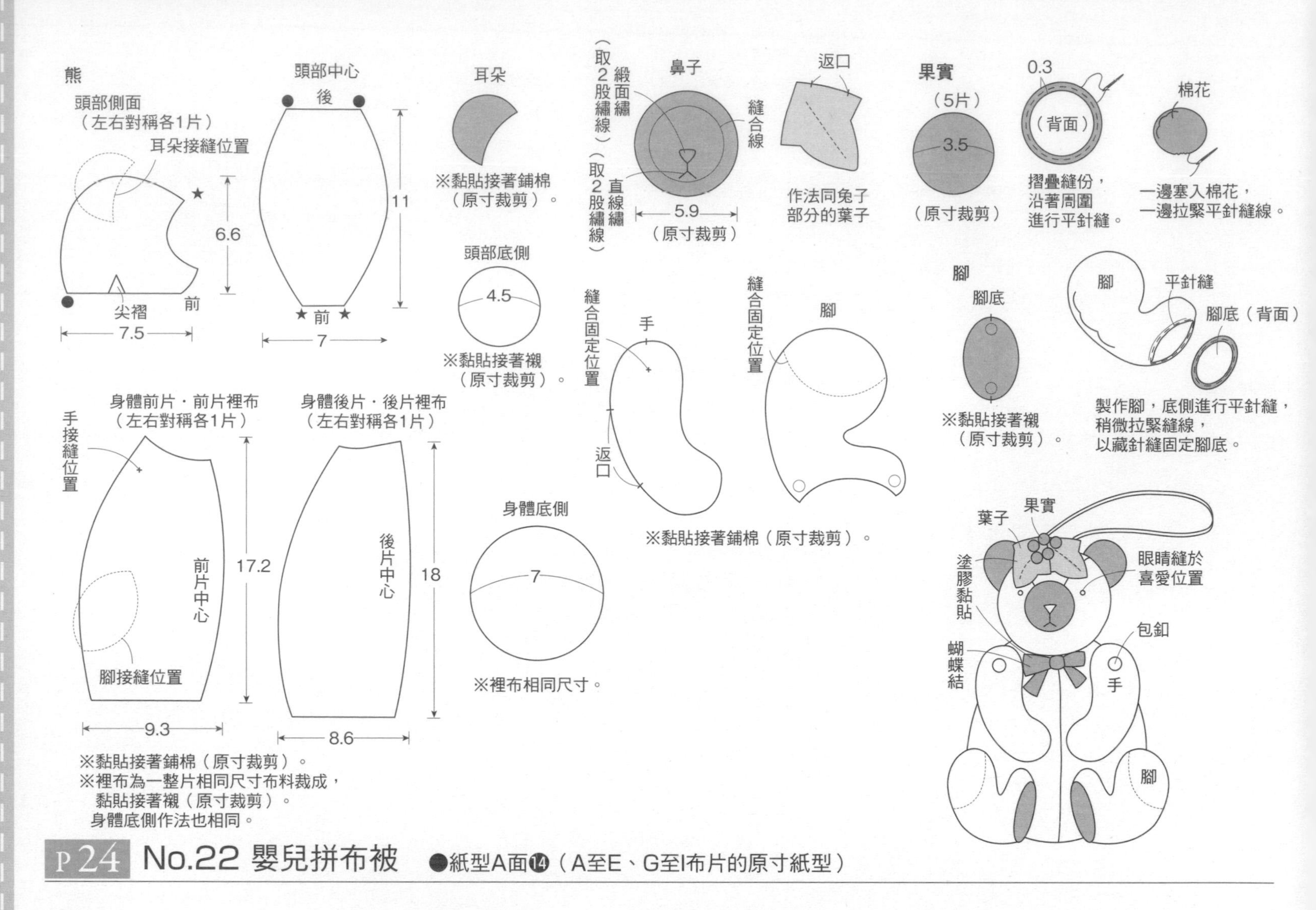

P24 No.22 嬰兒拼布被 ●紙型A面⑭（A至E、G至I布片的原寸紙型）

◆材料

各式拼接用布片 J、K用布20×80cm L用平織格紋棉布40×80cm 滾邊用寬4cm 斜布條370cm 鋪棉、胚布各100×100cm 16號十字繡線、毛線各適量

◆作法順序

拼接A至C布片，完成25片圖案，拼接G至I布片，完成4片圖案→接縫圖案與D至F布片→周圍接縫J至L與G至I布片拼接的圖案，完成表布→進行刺繡→疊合鋪棉、胚布，進行壓線→進行白玉拼布（請參照P.92）→進行周圍滾邊（請參照P.84）。

完成尺寸　89×89cm

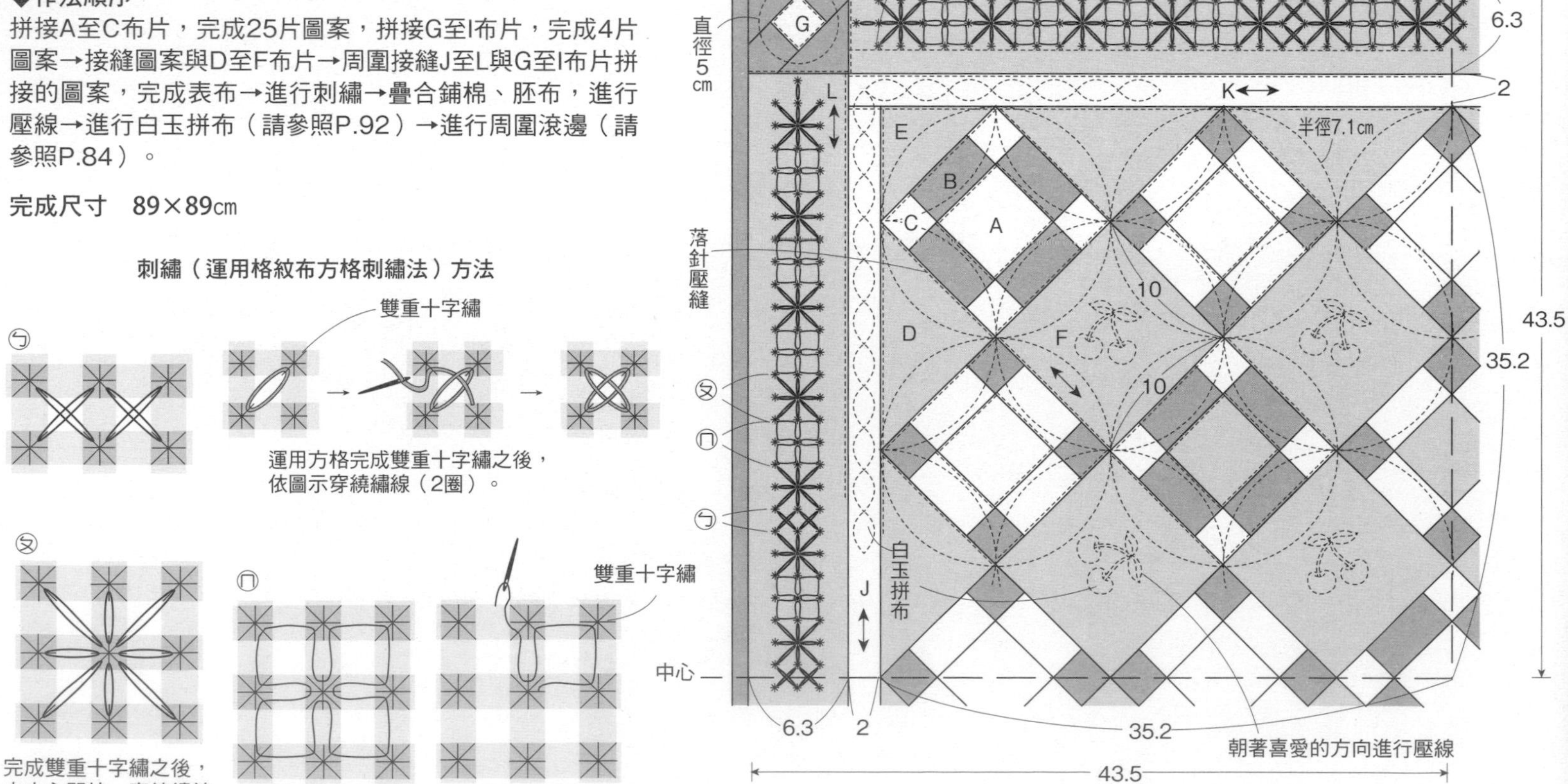

No.33 迷你手提袋 No.34 波奇包 ●紙型B面⑯（袋底的原寸紙型）

◆材料

迷你手提袋 A用布2種各30×15cm B用布30×15cm YOYO球[大]用布2種各60×25cm 袋底用布30×25cm（包含滾邊部分） 單膠鋪棉55×25cm 胚布70×25cm（包含YOYO球[小]部分） 長31cm 提把1組 直徑1.5cm 縫式磁釦1組 直徑0.4cm 珍珠18顆

波奇包 A用布2種各25×15cm YOYO球用布2種各45×25cm 寬4cm 滾邊用斜布條95cm 單膠鋪棉、胚布各25×25cm 長25cm 拉鍊1條 直徑0.4cm 珍珠16顆 寬1.3cm 玫瑰形鈕釦4顆 25號繡線適量

◆作法順序

迷你手提袋 拼接A布片，完成2片圖案，接縫B布片，完成袋身表布→黏貼接著鋪棉，疊合胚布，進行壓線→製作YOYO球（請參照P.37），以藏針縫縫合固定→縫上串珠→依圖示完成縫製。

波奇包 拼接A布片，黏貼接著鋪棉，疊合胚布，進行壓線→製作YOYO球（請參照P.37），以藏針縫縫合固定之後，進行刺繡，完成主題圖案→縫上串珠與鈕釦→依圖示完成縫製。

◆作法重點

○接縫固定迷你手提袋提把時，避免影響正面側美觀。

完成尺寸 迷你手提袋 12.5×24cm
波奇包 11×22cm

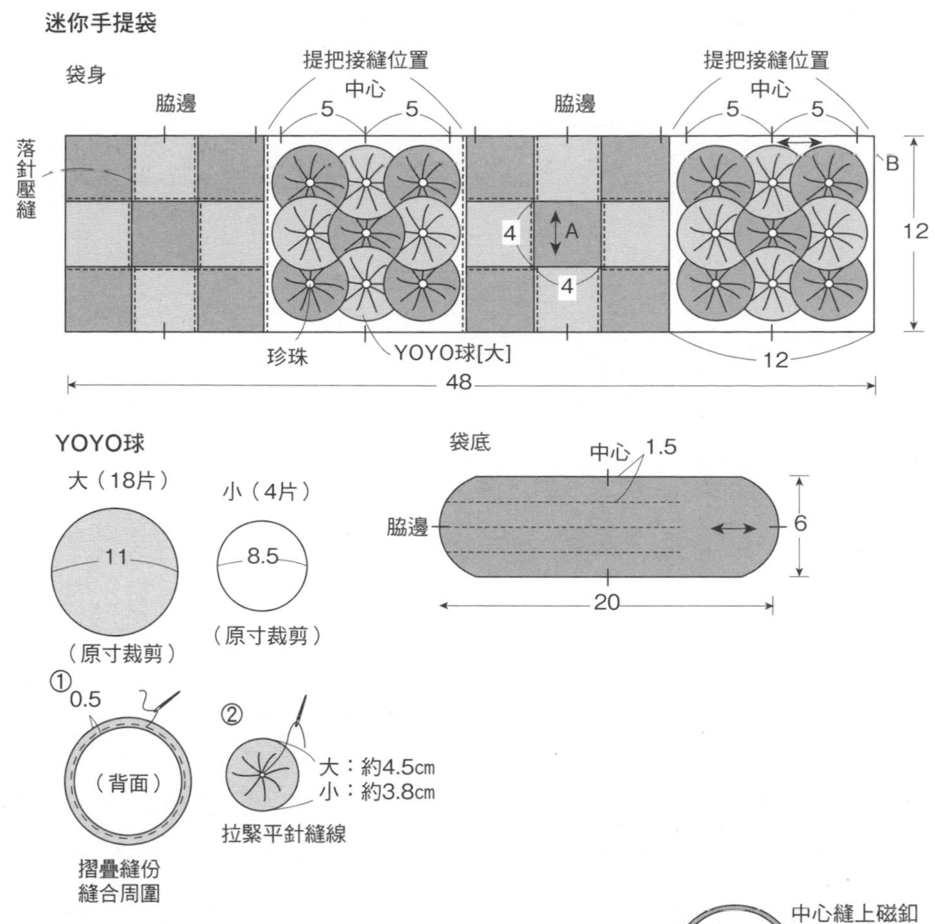

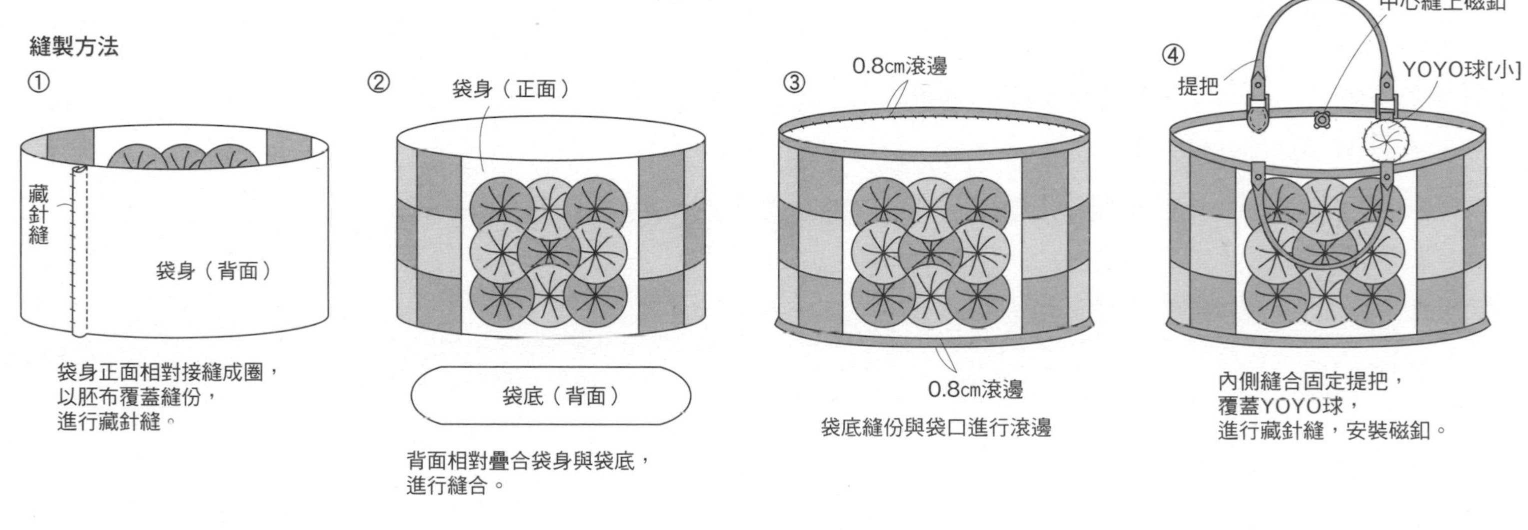

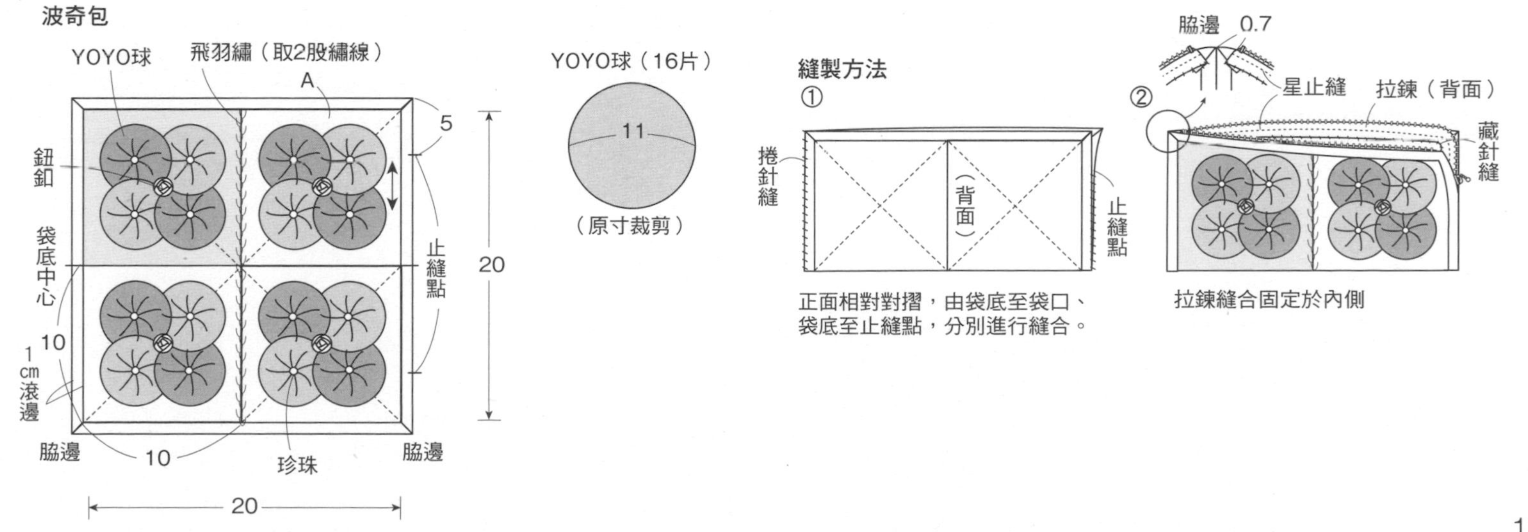

P38 No.35 迷你壁飾

◆材料
各式YOYO球、貼布縫用布片 台布、單膠鋪棉、胚布各30×25cm 寬1.8cm 花形鈕釦1顆 滾邊用寬4cm斜布條100cm

◆作法順序
台布黏貼鋪棉，進行莖與葉貼布縫→參照P.37，完成11片YOYO球→製作YOYO球主題圖案，縫合固定於台布→疊合胚布，進行壓線→進行周圍滾邊（請參照P.84）→縫上鈕釦。

完成尺寸　27×22cm

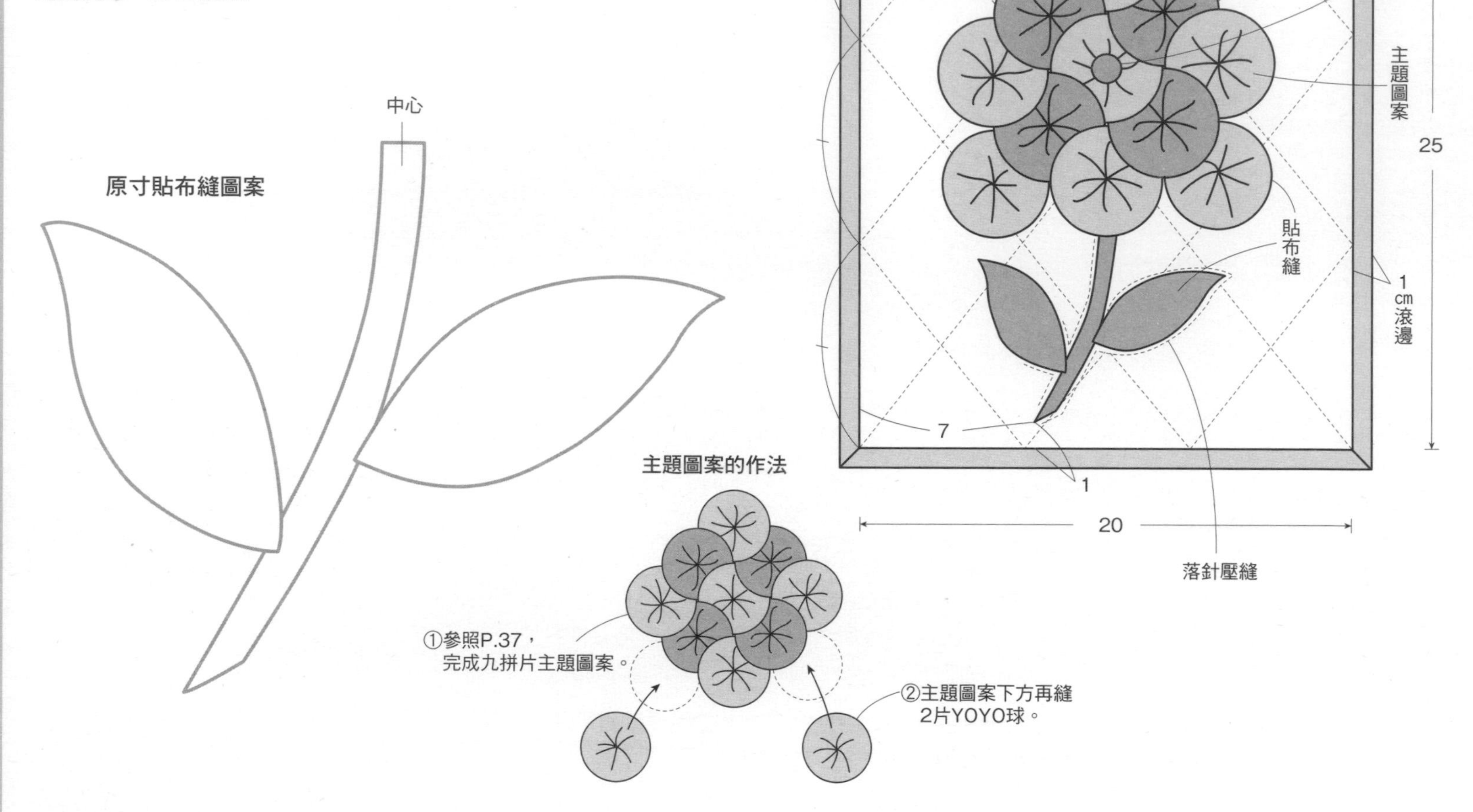

P38 No.36・No.37 小掛飾

◆材料（1件的用量）
No.36 各式YOYO球用布片 直徑0.7cm珍珠1顆
No.37 各式YOYO球用布2種各35×25cm 直徑0.4cm 珍珠5顆
相同 直徑2.3cm　包釦心1顆 寬0.3cm 織帶10cm

◆作法順序（相同）
參照P.37，完成6片YOYO球（No.37為9片）→製作YOYO球主題圖案，縫上串珠與吊繩。

完成尺寸　No.36 10×12cm
　　　　　No.37 14×14cm

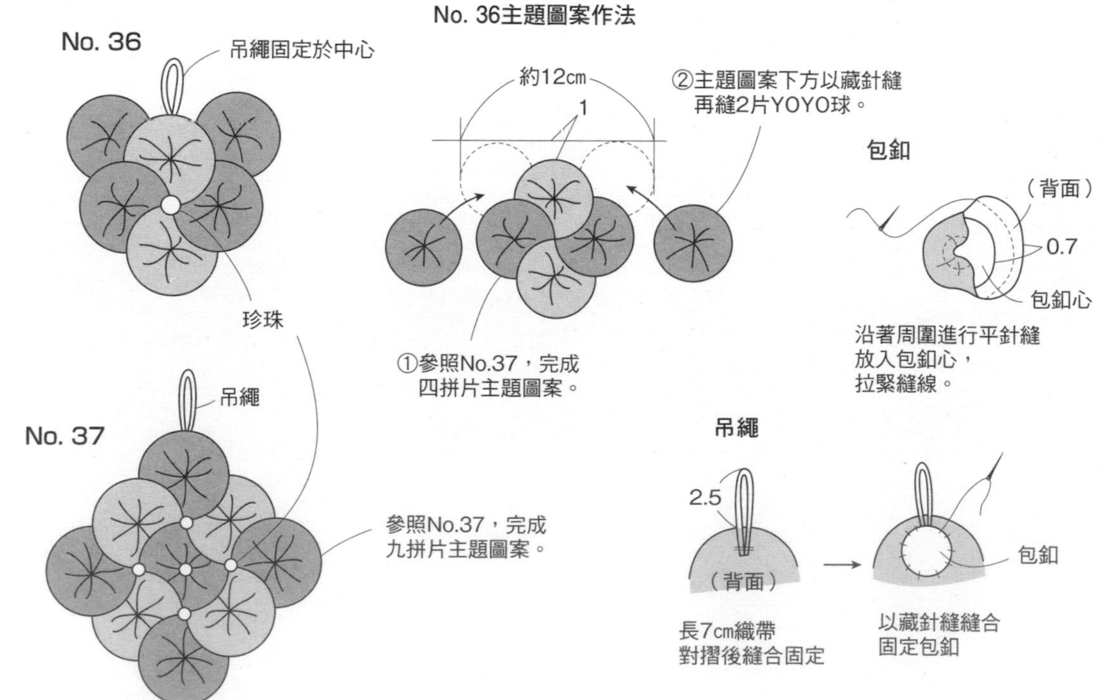

P40 No.38 壁飾 ●紙型B面⑳（原寸貼布縫、刺繡圖案）

◆材料
各式貼布縫用布片 台布110×50cm（包含滾邊部分） YOYO球用布35×35cm 鋪棉、胚布各60×50cm 25號繡線適量

◆作法順序
台布進行貼布縫之後，進行刺繡，完成表布→疊合鋪棉、胚布，進行壓線→製作YOYO球，參照配置圖，固定於喜愛位置→進行周圍滾邊（請參照P.84）。

◆作法重點
○滾邊時使用寬5.4cm斜布條。

完成尺寸 44.5×57.5cm

YOYO球
（23片）（原寸裁剪）

6.5

※作法請參照P.107。

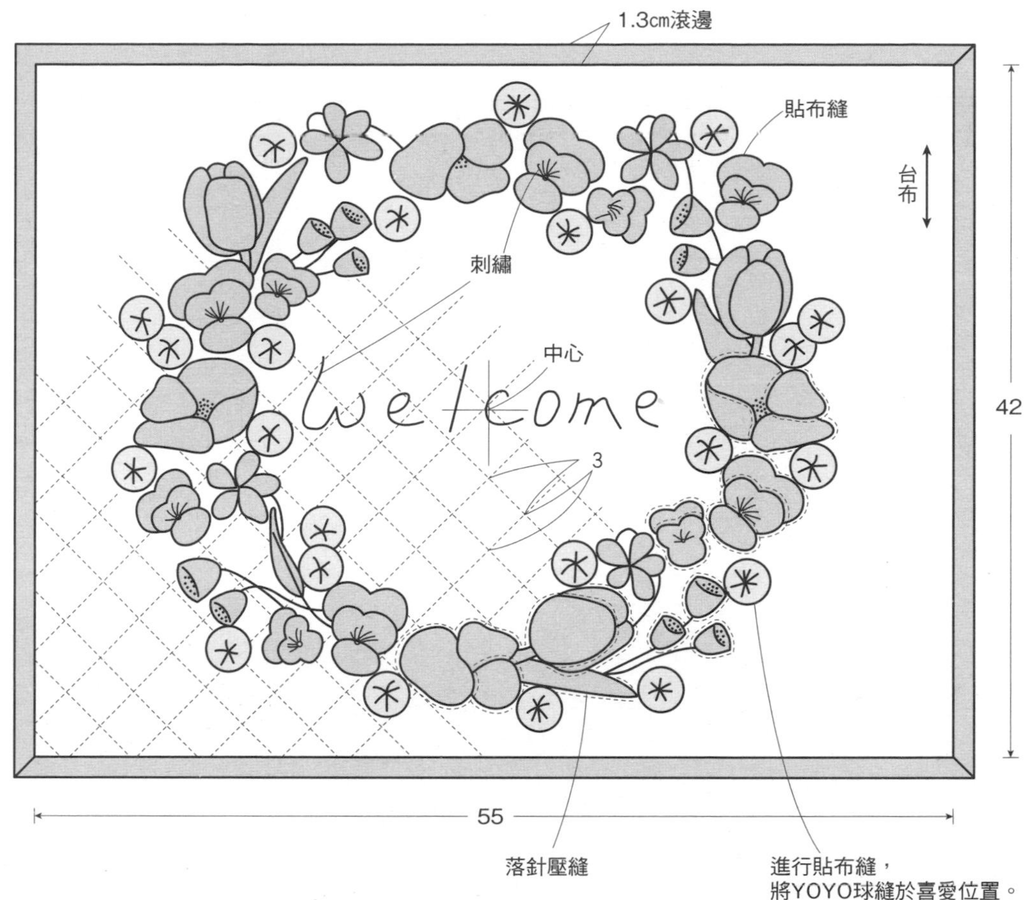

P54 No.49 迷你壁飾 ●紙型A面⑬

◆材料
各式貼布縫、拼接用布片 單膠鋪棉、胚布各30×30cm 25號繡線適量

◆作法順序
拼接A至H布片，進行貼布縫，完成2片圖案→拼接I至K布片，接縫圖案→進行刺繡，完成表布→依圖示完成縫製。

◆作法重點
○刺繡時皆取2股繡線。

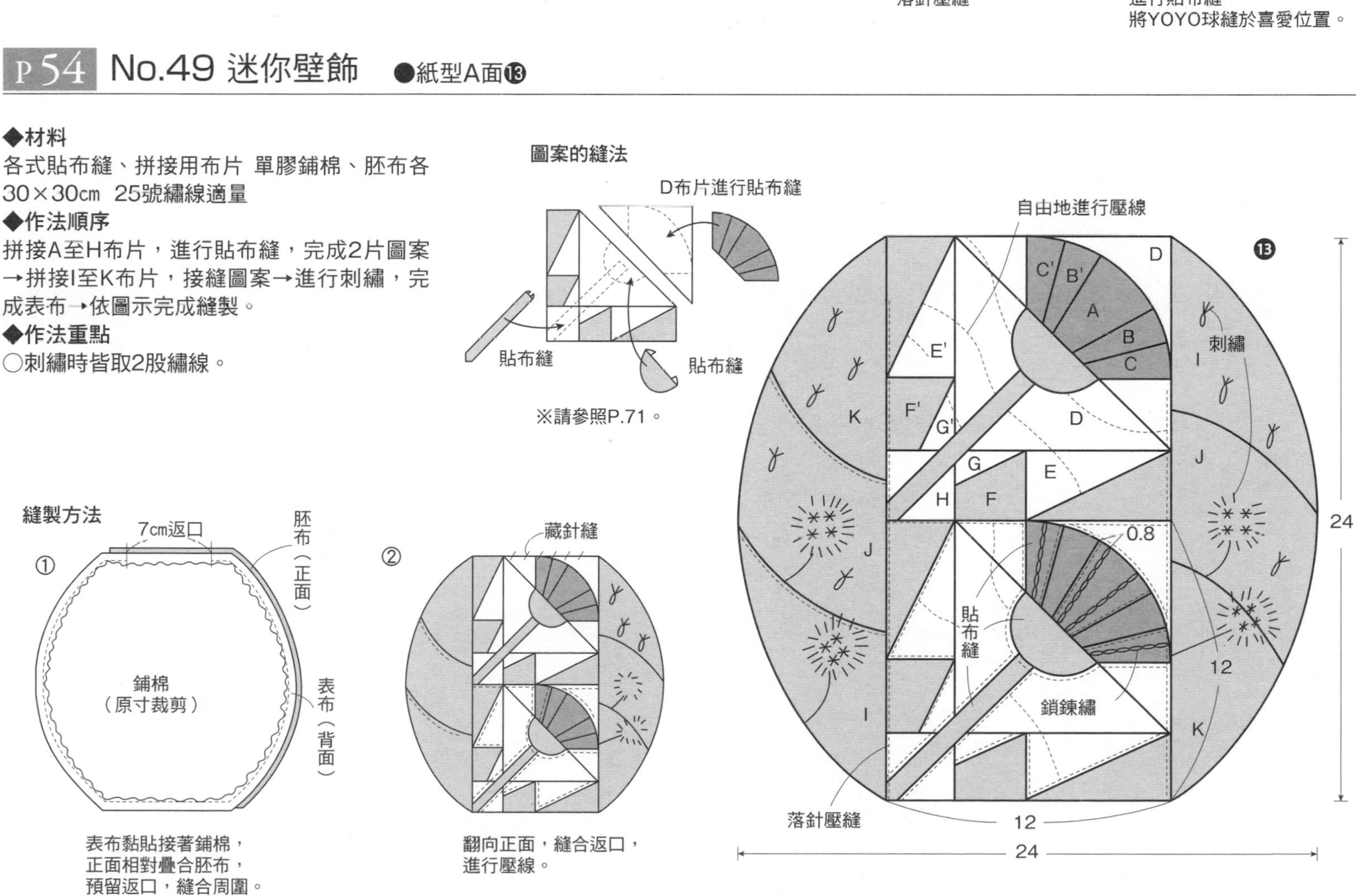

No.45 床罩 ●紙型B面❽（A至C布片的原寸紙型＆壓線圖案）

◆材料

各式拼接用布片 A用淺綠色布110×450cm 鋪棉、胚布各100×450cm 寬1cm蕾絲1100cm

◆作法順序

拼接布片，完成區塊㋐與㋑→以B與C布片接合區塊，完成表布→疊合鋪棉、胚布，外圍預留約10cm，進行壓線→朝著背面側摺疊表布與胚布的縫份，進行藏針縫→預留部分進行壓線→沿著周圍，由背面側縫合固定蕾絲。

完成尺寸 213×188.5cm

區塊的彙整方法

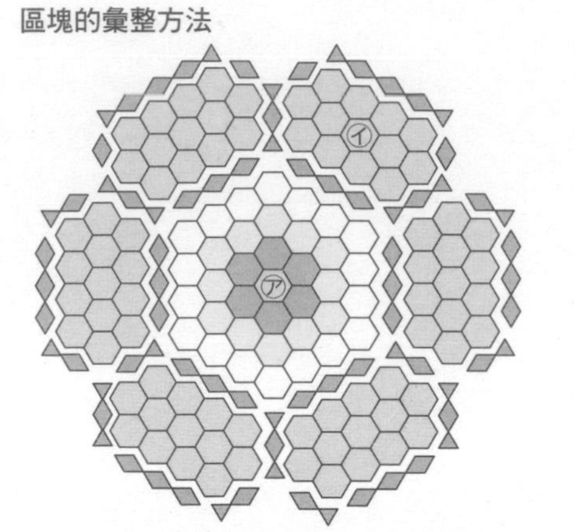

皆由記號縫至記號，進行鑲嵌拼縫。

周圍的處理方法

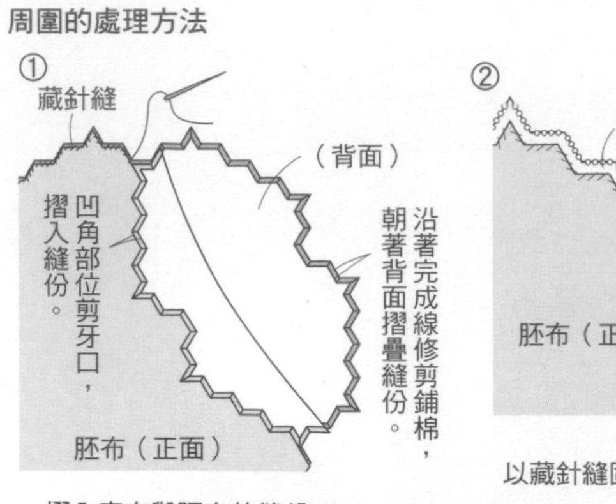

摺入表布與胚布的縫份，
進行藏針縫。

以藏針縫固定蕾絲

B
C
中心
A
由背後縫合固定蕾絲
106.6
中心
94.4

No.46 節慶掛飾針插

●紙型B面❸（A、B與a至y布片的原寸紙型）

◆材料

各式拼接、YOYO球用布片 後片用布5種各15×20cm 鋪棉、胚布各45×30cm 寬1.5cm 斜紋織帶110cm

◆作法順序

拼接A、B與a至y布片，分別完成前片表布→疊合鋪棉、胚布，進行壓線→縫合後片→依圖示完成縫製→製作YOYO球→將針插與YOYO球縫於斜紋織帶上。

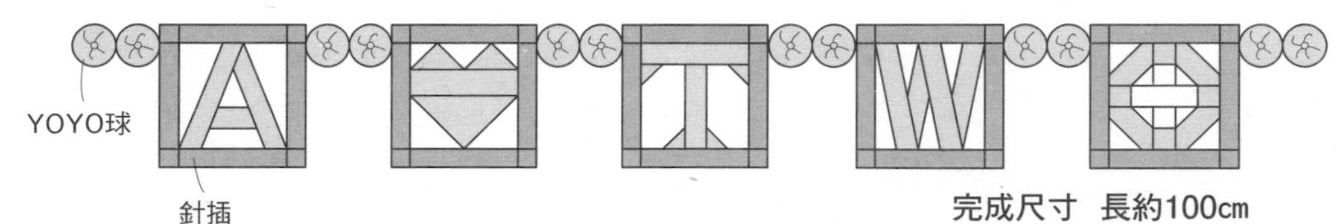

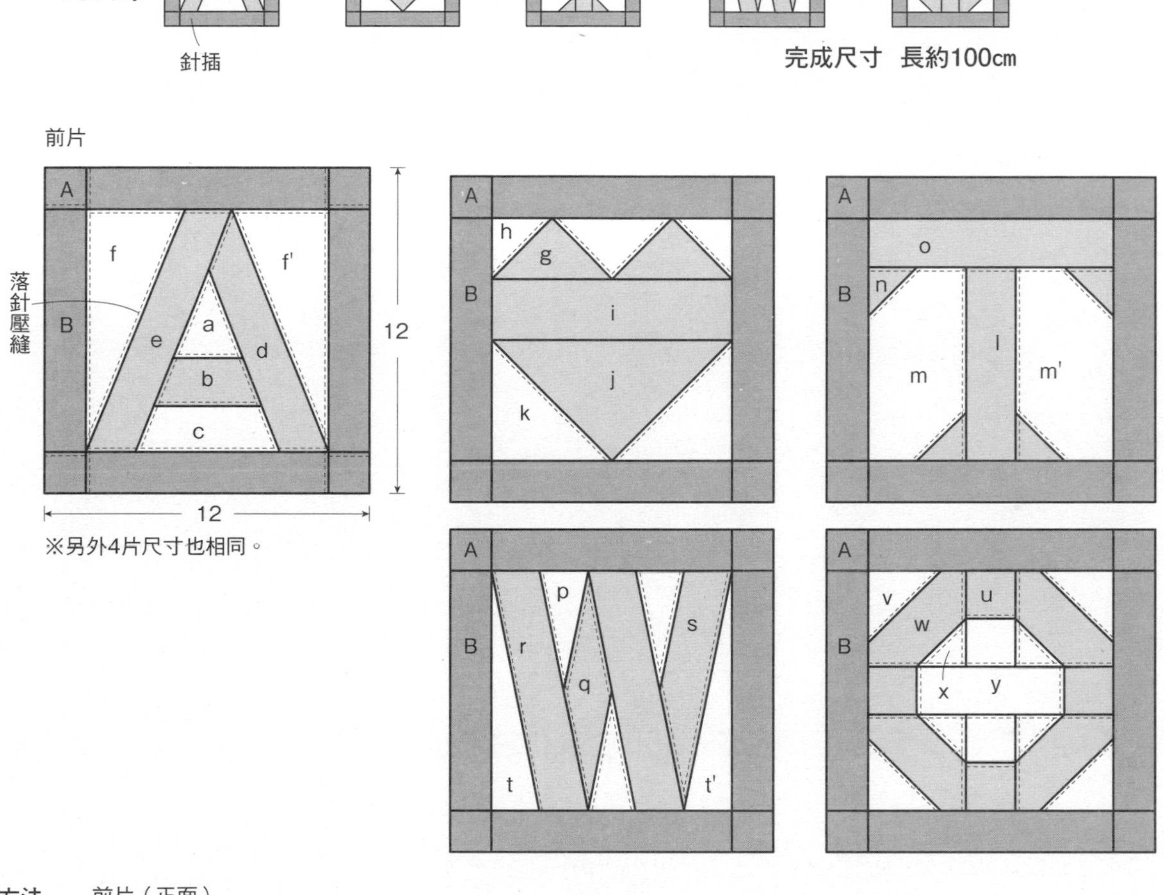

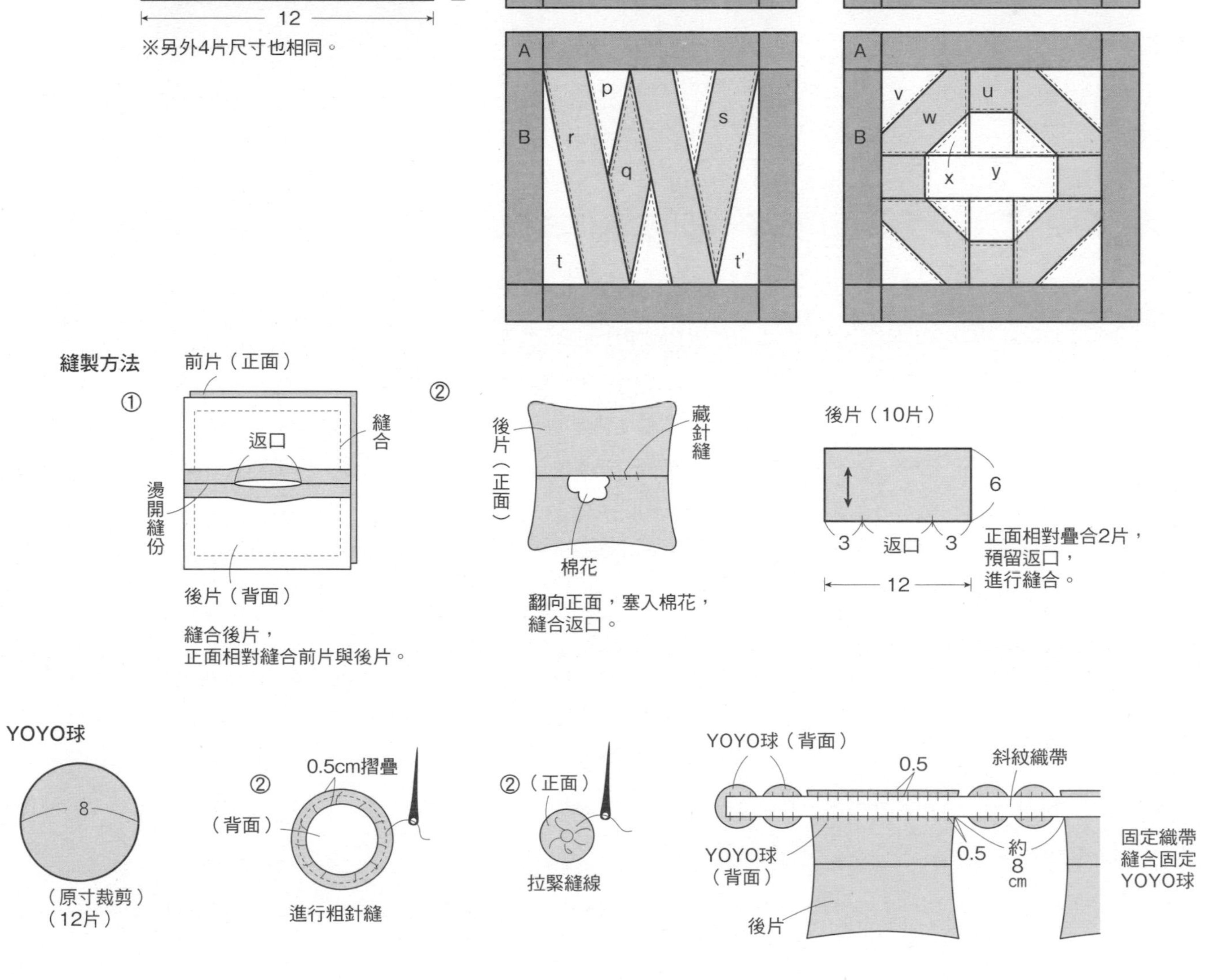

No.47 餐墊　No.48 杯墊　●紙型A面⑩（A、B布片的原寸紙型＆壓線圖案）

◆材料（1件的用量）

餐墊　各式拼接用布片 a用布25×25cm 台布、鋪棉、胚布各40×40cm 滾邊用寬5cm 斜布條120cm 25號粉紅色繡線 適量

杯墊　各式拼接用布片 鋪棉、胚布各15×15cm 滾邊用寬4cm 斜布條40cm 25號粉紅色繡線 適量

◆作法順序

餐墊　拼接A與B布片，完成4片圖案，進行接縫→依圖示完成縫製。

杯墊　拼接A與B布片，完成表布→疊合鋪棉，進行壓線→疊合裡布，進行周圍滾邊。

◆作法重點

○餐墊貼布縫下部的布，預留縫份0.5cm後挖空。

○以2股繡線進行壓線。

完成尺寸　**餐墊**　直徑35cm

　　　　　杯墊　直徑12cm

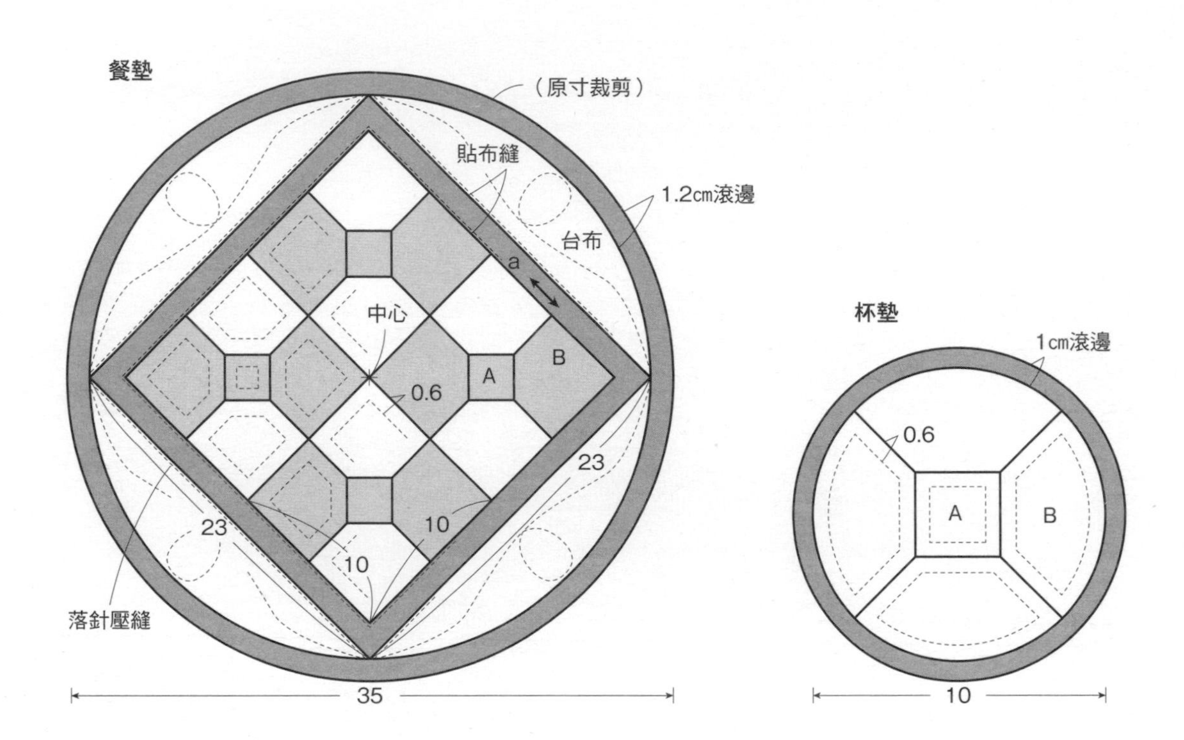

餐墊的縫製方法

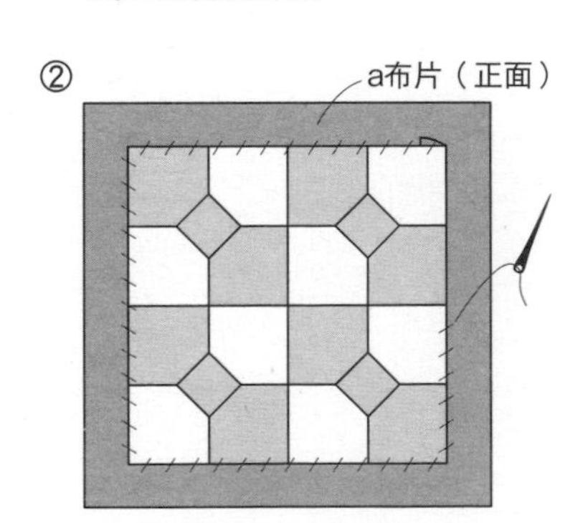

拼接A與B布片，進行接縫，
摺疊周圍縫份，
疊合於a布片，進行藏針縫。

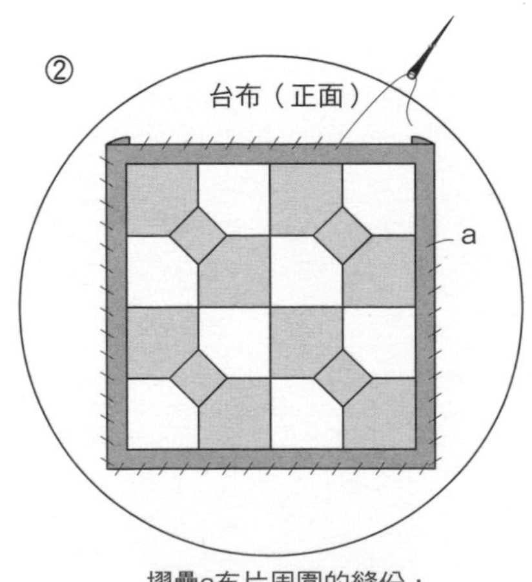

摺疊a布片周圍的縫份，
疊合於台布，進行藏針縫。

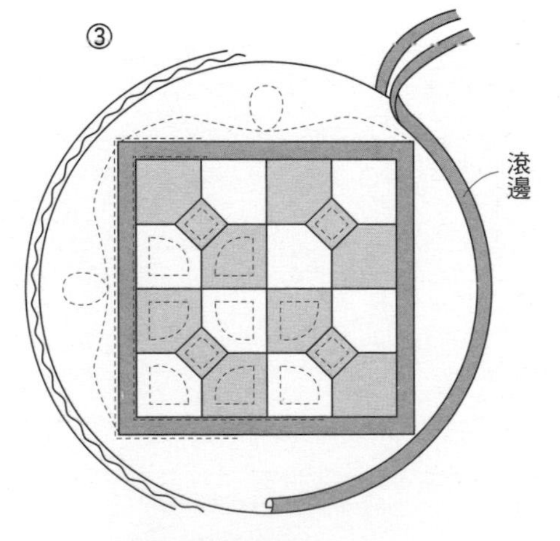

疊合表布與鋪棉，
沿著圖案內側進行壓線，
疊合胚布，完成其餘部分壓線，
進行滾邊。

繡法

輪廓繡

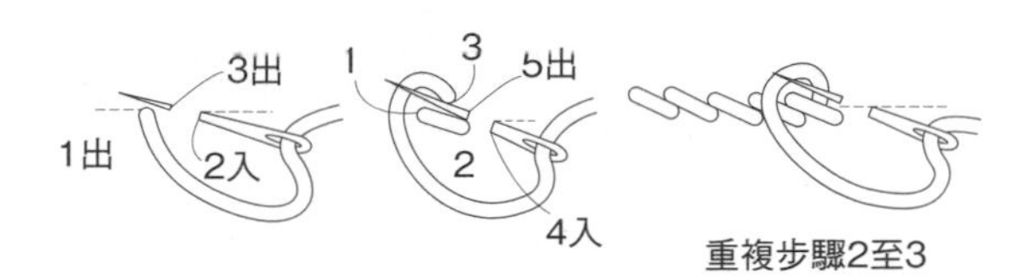

平針繡

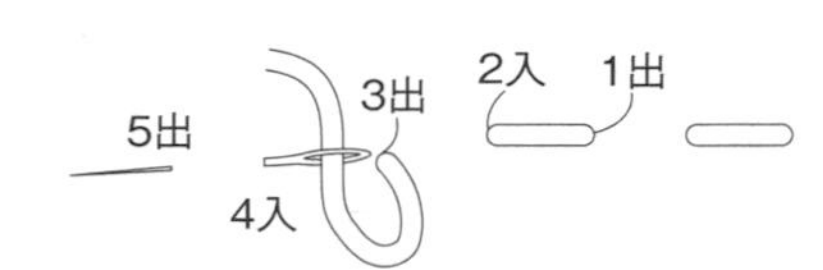

雛菊繡

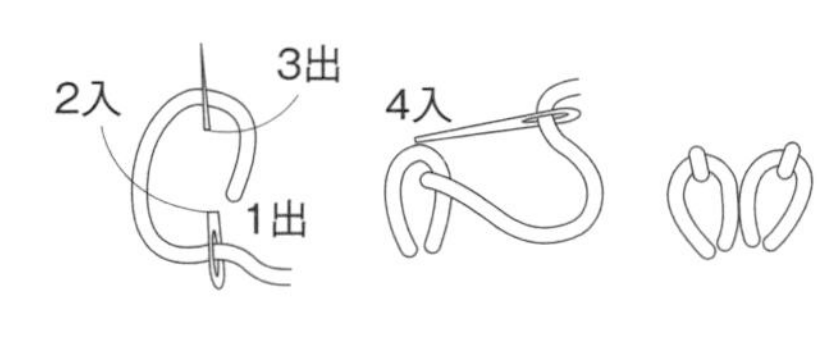

法國結粒繡

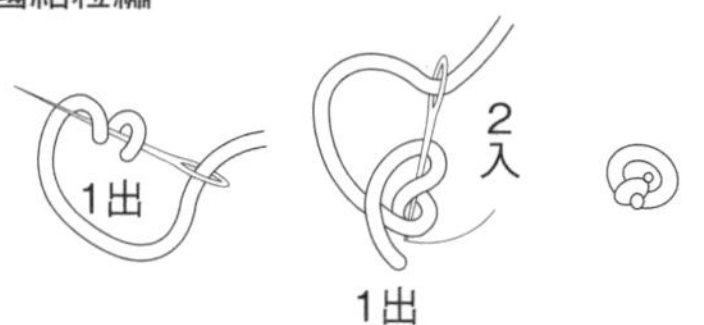

鎖鍊繡

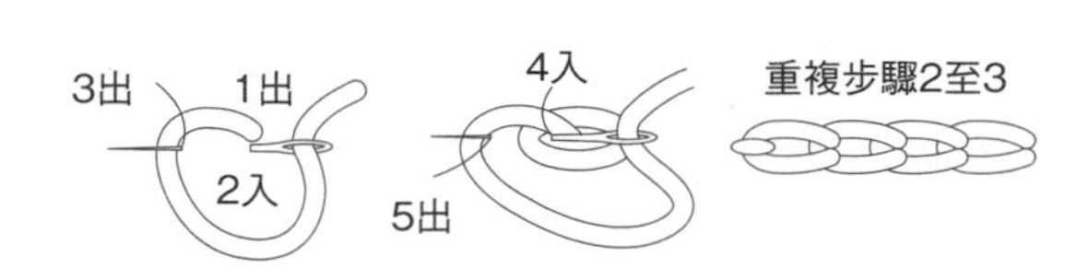

飛羽繡

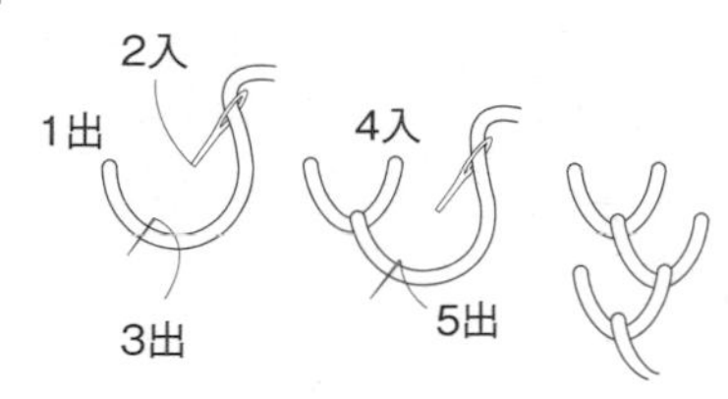

緞面繡

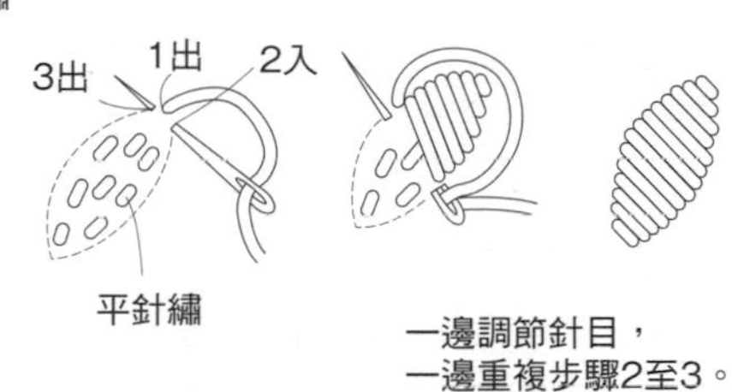

一邊調節針目，
一邊重複步驟2至3。

直線繡

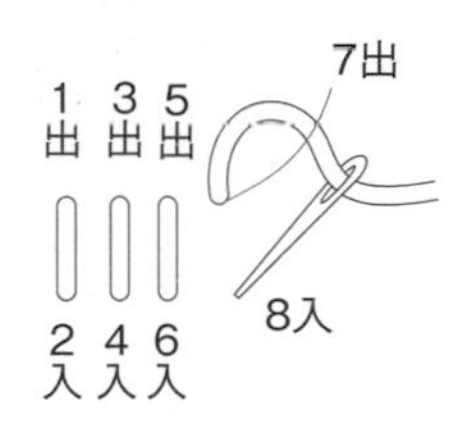

魚骨繡

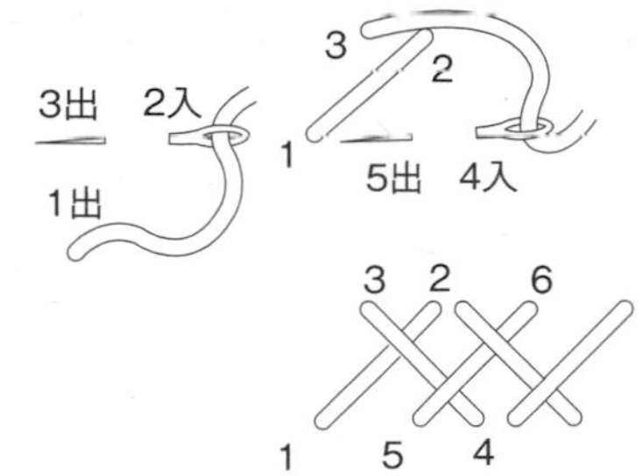

雙重十字繡

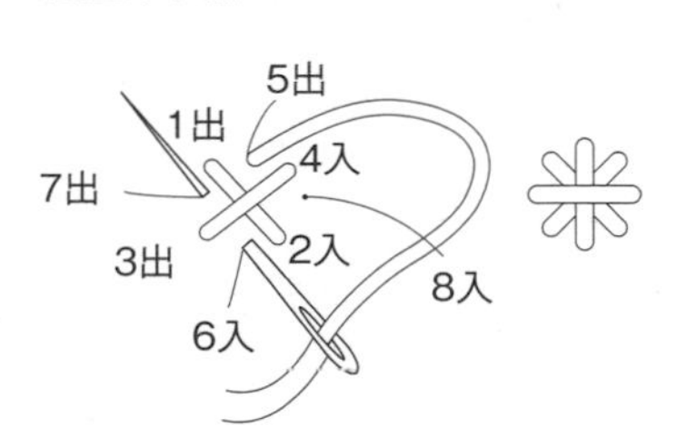

纜繩繡

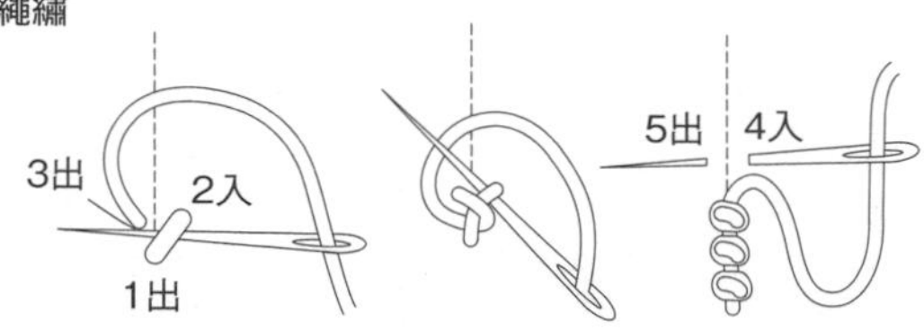

毛邊繡

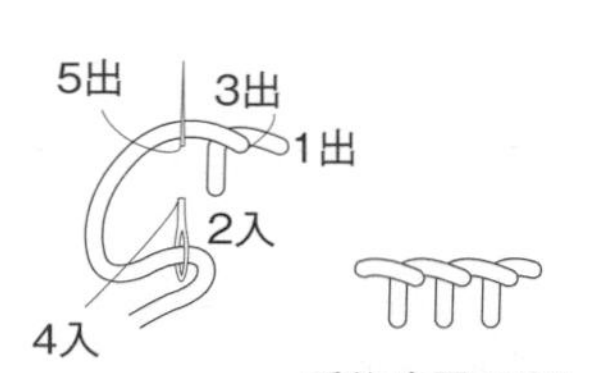

重複步驟2至3

P54 No.50・No.51 捲筒衛生紙套 ●紙型B面❻（帆船A至F'布片的原寸紙型＆茶杯貼布縫圖案）

◆材料

相同 各式拼接用布片 鋪棉、胚布各60×15cm 寬0.5cm 平面鬆緊帶15cm

帆船 上部用布60×15cm（包含G、H布片部分）I用布45×5cm 直徑0.2cm 串珠20顆

茶杯 上部用布60×15cm（包含B布片部分）C、D用布45×10cm 直徑0.3cm 珍珠8顆 寬1.5cm 織帶40cm 寬1.5cm 蕾絲花片 8片cm

◆作法順序（相同）

進行拼接、貼布縫，完成袋身表布→疊合鋪棉、胚布，進行壓線→製作上部→依圖示完成縫製。

◆作法重點

○縫合之後，將上部的衛生紙取出口縫份修剪成0.3cm。沿著縫合針目邊緣修剪鋪棉。

○處理袋底側之前，放入衛生紙，確認尺寸大小。

完成尺寸 直徑12cm 高12cm

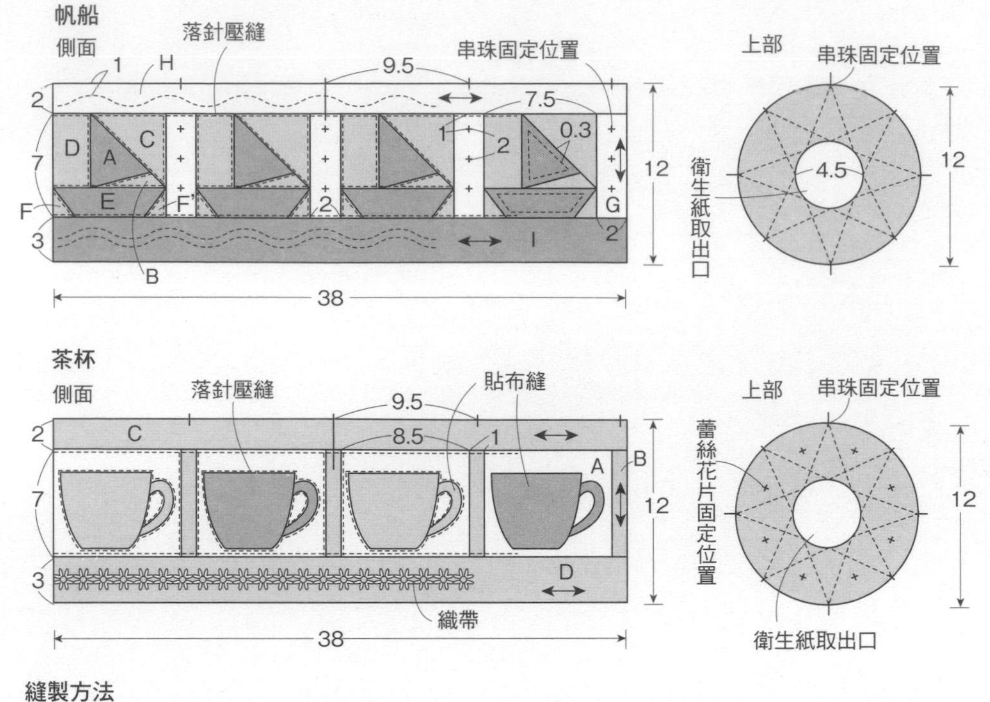

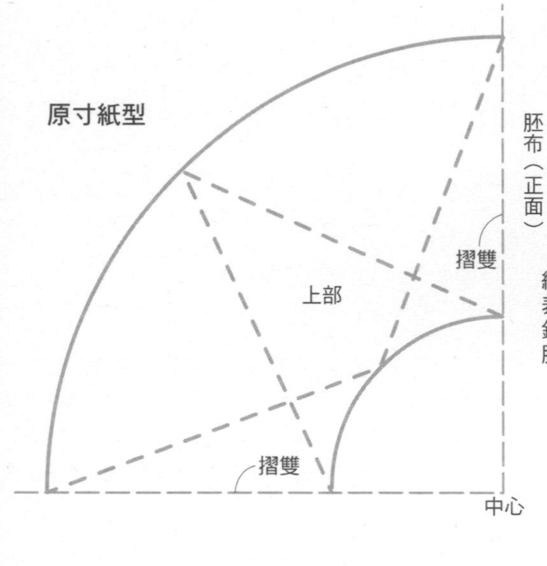

縫製方法

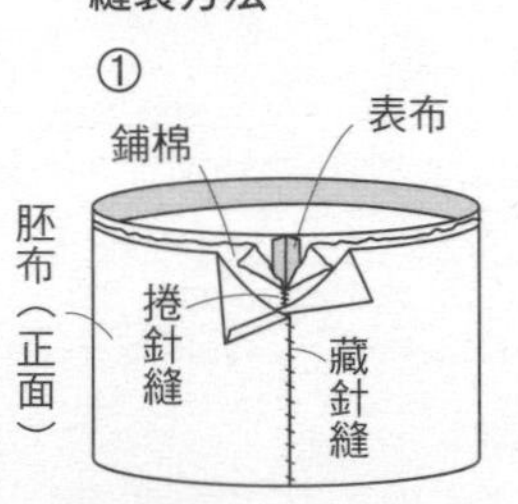

縫合側面，表布正面相對接縫成圈，鋪棉併攏，進行捲針縫。胚布摺疊縫份進行藏針縫。

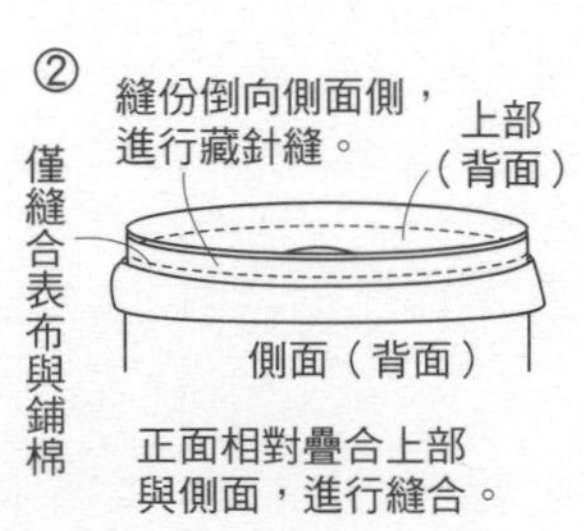
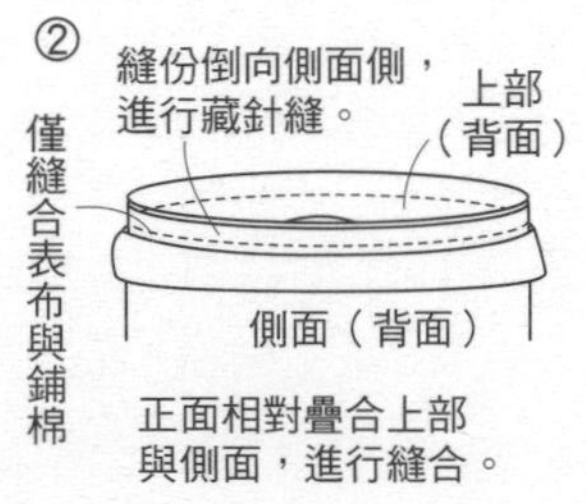

正面相對疊合上部與側面，進行縫合。

上部

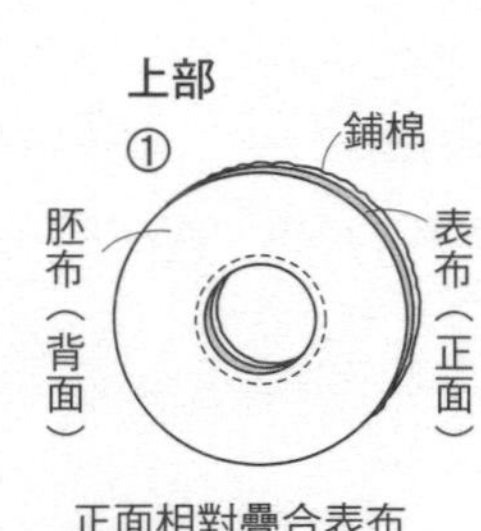

正面相對疊合表布與胚布，疊合鋪棉，縫合中央。

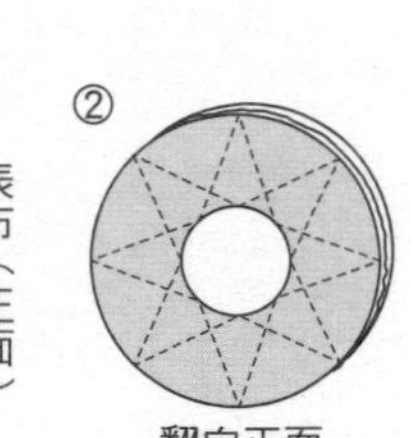

翻向正面進行壓線

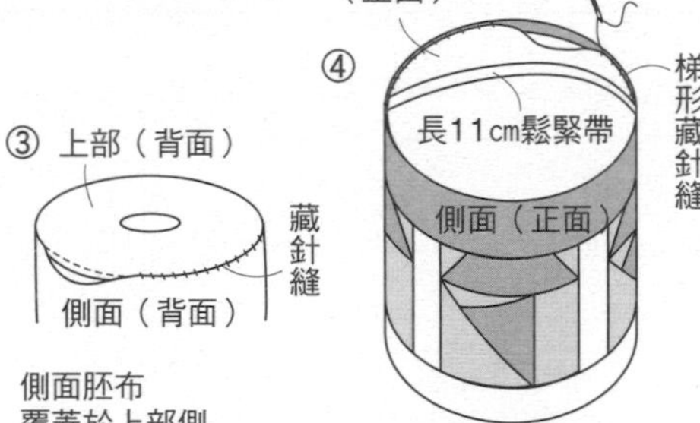

側面胚布覆蓋於上部側進行藏針縫

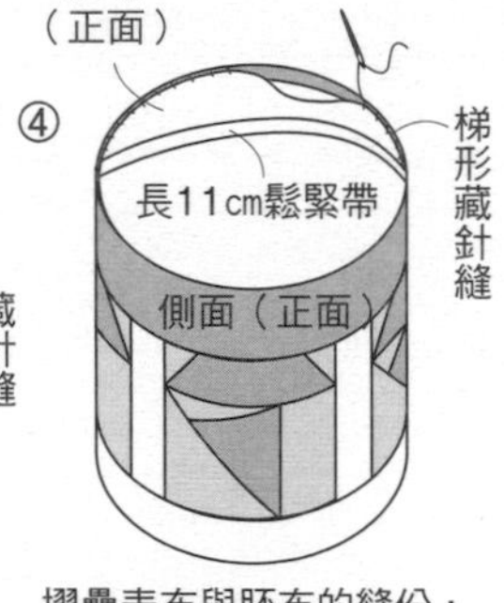

摺疊表布與胚布的縫份，夾入鬆緊帶，進行梯形藏針縫。

固定串珠，縫合固定織帶、蕾絲花片。

原寸壓線圖案

作法P.90肩背包的原寸紙型

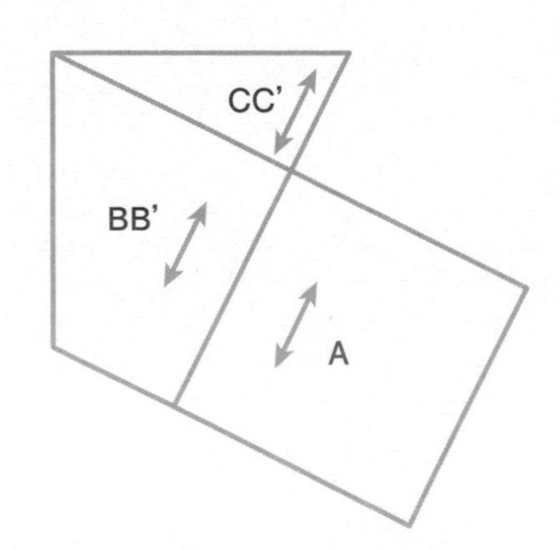

P56 No.52 壁飾 ●紙型B面⑱（H布片的貼布縫＆壓線圖案）

◆材料

各式拼接、貼布縫用布片 G至I用布（包含滾邊部分） 鋪棉、胚布各40×60cm 滾邊用寬3cm 斜布條175cm 25號繡線適量

◆作法順序

拼接布片，完成3片圖案→H布片進行貼布縫→接縫圖案與G至I布片，完成表布→疊合鋪棉、胚布，進行壓線→進行周圍滾邊（請參照P.84）。

◆作法重點

○圖案縫法請參照P.58。

完成尺寸　52×31cm

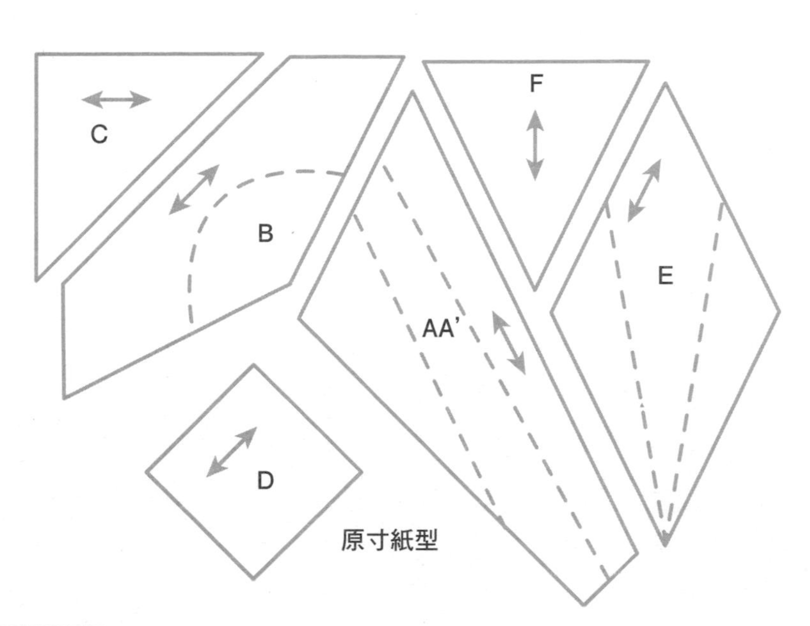

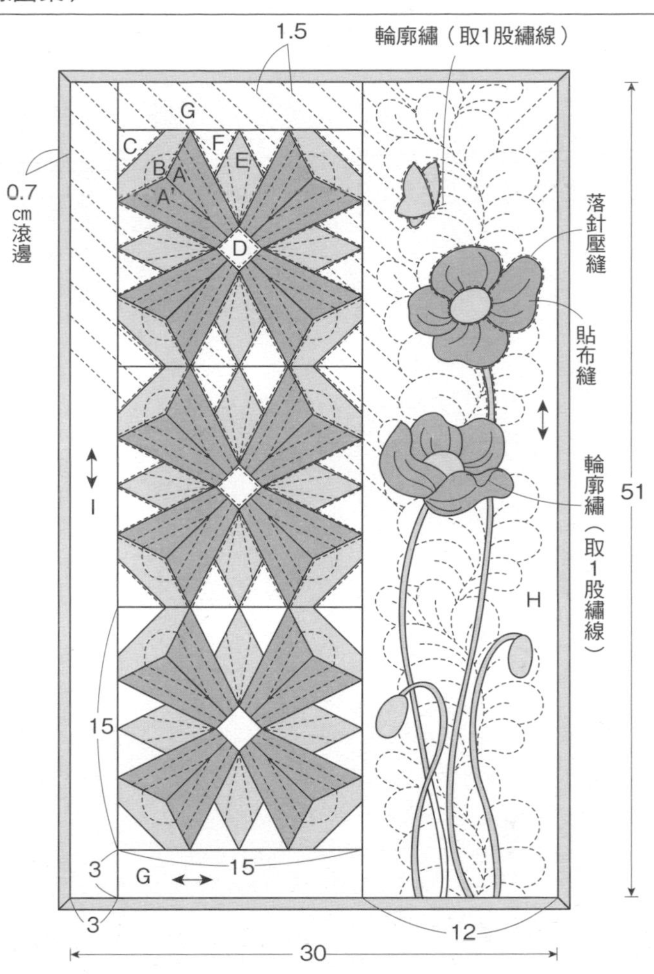

P62 No.54 壁飾 ●紙型B面⑨（A至F、I至M的原寸紙型＆壓線圖案）

◆材料

各式拼接用布片 G、H用布50×110cm N、O用布90×160cm（包含滾邊部分） 鋪棉、胚布各70×320cm

◆作法順序

拼接布片，完成15片圖案→拼接I至M布片完成帶狀區塊，接縫H・G・N・O布片，完成表布→疊合鋪棉、胚布，進行壓線→進行周圍滾邊（請參照P.84）。

◆作法重點

○圖案縫法請參照P.64。

完成尺寸　150×129cm

圖案配置圖

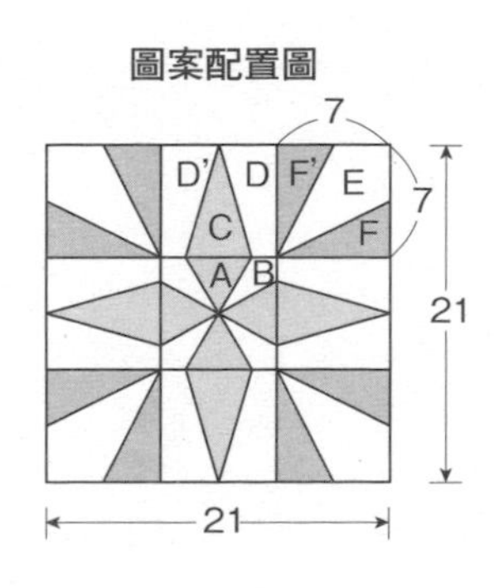

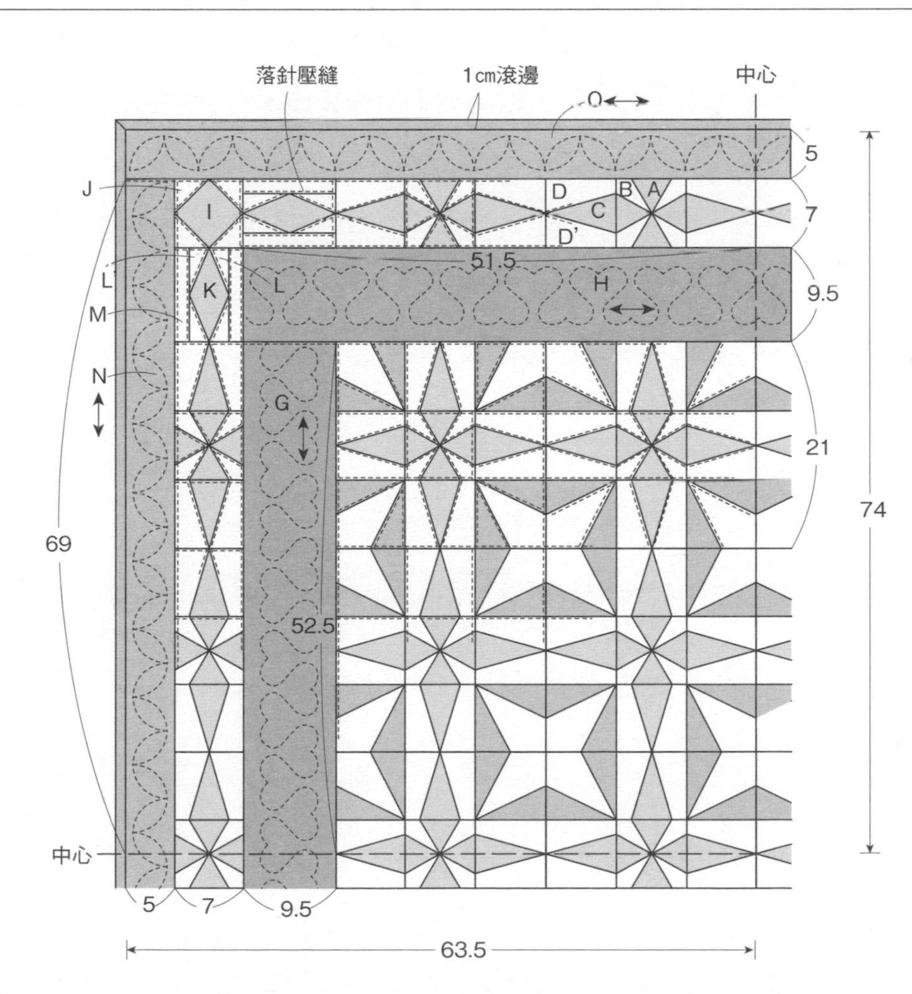

PATCHWORK 拼布教室

國家圖書館出版品預行編目(CIP)資料

Patchwork拼布教室26：來一場春日小旅：好想帶出門的拼布美包特集 / BOUTIQUE-SHA授權；彭小玲, 林麗秀譯. -- 初版. -- 新北市：雅書堂文化事業有限公司, 2022.05
面； 公分. -- (Patchwork拼布教室；26)
ISBN 978-986-302-628-0(平裝)

1.CST: 拼布藝術 2.CST: 手工藝

426.7　　111005410

授權／BOUTIQUE-SHA
譯者／彭小玲・林麗秀
社長／詹慶和
執行編輯／黃璟安
編輯／蔡毓玲・劉蕙寧・陳姿伶
封面設計／韓欣恬
美術編輯／陳麗娜・周盈汝
內頁編排／造極彩色印刷
出版者／雅書堂文化事業有限公司
發行者／雅書堂文化事業有限公司
郵政劃撥帳號／18225950
郵政劃撥戶名／雅書堂文化事業有限公司
地址／新北市板橋區板新路206號3樓
電話／(02)8952-4078
傳真／(02)8952-4084
網址／www.elegantbooks.com.tw
電子郵件／elegant.books@msa.hinet.net

2022年05月初版　刷　定價／420元

總經銷／易可數位行銷股份有限公司
地址／新北市新店區寶橋路235巷6弄3號5樓
電話／（02）8911-0825　傳真／（02）8911-0801

原書製作團隊

編輯長／関口尚美
編輯／神谷夕加里
編輯協力／佐佐木純子・三城洋子・谷育子
攝影／腰塚良彦・藤田律子（本誌）・山本和正
設計／和田充美（本誌）・小林郁子・多田和子
松田祐子・松本真由美・山中みゆき
製圖／大島幸・小池洋子・為季法子
繪圖／木村倫子・三林よし子
紙型描圖／共同工芸社・松尾容巳子